ONE HEALTH BASICS

Omega-3 Polyunsaturated Fatty Acids with
Alpha-Linolenic Acid as Precursor

大健康要素

以阿尔法 – 亚麻酸为母体的
欧米伽 –3 多不饱和脂肪酸

周晴中 / 编著

北京大学出版社
PEKING UNIVERSITY PRESS

图书在版编目（CIP）数据

大健康要素：以阿尔法-亚麻酸为母体的欧米伽-3多不饱和脂肪酸/周晴中编著. —北京：北京大学出版社，2021. 11

ISBN 978-7-301-32681-7

Ⅰ.①大… Ⅱ.①周… Ⅲ.①不饱和脂肪酸 – 普及读物 Ⅳ.①O623.61-49

中国版本图书馆CIP数据核字（2021）第213907号

书　　　名	大健康要素：以阿尔法-亚麻酸为母体的欧米伽-3多不饱和脂肪酸 DAJIANKANG YAOSU: YI A'ERFA-YAMASUAN WEI MUTI DE OUMIGA-3 DUOBUBAOHE ZHIFANGSUAN
著作责任者	周晴中　编著
责任编辑	郑月娥　曹京京　刘　洋
标准书号	ISBN 978-7-301-32681-7
出版发行	北京大学出版社
地　　　址	北京市海淀区成府路205号　100871
网　　　址	http://www.pup.cn　　新浪微博：@北京大学出版社
电子信箱	zye@pup.pku.edu.cn
电　　　话	邮购部010-62752015　发行部010-62750672　编辑部010-62764976
印刷者	天津中印联印务有限公司
经销者	新华书店
	730毫米×980毫米　16开本　14.75印张　213千字
	2021年11月第1版　2022年9月第5次印刷
定　　　价	49.00元

前言

2019年12月28日，中华人民共和国第十三届全国人民代表大会常务委员会第十五次会议通过的《中华人民共和国基本医疗卫生与健康促进法》（简称《健康法》）已于2020年6月1日起开始施行，这标志着中国大健康时代的来临。当生活节奏越来越快，个人的责任越发沉重，财富的积累越发庞大，健康就成了人们最宝贵的基础。"没有全民健康，就没有全面小康。"全民健康，重在疾病预防，而不是只管看病吃药。要实现全面小康，就要提高全民健康水平，疾病的预防就应重于治疗。保持健康不能以治病为中心，而应把调理健康、提高免疫力、预防疾病的发生放在首位。《健康法》的实施将进一步鼓励人们加强锻炼，用非药物疗法来维护健康。大家知道，一般药品都有副作用，是药三分毒，少服药既可以降低药物对身体的伤害，又可减轻国家和家庭的医疗费用负担。特别是化学合成的西药，只有百余年历史，还不能与人体友好共存。许多人生病往往是由于缺乏健康知识，特别是对营养保健知识知之甚少，不注意营养平衡，也不注意自己身体的代谢平衡。更有甚者，生病以致去世，往往也是由于缺乏相应知识。为了实施《健康法》，就要更广泛地向人们普及营养保健等养生知识，让人们明白只有心理健康、营养平衡、合理运动才能少生病、晚生病以致不生病。健康不是靠药物来维持的，而是通过日常营养调理、代谢平衡的修复来保持的。一些长寿国家大力普及健康养生知识的做法值得我们借鉴和学习。现在，许多药物对疾病只是有针对性的控制，对于许多慢性疾病更是治疾不治病。因此，健康调理、提高免疫力、平衡营养、保持身体代谢平衡才是健康的根本之道。

人体的生命活动，需要诸多营养素的有机结合、协同作用，营养素的需求对人体健康至关重要。按照营养学的人体健康木桶理论，一个人的健康水平就像木桶里的水，各种营养素对于健康就相当于围成木桶的各块木板，木桶中有多少水是由最短一块木板决定的，人的健康水平也是由体内最缺乏的营养素决定的。当某一种营养素缺乏时，就会使身体处于亚健康状态，重要的营养素缺乏会导致疾病，甚至死亡。人体对各种营养素的需要是有适宜比例的，特别是一些必需营养素只能从食物中摄取，如人们已经知道的必需氨基酸、维生素、微量元素（矿物质），都开始重视从食物中去补充。最近二三十年，人们又发现了能影响身体脂代谢平衡的重要营养素：人体必需脂肪酸，特别是以阿尔法-亚麻酸（α-亚麻酸）为母体（或称前体）的欧米伽-3（又称ω-3、Omega-3或Ω-3）多不饱和脂肪酸。如果摄取量不够身体需要，就会生病，而且是以心脑血管疾病为代表的许多慢性疾病的主要根源。以前人们一直不明白，为什么许多医疗水平很高的富裕国家死于心脑血管疾病的人会更多。现在的研究表明，这主要是由于这些国家许多慢性病的治疗，没有从身体缺乏的必需营养素出发，也没有从人体的脂代谢平衡出发，结果是吃药不对症，治标不治本，药物只控制了慢性病症中的症，而没有真正解决病症中的病。

目前在我国，已有许多人认识到α-亚麻酸和ω-3多不饱和脂肪酸的重要性，希望阅读本书后能使他们更多地了解α-亚麻酸和ω-3多不饱和脂肪酸的一些基础知识、作用范围和作用机制，明白为什么自己的身体健康会有所改善，在今后饮食和选用α-亚麻酸和ω-3多不饱和脂肪酸产品时，会根据自己的身体状况，更有针对性地进行选择；对还没有认识到ω-3多不饱和脂肪酸重要性的人们，希望阅读本书后，能增加他们对脂代谢平衡对身体健康重要性的了解，今后也注意补充α-亚麻酸和ω-3多不饱和脂肪酸，预防心血管等方面的慢性疾病，增进健康。希望本书能为在我国实施《健康法》，向人们普及营养保健知识的大健康事业贡献一份力量。本书在写作过程中得到了吴磊营养师的大力协助，特表示感谢。限于编写水平，本书差错难免，错误和不妥之处恳请专业人士和读者批评指正。

目录

第一章

以 α-亚麻酸为母体的 ω-3多不饱和脂肪酸是人体大健康要素

（一）ω-3多不饱和脂肪酸的发展史

1. ω-3多不饱和脂肪酸使因纽特人心血管疾病发病率极低

1971年，丹麦的戴伯格（Dyeberg）医学博士率领一个医学研究小组到格陵兰岛研究寒带地区的免疫学，并进行流行病学调查。调查中他们惊奇地发现：常年生活在当地的因纽特人很少患有心肌梗死、中风之类的慢性疾病，冠心病的发病率仅是丹麦、美国、加拿大人的十分之一。当其他各国人民还在被心肌梗死、糖尿病、脑卒中、中风后遗症折磨的时候，因纽特人却在大口吃着我们认为不应该多吃的高脂肪食物，而这些高脂肪食物竟然没有对他们的健康状况产生一点负面的影响，真是不可思议。从此，科学家花了几年的时间终于弄清了原因，因纽特人那令人惊奇的饮食秘密竟是富含ω-3多不饱和脂肪酸的鱼油。因纽特人常吃的海鱼、海豹、驯鹿、北极熊，含有高脂肪（为现代人的五倍）。戴伯格医学博士在这高脂肪的海洋食物中，发现了一种神奇的物质——ω-3多不饱和脂肪酸，因纽特人的血清脂质中富含ω-3多不饱和脂肪酸。1978年，戴伯格医学博士发表了这篇关于因纽特人长期摄入大量海洋脂类物质，而心血管疾病发病率却极低的流行病学调查报告，指出：生活在格陵兰岛上的因纽特人虽然大量进食鱼类或其他海产品，脂肪摄取量大，但其中的多不饱和脂肪酸成分多，主要是ω-3多不饱和脂肪酸。他们的血清脂质中ω-3多不饱和脂肪酸含量高达7.0%，而居住在附近、生活条件近似的丹麦人血清脂质中的ω-3多不饱和脂肪酸含量却只有0.2%，因此因纽特人心血管疾病和癌症的发病率极低。由此人们掀起吃深海鱼油、补充ω-3多不饱和脂肪酸的热潮，世界范围内，也掀起对ω-3多不饱和脂肪酸保健功能的研究。

2. ω-3多不饱和脂肪酸的发现是世界医学、营养学史上的又一重要里程碑

在世界医学、营养学史上，ω-3多不饱和脂肪酸的发现是继氨基酸、蛋白质发现之后又一重要里程碑。ω-3多不饱和脂肪酸对人体的健康非常重要，是人体必须从食物中获取的必需脂肪酸。它带给身体中的脂代谢平衡，可以大幅降低目前存在的慢性病发病率。在大健康时代，ω-3多不饱和脂肪酸已越来越被公众了解，越来越被学界重视。经过数十年的研究，现已发现，ω-3多不饱和脂肪酸对预防和治疗心脏病、心脑血管疾病、某些癌症、肥胖症、糖尿病和早老痴呆症，甚至在消解沮丧情绪、培养心智健康上都有着不可低估的重要作用。在《欧米伽膳食》一书中，作者就指出："多摄入ω-3多不饱和脂肪酸，就能像服用药物一样，有效防止心血管疾病的发生。"ω-3多不饱和脂肪酸是人体大健康的要素。

我们现在已知道ω-3多不饱和脂肪酸对人体的健康非常重要，特别是在降低慢性病的发病率方面。为此，我们在加强国际间ω-3多不饱和

脂肪酸研究的学术交流合作的同时，更要大力进行ω-3多不饱和脂肪酸的科学普及健康教育。目前很多中国人对ω-3多不饱和脂肪酸还不是很了解，更谈不上有意识补充，因此相关的健康教育、科学普及就显得尤为重要。2017年3月2日，"第四届欧米伽-3与人类健康国际论坛"在重庆召开。论坛由中国健康促进与教育协会、国际脂肪酸与类脂研究学会（ISSFAL）、国际ω-3研究学会（ISOR）、亚太临床营养学会（APCNS）和美国遗传营养与健康中心以及增爱公益基金会五大机构共同主办，其主题是"欧米伽-3在中国"。会议指出：随着全球生物医学界对ω-3多不饱和脂肪酸越来越深入的研究，发现它可以影响到许多重大慢性疾病的发生、发展，有意识地补充ω-3多不饱和脂肪酸，可以大大降低心脏病、癌症、糖尿病等多种慢性病的患病风险，并有助于患者的康复。在大会上，中国健康促进与教育协会和国际脂肪酸与类脂研究学会签约，共同在中国开展相关的学术交流和科普活动，聘请国际知名专家进行巡回演讲。青岛大学与上海展望集团、增爱公益基金会三方签约，联合成立"青岛大学展望脂肪酸研究中心"，开展ω-3多不饱和脂肪酸的生物医学基础及应用研究。

3. α-亚麻酸是ω-3多不饱和脂肪酸的母体化合物

α-亚麻酸是ω-3多不饱和脂肪酸的"老祖母"，主要存在于植物种子中（例如亚麻籽和核桃），少量存在于绿叶蔬菜（例如马齿苋）中。α-亚麻酸分子有十八个碳、三个双键，会在体内一系列酶的作用下，失去氢原子，去饱和而增加双键，并且增加碳原子使碳链变长，可以转化为二十个碳、五个双键的"血管清道夫"二十碳五烯酸（EPA）和二十二个碳、六个双键的"脑黄金"二十二碳六烯酸（DHA）。

最初发现存在ω-3多不饱和脂肪酸的是深海鱼油，但由于市场上的鱼油产品质量差异很大，含量从10%到52%不等，产量有限、功效不一。而且，随着海洋污染和捕捞过度等问题的出现，富含ω-3多不饱和脂肪酸的深海鱼类正在逐年减少，再加上鱼油加工成食品级的步骤复杂、易被氧化变质，目前大部分低质量的鱼油只用于饲料工业，少数质量高的经过精加工后用于保健品。另外，鱼油化学本质上仍是含有多种脂肪酸的甘油三酯（又称三酰甘油、TAG、TG）。把深海鱼油当做正常饮食外的保健品服用，无疑增加了人们饮食中的热量摄入，大量服用也不利于人体健康。目前，为大量获取ω-3多不饱和脂肪酸，人们已把注意力更加集中于ω-3多不饱和脂肪酸的陆地植物来源α-亚麻酸上。α-亚麻酸是ω-3多不饱和脂肪酸的母体化合物。在人体内，可以根据身体需要转化成EPA和DHA。人类可以通过扩大亚麻种植面积大量获得α-亚麻酸，来源有保障。鉴于α-亚麻酸的重要性，联合国粮农组织（FAO）已宣布将其作为人类食物中的必需营养成分。1990年3月23日，在华盛顿召开的关于ω-3多不饱和脂肪酸的国际会议上指出："α-亚麻酸被确定为对人类健康非常有益的人体必需脂肪酸。"1993年世界卫生组织（WHO）和联合国粮农组织声明，鉴于α-亚麻酸的重要性和人体对ω-3多不饱和脂肪酸普遍摄取不足的状况，建议应专项补充α-亚麻酸。而1996年11月在巴塞罗那举行的多不饱和脂肪酸在营养学和疾病控制方面的国际会议，更使人们对这一方面的认识达到了顶点。20世纪90年代以来，德国、日本、美国和法国等发达国家都将α-亚麻酸作为药物或食品添加剂，用来预防和治疗心脑血管疾病。德国和日本等国为此申请了专利，研究并开发了多种富含α-亚麻酸的药物制剂和保健食品，用于预防脑栓塞、高胆固醇症、高血压、心肌梗死、气喘、过敏性疾病、癌症等多种慢性疾病；美国癌症研究所已将亚麻籽油列为抗癌食品；韩国十分重视以富含α-亚麻酸的紫苏籽油（苏子油）为对象的防治循环系统疾病的药物研究。2000年，世界卫生组织、中华人民共和国卫生部（现为卫健委）、中国营养学会等一致认定：作为ω-3多不饱和脂肪酸的母体脂肪酸的α-亚麻酸，可以补充人体对EPA和DHA的需要，决定在世界范围内专项推广α-亚麻酸。我国国家食品药品监督管理总局（现为国家市场监督管理总局）还在2001年批准了从蚕蛹制备蚕蛹油α-亚麻酸乙酯，在临床上用于高脂血症和慢性肝炎的治疗。

α-亚麻酸目前主要来源于陆地植物亚麻的种子，亚麻籽。我国对亚麻籽的开发和利用也十分重视。1999年，国家发展计划委员会正式批准了"亚麻籽综合开发利用项目"作为国家高科技产业化示范工程，并由国家投入资金2.2亿元，先后建设了全球规模最大的8万公顷有机亚麻种植基地，成立了"内蒙古草原亚麻籽综合开发利用研究所"。我国目前生产的亚麻籽油和α-亚麻酸的品质已远远超过了世界各国的同类产品，先后获得了13项国家专利和120多项科研成果。2009年，国家再次划拨出4万公顷土地以进一步支持项目的建设，国家有关领导还专门做出了批示："要求项目承接单位认真规划，科学安排，周密组织，精心指导，取得实效。"目前，我国对富含α-亚麻酸的动植物药用研究也很多，如亚麻籽油、紫苏籽油、蚕蛹油的药用新剂型研究。国内市场已有多种作为膳食补充剂的亚麻籽油、紫苏籽油产品，如作为保健品的α-亚麻酸、α-亚麻酸乙酯的软胶囊和胶丸。

　　4. 要重视海洋微藻类及发酵法制备ω-3多不饱和脂肪酸的开发

现已知道，深海鱼油中ω-3多不饱和脂肪酸的源头应当是海洋微藻类及某些微生物。深海冷水鱼身体中的ω-3多不饱和脂肪酸是由食用含有ω-3多不饱和脂肪酸的海洋微藻类及某些微生物而获得的。在许多海洋藻类中，ω-3多不饱和脂肪酸含量丰富且来源较稳定（有些藻体的多不饱和脂肪酸的含量为细胞干燥后质量的5%～6%）。从藻体中分离出的ω-3多不饱和脂肪酸不含胆固醇，没有鱼油难闻的鱼腥味和重金属元素污染的问题，而且繁殖周期短，易于工业化培养，还可进行基因改造，进而合成单组分的ω-3多不饱和脂肪酸，应当是ω-3多不饱和脂肪酸强化剂的良好来源。目前，人工大量从微藻类及某些微生物中获取ω-3多不饱和脂肪酸的技术已受到重视并在发展之中，已有从人工培育的海洋微藻中提取的藻油在市场上出售。在不远的将来，ω-3多不饱和脂肪酸重要来源应当是海洋微藻类及某些微生物。另外，还有人在研究，在酵母菌中引入能转化脂肪酸成为ω-3多不饱和脂肪酸的功能蛋白的基因，用发酵方法生产ω-3多不饱和脂肪酸。

（二）以 α-亚麻酸为母体的 ω-3 多不饱和脂肪酸是人体健康不可或缺的必需营养素

1. 缺乏ω-3多不饱和脂肪酸与心脑血管等慢性疾病的发生、发展密切相关

20世纪80年代至今，全球几万个ω-3多不饱和脂肪酸的研究成果显示：人体对ω-3多不饱和脂肪酸的缺乏几乎与当前所有慢性疾病的发生、发展有密切的关系。从ω-3多不饱和脂肪酸的保健作用被发现以来，共有41 000余篇研究ω-3多不饱和脂肪酸的论文；研究领域已从营养深入到治疗，涉及心脑血管疾病、癌症、糖尿病、脂肪肝、肾病、类风湿、抑郁症、痴呆症以及炎症相关疾患等多种疾病。ω-3多不饱和脂肪酸已成为世界上被研究得最深和最广的营养素之一，并有研究人员已开始关注有关ω-3多不饱和脂肪酸的基因工程，其研究发展速度之快是其他任何医学领域或生物研究课题所没有的。ω-3多不饱和脂肪酸是人体必需脂肪酸，更是现代生活中容易缺失的必需营养素，是调节身体的脂代谢平衡，预防和治疗心脑血管等许多慢性疾病不可或缺的健康要素。

目前，由于脂代谢失衡，血脂异常、患心脑血管疾病的人在中国就有1.6亿以上，每年因心脑血管疾病而死亡的人数约占死亡人数的36%，是导致人们死亡的第一位病因。据报道，在美国每24秒就有一例心血管病症发生，每分钟就有一人死于心血管疾病。那为什么当前在世界上许多国家，心脑血管病的发病及死亡率还居高不下呢？这应当是与现代社会中，人们的日常膳食结构和生活习惯有关。人类的心脑血管等慢性疾病是与人类群体生活的环境和已习惯的饮食结构密切相关的。

脂代谢研究指出：人体内各种脂肪酸需要有合适的比例，特别是必须从食物中获得的ω-3与ω-6两种必需不饱和脂肪酸的比例对于人体的脂代谢是否平衡十分重要。在人类基因进化成功后的数万年里，ω-3与ω-6两种多不饱和脂肪酸对等地站在天平的两端，维持着我们身体的平衡。在远古时期，健康人体内的这两种物质的含量比例基本是平衡的。但随着人类的进化，饮食结构、生存环境的改变，在不知不觉中，日

常生活中的饮食已普遍缺乏ω-3多不饱和脂肪酸，甚至在20%的人群身体中，ω-3多不饱和脂肪酸的含量已经低得几乎检测不出来。流行病学调查表明，因纽特人心肌梗死和脑梗死患者之所以比临近的丹麦人明显要少，就是因为丹麦人吃的肉食主要是陆地动物，而因纽特人却是以海洋鱼类及以鱼类为食物的海兽类作为主食，海鱼中ω-3多不饱和脂肪酸多，能使身体内ω-3与ω-6两种多不饱和脂肪酸的比例平衡。以海鱼为主食的日本渔村和山村亦有同样的调查结果出现。

　　生活在陆地的人们食物中ω-3多不饱和脂肪酸来源少，身体中往往容易缺乏ω-3多不饱和脂肪酸，也就容易因缺乏ω-3多不饱和脂肪酸而患心肌梗死和脑梗死等心脑血管疾病。目前，患者还越来越有年轻化的趋势。为探讨心脑血管等慢性病的生成机制和防治方法，在各国同行加强合作，深入开展脂肪酸与健康的基础科学研究基础上，2017年在美国加利福尼亚州召开的世界心脏学大会上，强调要推荐用ω-3多不饱和脂肪酸来防治心脑血管疾病。同年，美国心脏学会于4月11日在著名期刊《循环》上发表文章指出："ω-3多不饱和脂肪酸还适用于包括糖尿病和糖尿病前期患者以及心脑血管疾病、中风、心力衰竭和房颤的高危病人。"科学研究已认识到，患心脑血管疾病的人群中很大一部分是现代生活方式和饮食习惯不健康，含饱和脂肪酸和ω-6多不饱和脂肪酸的食品摄入量过高，缺乏以α-亚麻酸为代表的ω-3多不饱和脂肪酸，造成身体ω-3与ω-6脂代谢不平衡所引起的。

　　2. ω-3多不饱和脂肪酸对人体健康十分重要，且必须从食物中获取
　　到目前为止，几万篇有关ω-3多不饱和脂肪酸的研究成果已显示：人体对ω-3多不饱和脂肪酸的缺乏几乎与所有慢性疾病的发生、发展都有密切的关系。由α-亚麻酸、EPA和DHA等共同构成的ω-3多不饱和脂肪酸，具有调节脂代谢失衡、降血脂、降胆固醇、抗血栓、预防心血管疾病和增强大脑健康等功能。虽然ω-3多不饱和脂肪酸和维生素相似，为人体所必需，但目前ω-3多不饱和脂肪酸还不能用化学合成方法制造，只能从自然界获取。目前，自然界发现的含有高含量ω-3多不饱和

脂肪酸的食物种类并不多，只有以含有较多EPA和DHA的深海鱼油为代表的海洋产品，和以富含α-亚麻酸的亚麻籽油、紫苏籽油和核桃为代表的陆地植物油产品。虽然在动物的骨髓和颅脑，植物的油菜籽、大豆、西兰花中也有α-亚麻酸，但含量很少，因此，人们应在日常的饮食外额外注意补充α-亚麻酸，否则就会产生食源性疾病，且多为慢性疾病，严重影响着人们的健康与寿命。为此，自20世纪90年代开始，美、日、法等国立法规定，在特定的食品中，必须添加以α-亚麻酸为代表的ω-3多不饱和脂肪酸或其代谢物才可销售，用来预防心血管疾病、癌症、老年痴呆、视力低下等病症。这如同在我国已立法规定的食盐必须添加碘一样，成为改善人们健康的一项重要措施。世界卫生组织和联合国粮农组织已在"关于推广α-亚麻酸（ω-3）多不饱和脂肪酸"的文件中郑重指出：鉴于ω-3多不饱和脂肪酸的重要性和人类普遍摄入不足的状况，专项补充ω-3多不饱和脂肪酸是重要和必需的，建议ω-3多不饱和脂肪酸补充量为每日1～2克。

（三）ω-3多不饱和脂肪酸助人类进化出智慧的大脑

营养学家认为，不是上帝创造了人，而是各种营养造就了人。生物最早诞生于海洋，后进化于淡水、陆地。2.3亿年前存在的恐龙曾统治地球达1.6亿年，但由于没有像人类一样的大脑进化出的智慧，在遭遇突发自然灾害时惨遭灭绝。而现在统治地球的人类，虽只有约6000年的文明史，却已大大改变了地球。人和恐龙等动物的最大区别就在于我们有智力发达的大脑。在人脑中，ω-3多不饱和脂肪酸中的DHA就占据了大脑固体干物质总质量的50%，视网膜的60%。人脑中DHA的含量是动物脑子的十倍以上，DHA在大脑细胞的形成和生长过程中起到了十分重要的作用。但遗憾的是人体自身还不能从脂肪酸制造DHA，DHA在身体中是靠从食物或从身体中积累的ω-3多不饱和脂肪酸转变而来的。我们的祖先在进化过程中，最初吃大量的鱼类、贝类、海藻和甲壳类，能用工具砸开坚果，食用动物的骨髓、颅脑和含有α-亚麻酸的食物，从中吸收了丰富的ω-3多不饱和脂肪酸，为大脑直接提供DHA和能在身体内转化为DHA的α-亚麻酸，促进人类智慧大脑的形成。换句话说，是富含ω-3多不饱和脂肪酸的食物，例如三文鱼、海藻、动物脑髓和核桃等促使了人脑发育，才使人有可能从动物进化成人，成为地球的统治者。因此，在世界医学、营养学史上，ω-3多不饱和脂肪酸的发现和研究的重要性是不言而喻的。

（四）补充ω-3多不饱和脂肪酸是现代社会人体脂代谢平衡的需要

1. ω-3与ω-6两种多不饱和脂肪酸的平衡维持着人体的身心健康

人类基因进化历史已经超过100万年，在进化过程中，食物中的营养必须满足新陈代谢的需要。只有人体中各种代谢与所需营养达到平衡，才能维持人体的身心健康和进化。身体中的几大营养素要平衡，氨基酸、蛋白质代谢要平衡，糖代谢也要平衡。其中，对心血管等方面健康很重要的是脂代谢平衡，包括必需脂肪酸ω-3与ω-6多不饱和脂肪酸的平衡。在人类进化的开始阶段，ω-6与ω-3两种多不饱和脂肪酸一直维持着人类身体内的脂代谢平衡。可是当人类进入农耕时代，特别是全球进入工业革命社会以后，人们的食物日趋精细化，食物中ω-6多不饱和脂肪酸含量剧增，ω-3多不饱和脂肪酸含量锐减。人体中ω-6与ω-3两种多不饱和脂肪酸的比值应该是（4~6）:1，但现在分析表明，这个比值已高达（20~30）:1，已导致高血压、冠心病、糖尿病、癌症、抑郁症等多种慢性疾病患病率高发。

2. 现代人身体中绝大部分缺乏ω-3多不饱和脂肪酸

在我们的大脑细胞、视网膜、心脏组织、精液以及母乳中，都含有大量的ω-3多不饱和脂肪酸，多不饱和脂肪酸约为身体总脂肪酸含量的30%，对人体的生命健康十分重要。在探讨现代人为什么在身体中容易缺乏ω-3多不饱和脂肪酸时发现，在人类基因进化成功的最初年代里，人类是生活在森林中，食用的野生植物种类繁多，有森林中的植物果实、坚果和野生动物脑髓、骨髓等，还有海洋产品。原始人类为了生存吃的食物很杂，会吃到多种含 ω-3多不饱和脂肪酸的食物，如核桃等坚果、马齿苋等绿叶植物和一些野果，还有海鱼、河鱼、海藻等各种水产品和动物脑髓、骨髓，食谱广泛，容易使体内各种脂肪酸比例较为合理，可以满足人体内必需脂肪酸每天5~10克的需要。但随着农耕和放牧时代的到来，人们饮食开始以谷物为主或以放牧牲畜为主，食物也从以森林中的植物果实、水产品和野生动物脑髓等的多种杂食，过渡到以富含 ω-6多不饱和脂肪酸、而缺乏 ω-3多不饱和脂肪酸的谷物为主，或以高饱和脂肪酸含量的动物脂肪为主。食品种类单调，饮食中多不饱和脂肪酸搭配不合理，营养必然不够全面。人类进入工业化时代后，一方面是人类日常食用的植物性食物中，大部分为含有 ω-6多不饱和脂肪酸较多的谷类，另一方面随着食品加工行业的发达，许多弊病显现，如油类的氢化、高温烹调等都使植物油中 ω-3多不饱和脂肪酸的含量进一步降低。即使是现代人吃的肉食中， ω-3多不饱和脂肪酸的含量也在减少。人类早期食用的野生动物由于活动范围广泛，食物来源丰富，动物体内的 ω-6和 ω-3两种多不饱和脂肪酸比例也接近于平衡。而现代饮食中的肉类主要来源于圈养的动物，如在激素的作用下，4个月就可养肥的猪、49天就可出圈的鸡。由于动物身体中的必需脂肪酸含量受饲料的配方所影响，而目前饲料配方中还不重视 ω-3多不饱和脂肪酸的存在，以含 ω-6、缺乏 ω-3多不饱和脂肪酸的谷物饲料为主，饲养动物身体中必然会缺乏 ω-3多不饱和脂肪酸。

3. 当前95%的中国人身体中缺乏 ω-3多不饱和脂肪酸

中国人是农耕民族，饮食以谷物为主，日常食用的油和动物脂肪，都是缺乏 ω-3多不饱和脂肪酸的。由于 ω-3多不饱和脂肪酸多存在于海洋动植物中，在内陆地区的食物中比较少见，再加上我们的食品加工又习惯于煎、炒、烹、炸的烹调方式，就会使食物中本来就存在不多的 α-亚麻酸等 ω-3多不饱和脂肪酸在高温下被氧化破坏。调查发现，当前95%的中国人身体中 ω-3多不饱和脂肪酸含量不足。特别是在近几十年的现代社会里，随着现代工业的发展，人们生活水平的提高，生活方式又有了跨越式的改变。动物的饲养由在大自然中可以自由食用多种天然食物的散养，变成了限制动物自由活动的圈养。家畜吃的饲料也从天然食物变成了富含ω-6多不饱和脂肪酸的谷物，而现有的饲料配方又往往是以富含ω-6多不饱和脂肪酸的谷物为主，忽略了脂肪酸中的ω-3多不饱和脂肪酸与ω-6多不饱和脂肪酸的配比。再加上快速喂养方式的广泛采用，追求动物快速长大成熟，不重视动物身体中是否缺少动物本身不能合成的ω-3多不饱和脂肪酸。结果是供应丰富了，但就是"吃啥啥不香，喝啥啥没味"。说明种植、养殖技术的变化已经影响到食品的质量和营养价值，如圈养牛的牛肉和牛奶中的α-亚麻酸含量就比自然放牧牛的牛肉和牛奶含量低。动物实验已证明，在动物饲料中加入富含α-亚麻酸的成分，就可以使动物更加健康，肉的品质也大有提高，目前已见到多篇这方面的论文发表。这些圈养催熟的动物生长期短，体内脂肪不平衡，大部分虽有不健康的征兆，但由于喂养时间短，一般不到一年，还没有出现显著的病态。而人由于有几十年的寿命，脂代谢不平衡就会表现出多种慢性病。随着生产力的发展，我们饮食习惯也随着生活水平的提高而改变，由于脂类产品口感好，饮食中的脂肪成分大幅度提高。但由于从动物脂肪中摄入的一般是饱和脂肪酸，而从谷物和植物油中获取的ω-6多不饱和脂肪酸又过量，因此造成大部分人ω-3多不饱和脂肪酸的摄入量严重不足，破坏了人体的脂代谢平衡，进而就容易罹患心脑血管等方面的慢性病。这从另一面也说明了，人类身体的成长发育，在一定程度上还没能适应这些现代生活带来的改变。同时，也告诉我们，身体天平失去了脂代谢平衡，就会处在亚健康状态，成为现代心脑血管等慢性病症发病的基础。

（五）ω-3与ω-6两种多不饱和脂肪酸的平衡是人体脂代谢平衡健康理论的基石

随着ω-3多不饱和脂肪酸的研究和使用的发展，人们已认识到ω-3

多不饱和脂肪酸可用于高脂血症等疾病的预防和治疗，以及对提高大脑功能和人体健康的重要性。近十几年来，已有多种富含ω-3多不饱和脂肪酸的食品、保健品和药品开始使用。通过临床试验和许多服用实践的报道，在服用富含ω-3多不饱和脂肪酸的食品、保健品和药品的人群中，也确实达到降血脂、抗血栓、大幅降低心脑血管等慢性病的发病率、促进人脑功能的功效，人的寿命也在延长。ω-3多不饱和脂肪酸的主要功能是维持身体的脂代谢平衡，在增强智力、降血脂、抗炎等方面都具有健康功效。ω-3多不饱和脂肪酸能够避免血小板等在血管内聚集形成血栓，从而避免心肌梗死、脑梗死的发生。

目前，ω-3与ω-6两种多不饱和脂肪酸的平衡是人体脂代谢平衡健康理论基石的理念，已被世界卫生组织和各国营养学界所认同。国际脂肪酸与类脂研究学会创始人、世界脂肪酸营养科学的奠基人之一，被誉为世界ω-3之母的西莫普勒斯博士曾指出："从全球上万个临床研究中已得出的结论是：ω-3与ω-6两种多不饱和脂肪酸的平衡，会使因冠心病死亡的人数减少70%，会使癌症患病风险下降。"国际权威医学期刊《柳叶刀》也载文呼吁："应该把补充ω-3多不饱和脂肪酸加入防治心力衰竭的方法中去。"《膳食指导》杂志也特别推荐"适当增加富含ω-3及ω-9多不饱和脂肪酸（如油酸）食物"，这是近年国际营养医学科研的成果。为预防心血管等现代疾病，人们必须通过各种途径补充ω-3多不饱和脂肪酸，包括食物中添加或者直接服用ω-3多不饱和脂肪酸保健品。为此，一些国家已强制规定某些食物中必须添加ω-3多不饱和脂肪酸。

在我国，虽然研究ω-3多不饱和脂肪酸较晚，但要实现全民健康、不断提高国人的平均寿命，大力推行富含有ω-3多不饱和脂肪酸的食品和保健品是十分重要的。为此，在我国已开始推广富含ω-3多不饱和脂肪酸的食品、保健品，如亚麻籽油、紫苏籽油、芥蓝籽油、深海鱼油等。许多喂养家畜和鱼类的饲料配方，也开始注意添加富含ω-3多不饱和脂肪酸的鱼粉、亚麻籽油等原料。在国内ω-3多不饱和脂肪酸已越来越受到重视，2006年，"中国营养膳食推广工程启动仪式"在北京人民大会堂召开，而"中国营养膳食推广工程"是中国医师协会唯一的营养膳食健康普及工程，是全国统一的营养膳食健康普及教育项目。国家市场监督管理总局也对 ω-3多不饱和脂肪酸作为药品进行了有效的监督和管理，针对高脂血症、心血管疾病，已批准了一批具有治疗效果、ω-3多不饱和脂肪酸含量高的药品，如多烯酸乙酯和蛹油 α-亚麻酸乙酯等。按照国家市场监督管理总局的批文所示，多烯酸乙酯适应症为：调血脂，具有降低血清甘油三酯和总胆固醇的作用，用于高脂血症；蛹油 α-亚麻酸乙酯适应症为：可用于高脂血症和慢性肝炎的辅助治疗，抑制血栓的形成，抗动脉网状硬化，提高大脑功能。这些批文都肯定了 ω-3多不饱和脂肪酸对高血脂及其引起的心血管疾病有很好的预防、保健和治疗作用，还可提高大脑的功能。

（六）在中国要大力进行 ω-3多不饱和脂肪酸的科普宣传和广泛的健康教育

α-亚麻酸、深海鱼油保健产品已开始在我国被推广使用，并在防治心血管疾病、维护国人的健康过程中起到了积极的作用。在中国，普及了 ω-3多不饱和脂肪酸与健康的知识就能惠及世界五分之一的人口。但目前在中国，人们对膳食补充 α-亚麻酸等 ω-3多不饱和脂肪酸，还没能达到从食盐中补充碘的重要性认识。因此，我们在加强国际间的学术交流合作，开展 ω-3多不饱和脂肪酸深入研究的同时，更要大力在中国进行 ω-3多不饱和脂肪酸的科普宣传，使 ω-3多不饱和脂肪酸为更多的人增进健康、提高生活质量和长寿服务，使中国人的平均寿命能尽快赶上大量食用富含 ω-3多不饱和脂肪酸海洋鱼类的国家。

为了促进 ω-3多不饱和脂肪酸的宣传、发展和普及，2015年由中国增爱公益基金会与中国多家企业共同出资设立了"世界欧米伽-3生物科技贡献奖"，旨在推动世界脂类营养医学研究的深入开展，鼓励更多的科学家去揭示 ω-3多不饱和脂肪酸与人类健康的奥秘。欧米伽-3生物科技贡献奖是中国人设立的世界性科技大奖，评审委员来自多个国家，该奖项每两年一届，奖金10万美元，评委会由世界著名的11位脂类科学家组成。首奖已于2016年在中国上海颁发，获奖者是美籍华人、哈佛大学的康景轩教授。根据我国的具体情况，普及ω-3多不饱和脂肪酸产品的重点是普及α-亚麻酸。我国由于重视亚麻籽的种植、亚麻籽油的提取和α-亚麻酸提纯工艺的研究，国产的亚麻酸产品普遍优于国外产品。2015年，我国营养学会在发布的2013版《中国居民膳食营养素参考摄入量》中首次增加了α-亚麻酸推荐值，规定中国居民（孕妇）每天摄入1600～1800毫克亚麻酸为宜。

第二章

脂肪酸的成分、分类及脂肪酸的Δ编码和ω编码体系

（一）脂肪酸是油脂的主要化学成分

脂肪酸是组成我们常见的"脂肪或油"的主要成分，是由碳、氢、氧三种元素组成的一类含有长碳氢链（烃链）和末端羧基的化合物。含有一个羧基的脂肪酸称为一元羧酸，分子一头是羧基（COOH），另一头是甲基（CH_3）。天然存在的脂肪酸通过自身的羧基与具有羟基的甘油、鞘氨醇、糖等分子结合在一起，形成油脂、磷脂和糖脂等脂类化合物。脂肪酸根据碳链长度的不同又可分为短链脂肪酸、中链脂肪酸和长链脂肪酸。短链脂肪酸碳链上的碳原子数小于6，也称作挥发性脂肪酸，是无色液体，如醋酸（两个碳，C2），有刺激性气味；中链脂肪酸，指碳链上碳原子数为6～12的脂肪酸，主要成分是辛酸（八个碳，C8）和

癸酸（十个碳，C10）；长链脂肪酸，其碳链上碳原子数大于12，是蜡状固体，如硬脂酸（十八个碳，C18）、软脂酸（或称棕榈酸，十六个碳，C16），没有可明显嗅到的气味。

在生物体内约有100余种脂肪酸，大部分由线性长碳氢链组成，少数碳氢链还具有分支结构。常见的线性长链脂肪酸的区别主要是碳氢链上碳原子的数目、双键的数目和位置不同。直链一元饱和脂肪酸的通式是 $C_nH_{2n+1}COOH$，C_nH_{2n+1} 可表示为R，代表长碳氢链，羧基—COOH为脂肪酸的官能团，具有酸性，可与羟基结合成酯，与金属离子形成盐。长链脂肪酸碱金属盐在水中能形成胶体溶液，肥皂就是长链脂肪酸的钠盐。

由天然油脂水解制备的脂肪酸是多种脂肪酸的混合物，一般是十个碳以上、双数碳原子的羧酸。动物脂肪水解得到大量的含十八个碳的硬脂酸和十六个碳的软脂酸。硬脂酸在动物脂肪中含量约10%～30%，而软脂酸分布最广，几乎所有油脂中都有。油脂中含有带双键的不饱和酸的碳原子数均大于10，最重要的是含十八碳原子的不饱和酸，如油酸、亚油酸（LA，十八碳二烯酸）和亚麻酸。虽然脂类的功能是多种多样的，但脂肪是动物能量储存的主要形式。一般认为，当动物自膳食获取的能量需要储存时，脂肪酸的合成就会发生。迄今，我们只对少数脂肪酸的生物作用方式和位点有所了解，而对大部分脂肪酸在生物细胞和组织中的功能了解还非常有限。膳食中脂肪酸的摄取在一定程度上影响着脂蛋白的生理代谢，多不饱和脂肪酸（为必须从外界获取的必需脂肪酸）会生成对身体代谢有重要作用的活性物质，如促使发炎的白三烯、有凝血作用的血栓素（凝血因子）和对身体有多种生理作用的前列腺素（PG）。ω-3多不饱和脂肪酸只是脂肪酸中的一类，而α-亚麻酸又只是ω-3多不饱和脂肪酸的一种。

（二）脂肪酸的 Δ 编码体系和 ω 编码体系

脂肪酸碳氢链上碳原子编号可以从羧基端开始算起，也可以从甲基端开始算起，故有Δ编码体系和ω（或n）编码体系，这两个方向完全相反的编码体系。Δ编码体系是从脂肪酸的羧基碳开始，计算碳原子的顺序；ω编码体系是从脂肪酸的甲基碳开始，计算碳原子的顺序。

1. 脂肪酸碳氢链上的碳原子一般编号——Δ编码体系

脂肪酸碳氢链上碳原子编号一般是从脂肪酸的羧基碳开始，计算碳原子的顺序，即Δ编码体系。在脂肪酸命名时，每个碳原子都需要编号，脂肪酸的羧基碳编号为1，碳氢链上的碳原子数一般从2~24，高级脂肪酸碳原子总数一般在12个以上。脂肪酸在Δ编码体系中碳原子的编号，是选含有羧基的最长碳链为主链，如硬脂酸、油酸等十八个碳的脂肪酸，Δ编码体系羧基碳编号为1，最末尾甲基编号为18，油酸的双键在9，10两个碳之间。油酸分子的结构式和碳原子的编号如下：

$$18 \quad 16 \quad 14 \quad 12 \quad 10 \quad 9 \quad 7 \quad 5 \quad 3 \quad 1 \text{—COOH}$$
$$4 \quad 2$$

2. 不饱和脂肪酸的ω编码体系

脂肪酸的ω编码体系与Δ编码体系从羧基碳算起的编号方向恰恰相反，是从脂肪酸的甲基碳起，计算其碳原子顺序，往往用于不饱和脂肪酸，特别是多不饱和脂肪酸双键位置的标出，称为ω编码体系。编号起始点是从离羧基最远的甲基碳原子算起，编号为1，编号方向是从甲基到羧基。由于从羧基碳算起，甲基碳为最末端，即ω-端，希腊字母"ω"是最末的意思，由此出现了ω编码体系，脂肪酸的甲基端就称为ω-碳。在用于不饱和脂肪酸编号时，不饱和脂肪酸离甲基最近的双键编号从甲基算起编号为几，就是ω-几不饱和脂肪酸。ω编码体系ω碳原子为1，从末端甲基碳原子开始计数，数到第一个双键的位置若为3，就是ω-3不饱和脂肪酸，由此可有ω-3、ω-6、ω-7、ω-9等多种不饱和脂肪酸。常见的多不饱和脂肪酸系列是ω-6系列和ω-3系列，是长链脂肪酸最靠近甲基端的双键从最末端甲基开始数，在第6位或第3位的碳上开始有双键。在第6，7位有双键的称为ω-6多不饱和脂肪酸，在第3，4位有双键的称为ω-3多不饱和脂肪酸。在同一系列中的ω-6或ω-3多不饱和脂肪酸，由于同系列结构相似就会有相似的生理功能，被归为一类。

α-亚麻酸（ALA，十八碳三烯酸）为ω-3多不饱和脂肪酸，其碳氢链上有十八个碳、三个双键，Δ编码体系按羧基碳为1，末尾甲基碳编号为18，最末端的双键在Δ编码体系中处于第15，16位上；但在ω编码体中，最末位双键中的两个碳编号应在ω编号体系的第3，4位上。下图为α-亚麻酸的结构式和其ω体系编号（上）、Δ体系编号（下）：

3.脂肪酸的数字符号表示法

脂肪酸除用系统命名和通俗名表示外，为简单起见，还可由数字符号表示。如先写出脂肪酸的碳原子数目，再写双键数目，两个数目之间用冒号（：）隔开，如油酸可简单表示为18：1（或C18：1），即有十八个碳、一个双键。若需标出双键位置，一般按Δ编码体系，可用Δ后加右上标数字表示，再用数字指出双键键合的两个碳原子号码较低的碳原子计数。由于碳碳双键不能旋转而导致分子中原子或原子团在空间的排列方式不同所产生的异构现象，称为顺反异构。两个相同的原子或原子团排列在双键的同一侧称为顺式异构；两个相同的原子或原子团排列在双键的两侧称为反式异构。顺式结构的要在数字后面用c（cis，顺式）标明此双键的构型；反式结构的要在数字后面用t（trans，反式）标明此双键的构型。如油酸可简写为18：1Δ^{9c}，表明该脂肪酸有十八个碳、一个双键，在第9，10碳之间，且为顺式，其化学名称为顺-9-十八碳一烯酸；亚油酸简写为18：2Δ^{9c,12c}，表明该脂肪酸有十八个碳、两个双键，分别在第9，10碳和12，13碳之间，且均为顺式，其化学名称为顺，顺-9，12-十八碳二烯酸；又如α-亚麻酸，简写为18：3Δ^{9c,12c,15c}，表明该脂肪酸有十八个碳、三个双键，分别在第9，10碳和12，13碳以及15，16碳之间，且均为顺式，化学名称为顺，顺，顺-9，12，15-十八碳三烯酸。若双键为反式结构，则命名必须加t，如反油酸可简写为18：1Δ^{9t}，表明该脂肪酸有十八个碳、一个双键，在第9，10碳之间，且为反式，其化学名称为反-9-十八碳一烯酸。双键为顺式结构的有时可不加c，如油酸也可省去c，简写成18：$1\Delta^9$。

某些天然存在的脂肪酸的名称见表1。

表1　某些天然存在的脂肪酸的名称

脂肪酸	化学名称	数字符号
硬脂酸	十八碳烷酸	18：0
软脂酸（棕榈酸）	十六碳烷酸	16：0
油酸	十八碳 -9- 烯酸	18：$1\Delta^{9c}$
反油酸	十八碳 -9- 烯酸（反）	18：$1\Delta^{9t}$
亚油酸	十八碳 -9，12- 二烯酸	18：$2\Delta^{9c,12c}$
α - 亚麻酸	十八碳 -9，12，15- 三烯酸	18：$3\Delta^{9c,12c,15c}$
γ - 亚麻酸	十八碳 -6，9，12- 三烯酸	18：$3\Delta^{6c,9c,12c}$
花生四烯酸	二十碳 -5，8，11，14- 四烯酸	20：$4\Delta^{5c,8c,11c,14c}$
α - 桐油酸	十八碳 -9，11，13- 三烯酸（顺，反，反）	18：$3\Delta^{9c,11t,13t}$
EPA	二十碳 -5，8，11，14，17- 五烯酸	20：$5\Delta^{5c,8c,11c,14c,17c}$
DHA	二十二碳 -4，7，10，13，16，19- 六烯酸	22：$6\Delta^{4c,7c,10c,13c,16c,19c}$

注：简写中c（顺）有时可省略，t（反）必须注明。

另外，脂肪酸的化学结构也可以用下列方式表示：碳原子数目、双键数目及第一个双键位置。如二十二碳六烯酸表示为C22：6 ω -3，即含有二十二个碳原子及六个双键，属于 ω -3多不饱和脂肪酸。

（三）脂肪酸的分类

脂肪酸种类很多，分类方法也有多种。

1. 按来源不同分为外源性脂肪酸和内源性脂肪酸

人体内的脂肪酸大部分是来源于食物的外源性脂肪酸，在体内可通过代谢，改造加工后被机体利用。同时机体还可以利用糖和蛋白质在体内从头合成饱和脂肪酸和单不饱和脂肪酸，称为内源性脂肪酸。脂肪酸链的加长是由二碳单位乙酰辅酶A（乙酰CoA）逐步加入进行的，因此天然存在的脂肪酸的碳原子数目绝大部分都是双数。乙酰辅酶A是脂肪酸分子从头合成时碳原子的唯一来源，可来自糖的氧化分解，也可来自氨基酸的分解。反应是在乙酰辅酶A羧化酶和脂肪酸合酶复合体催化下进行的。一般情况下，体内脂肪酸合成酶复合物催化脂肪酸合成，终止于十六个碳的软脂酸，十六个碳以上的脂肪酸进一步延长和双键的插入是由另外的酶体系完成的。合成脂肪酸的主要器官是肝脏和哺乳期乳腺，另外脂肪组织、肾脏、小肠也可以合成脂肪酸，合成是在细胞质中进行的。

2. 按含不含双键和含有的双键不同分类

根据脂肪酸碳氢链含不含双键，可分为饱和脂肪酸和不饱和脂肪酸。饱和脂肪酸碳氢链中不含双键，不饱和脂肪酸中有不饱和键（双键），能使溴水褪色，也能使酸性高锰酸钾溶液褪色。不饱和脂肪酸又根据含有一个双键、还是两个或两个以上双键，分为单不饱和脂肪酸和多不饱和脂肪酸。单不饱和脂肪酸，其碳氢链上只有一个不饱和键，即一个双键；多不饱和脂肪酸，其碳氢链上有两个或两个以上不饱和键，即多个双键。这三种脂肪酸在人体中要各占一定比例，才能维持身体健康，所谓1:1:1的健康食用油就是饱和脂肪酸、单不饱和脂肪酸和多不饱和脂肪酸的比例为1:1:1。不饱和脂肪酸标出双键位置，按 ω 编号，有 ω -3、ω -6、ω -7和 ω -9多种不饱和脂肪酸。由于人体不能合成 ω -3和 ω -6多不饱和脂肪酸，必须从食物中不断补充，所以被称为必需脂肪酸，特别是 ω -3多不饱和脂肪酸，由于来源少，更要注意从食物和膳食补充剂中获取。随着人们生活水平的提高，消费者对食用油的选择也在悄然发生变化。在人们营养保健意识增强后，吃油不再局限于传统的花生油、大豆油、菜籽油和动物脂肪，而是逐渐把目光转移到那些市场份额较小，价格居于高端，并且具有特殊营养功能的小品种食用油上，如橄榄油、亚麻籽油、紫苏籽油等，它们都含有多种单不饱和脂肪酸和多种多不饱和脂肪酸。

（1）饱和脂肪酸：不含双键的脂肪酸称为饱和脂肪酸（SFA）。一般较多见的有辛酸（C8：0）、癸酸（C10：0）、月桂酸（C12：0）、豆蔻酸（C14：0）、软脂酸（C16：0）、硬脂酸（C18：0）、花生酸（C20：0）等。此类脂肪酸多含于牛、羊、猪等动物的脂肪中，有少数植物如椰子油、可可油、棕榈油、棉籽油等也多含此类脂肪酸。其中十八个碳的硬脂酸分子的结构式如下：

缩写式：$CH_3CH_2CH_2CH_2CH_2CH_2CH_2CH_2CH_2CH_2CH_2CH_2CH_2CH_2CH_2CH_2CH_2COH$

键线式：

　　饱和脂肪酸由于没有不饱和键，所以比不饱和脂肪酸稳定，不容易发生脂质过氧化反应。饱和脂肪酸能够为人体提供能量，也是细胞膜的组成成分，还可在特定酶的作用下转化成必需脂肪酸以外的不饱和脂肪酸。当饱和脂肪酸数量超过需要时，可在人体脂肪、肌肉、肝脏等部位储存起来，作为机体储备能量的来源。食用油中饱和脂肪酸主要是软脂酸和硬脂酸。摄入量适当时，软脂酸可以降低血清中胆固醇的含量；硬脂酸可部分地降低胆固醇在血液中的溶解，同时可能会对胆酸的生成进行调节，使患心血管病的风险降低。膳食中饱和脂肪酸多存在于动物脂肪及乳脂中，这些食物也富含胆固醇，故进食较多的饱和脂肪酸也必然进食较多的胆固醇。饱和脂肪酸摄入量过高是导致血胆固醇、甘油三酯、低密度脂蛋白胆固醇（LDL-C）升高的主要原因，继发引起动脉管腔狭窄，形成动脉粥样硬化，增加患冠心病的风险。当摄入过多的饱和脂肪酸时，还会使肝脏的3-羟基-3-甲基戊二酰辅酶A（HMG-CoA）还原酶的活性增强，使胆固醇合成增加，这些都易导致血小板凝集，形成栓塞，诱发心血管疾病。

　　膳食中饱和脂肪酸一方面可能会提高血清低密度脂蛋白胆固醇水平，从而导致动脉血管内壁胆固醇的沉积，致使人体易患各种心血管疾病；而另一方面，某些饱和脂肪酸对人体具有潜在的生理作用，缺少了这类脂肪酸，机体就无法完成正常的生理功能。

　　（2）单不饱和脂肪酸：单不饱和脂肪酸（MUFA）是指碳链中只含有一个双键的脂肪酸；不饱和脂肪酸碳氢链由于双键不能自由旋转，从而产生顺反异构。顺式结构的双键两边的碳碳单键要在双键的同一侧，会引起结构上的弯曲，出现结节，不易折叠成晶体结构，不易结晶，因此不饱和脂肪酸熔点低于同样长度的饱和脂肪酸。如硬脂酸熔点为

69.9℃，而油酸（一个顺式双键）只有13.4℃。单不饱和脂肪酸，通常以油酸（十八碳-9-烯酸）为代表。天然油酸一般均为顺式油酸，结构式如下：

缩写式：$CH_3CH_2CH_2CH_2CH_2CH_2CH_2CH_2CH=CHCH_2CH_2CH_2CH_2CH_2CH_2COOH$

键线式：

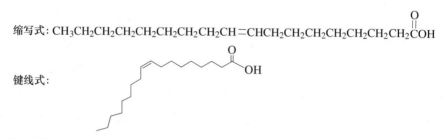

单不饱和脂肪酸种类很多。常见的单不饱和脂肪酸有：① 肉豆蔻油酸（$14:1\Delta^{9c}$），主要存在于黄油、羊脂和鱼油中，但含量不高。② 棕榈油酸（$16:1\Delta^{9c}$），许多鱼油中的含量都较多，如鲱鱼油中含量高达15%，棕榈油、棉籽油、黄油和猪油中也有少量。③ 油酸（$18:1\Delta^{9c}$），是最普遍的单不饱和脂肪酸，几乎存在于所有的植物油和动物脂肪中，其中以红花籽油、橄榄油、棕榈油、低芥酸菜籽油、花生油、茶籽油、杏仁油和鱼油中含量最高。④ 芥酸（$22:1\Delta^{13c}$），在许多十字花科植物，如芥菜和芥子中存在。未提纯的菜籽油中都含有芥酸，有证据表明芥酸有可能会导致心脏病。⑤ 鲸蜡烯酸（$22:1\Delta^{9c}$），是芥酸的一种异构体，存在于鱼油中，对健康无害。

单不饱和脂肪酸具有降低低密度脂蛋白（LDL），提高高密度脂蛋白（HDL）比例的功效，具有预防动脉硬化的作用。单不饱和脂肪酸可降低机体甘油三酯和胆固醇的水平，顺式单不饱和脂肪酸对胆固醇有明显降低的作用。高水平单不饱和脂肪酸通过降低胆固醇氧化敏感性来降低低密度脂蛋白，进而降低血液黏稠度，减少凝集而保护机体血管内皮。另外，单不饱和脂肪酸在血糖控制上也具有一定影响，具有高含量的单不饱和脂肪和低碳水化合物的膳食可以改善某些糖尿病人的血糖。单不饱和脂肪酸能有效改善患者糖脂代谢紊乱状态。流行病学调查表明，经常食用橄榄油（单不饱和脂肪酸含量高）的人很少患冠心病。有相当数量的研究表明，单不饱和脂肪酸具有降血糖、降胆固醇、调节血脂、防止记忆下降等众多有益于人体健康的功效，并且还可与 ω-3 多不饱和脂肪发生协同作用，从而加强其功效。因此，食用富含单不饱和脂肪酸的橄榄油，适当增加单不饱和脂肪酸的摄入，能有效减少高胆固醇血症及心血管疾病的发生，有保护心脏的作用。用不饱和脂肪酸取代饱和脂肪酸，降低饱和脂肪酸对人体的危害仍是未来食品营养学的研究方向。

不过，最近某些专家又有新的观点，他们认为单不饱和脂肪酸对健康也有损害作用。一份在猴子身上进行的研究报告指出：具有较高含量单不饱和脂肪酸的膳食与含有饱和脂肪酸的膳食一样，会增加静脉壁上结块的形成概率，这个结论显然和以前在人身上做的研究结果是相反的。

（3）多不饱和脂肪酸：多不饱和脂肪酸（PUFA）又叫多烯脂肪酸、多烯酸，是指含有两个或两个以上双键且碳链长为18~22个碳原子的直链脂肪酸。多不饱和脂肪酸两个相邻的双键之间隔着两个单键，（碳链中为双键-单键-单键-双键），且不共轭（共轭双键体系是双键和单键交替的分子结构体系，为双键-单键-双键），局部为1，4-戊二烯结构，熔点更低。多不饱和脂肪酸对动物十分重要，若缺乏，会引起动物生长停滞，生殖衰退和肝、肾功能紊乱。多不饱和脂肪酸根据距离甲基端碳原子第一个双键的位置，又分为 ω-3、ω-6、ω-7和 ω-9等多不饱和脂肪酸。在多不饱和脂肪酸分子中，距甲基末端最近的双键，在从甲基数第3，4个碳原子上，称为 ω-3多不饱和脂肪酸；距甲基末端最近的双键在第6，7个碳原子上的，称为 ω-6多不饱和脂肪酸，如亚油酸，其中最重要的就是其母体化合物 α-亚麻酸。ω-3多不饱和脂肪酸同维生素、矿物质一样是人体的必需营养素，不足则容易导致心脏和大脑等重要器官障碍。

多不饱和脂肪酸中的 ω-6和 ω-3多不饱和脂肪酸对人体代谢和生理作用十分重要，如 ω-3多不饱和脂肪酸中的 α-亚麻酸、EPA、DHA和 ω-6多不饱和脂肪酸中的亚油酸和花生四烯酸（AA，二十碳四烯酸）等，特别是 ω-3和 ω-6多不饱和脂肪酸的代谢产物：白三烯、前列腺素、血栓素等都有重要的生理功能。如 α-亚麻酸能够降低空腹及餐后的甘油三酯，降解血栓，使血流顺畅、血压降低，抑制癌变的发生，消除亚油酸摄取过量病症，还具有改善过敏性皮炎、花粉症、气管哮喘等疾病的作用。富含α-亚麻酸的食物有紫苏籽油、亚麻籽油、黑加仑籽油、核桃油、大豆油等，天然的α-亚麻酸绝大部分都是以甘油三酯的形式存在。

（4）反式脂肪酸：反式脂肪酸（trans fatty acids，TFAs）是所有含有反式双键的不饱和脂肪酸的总称。在现实生活中，反式脂肪酸最常用于西式餐饮食品，如人造奶油或人造黄油，虽然添加到食品中会增加食物口感，让食物变得松脆美味，如油炸松脆食品、固化植物油、快餐、冷冻食品、烘焙食品等，具体如方便面、方便汤、饼干、薯片、炸薯条、早餐麦片、巧克力、各种糖果、沙拉酱等。但由于反式脂肪酸会改变我们身体正常代谢途径，升高血液胆固醇水平，提高低密度脂蛋白，降低高密度脂蛋白，因而会增加患冠心病的风险。一般认为：反式脂肪酸是一类对健康不利的不饱和脂肪酸。人体饱和脂肪酸和反式脂肪酸摄入过多会致乳腺癌等多种癌症和心脑血管疾病等多种疾病的发生，已引起人们对反式脂肪酸的注意。

天然脂肪中只有少量反式脂肪酸存在，主要是油脂在高温加工时所产生的。除由油脂氢化制造的人造奶油是反式脂肪酸的主要来源外，油脂在进行精炼脱臭过程中，因高温处理也会使反式脂肪酸含量增加。烹调时习惯将油加热到冒烟及反复煎炸食物，都会使油中反式脂肪酸含量增加。反式脂肪酸含有一个以上独立的（即非共轭）反式构型双键，主要来源于氢化植物油，分子结构呈线形，理化性质趋近于饱和脂肪酸。熔点高于顺式脂肪酸，如反式油酸熔点为46.5℃，是油酸的异构体，在动物脂肪中含有少量，在部分氢化油中也有存在。反式结构双键两边的碳碳单键要在双键的两侧，为单键-双键-单键，不会引起结构上的弯曲，不出现结节，反式油酸的键线式结构式如下：

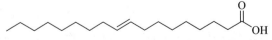

反式脂肪酸异构体种类很多，不同异构体可能存在不同的生理作用。少量存在的天然反式脂肪酸主要来源于反刍动物的脂肪和乳汁，是

由饲料中的不饱和脂肪酸在反刍动物胃中的丁酸弧菌属酶的生物氢化作用下产生的。这类反式脂肪酸的双键位置基本固定，几乎全为反式十八碳单烯酸，以反十八-11-烯酸（$18:1\Delta^{11t}$）为主，可在体内转化为多种有益生理活性的共轭亚油酸，目前尚无资料证实天然的反式脂肪酸对人体健康有不利影响。危害人们健康的反式脂肪酸主要来源是氢化植物油，以反十八-9-烯酸（$18:1\Delta^{9t}$）为主。氢化加工在高温下进行，一部分双键被饱和，而另一部分双键则发生位置异构转变为反式构型。此外，植物油在过度加热、反复煎炸等烹调过程中也会产生少量反式脂肪酸（0.4%~2.3%）。这类反式脂肪酸摄入的危害主要是可影响必需脂肪酸的消化吸收，导致心血管疾病的发生和大脑功能的衰退。它们结合至细胞膜的磷脂或血浆脂蛋白后，会影响膜或膜上结合的酶（脂肪酸链延长酶、去饱和酶、前列腺素合成酶）的功能，干扰必需脂肪酸和其他脂质的正常代谢。这类反式脂肪酸可使高密度脂蛋白含量降低、低密度脂蛋白含量升高，从而增加心血管疾病的发病风险。它们与细胞膜磷脂结合，可改变膜脂分布并最终导致膜的流动性和通透性改变，影响膜蛋白结构和离子通道，改变心肌信号传导的阈值。自2003年起，多个国家纷纷立法，规定反式脂肪酸每天不能超过的食用量。世界卫生组织建议每日反式脂肪酸的食用量不能超过总热量的1%。严格来说，反式脂肪酸也是不饱和脂肪酸的一种，虽然反式脂肪酸会增加人体患慢性病风险，但现在也有人为之鸣不平，认为即使如此，反式脂肪酸也有一些好的作用，如有人研究发现，反式脂肪酸中共轭亚油酸可抑制肿瘤的发生和发展。亚油酸分子中的两个双键为顺式，不共轭，中间隔着两个单键，而共轭亚油酸分子中的两个双键中间只隔一个单键，反式共轭亚油酸即由反式双键形成的共轭亚油酸。

（四）必需脂肪酸

必需脂肪酸可定义为一类维持生命活动所必需、但体内又不能合成或合成速度不能满足需要而必须从外界摄取的脂肪酸，故被称为必需脂肪酸。必需脂肪酸的需要量相当于脂肪摄入量的6%～10%（约为每天5～10克），主要包括ω-3和ω-6多不饱和脂肪酸两个系列。由于在动物体内从α-亚麻酸可以合成ω-3多不饱和脂肪酸的EPA和DHA，从亚油酸可以合成ω-6多不饱和脂肪酸的γ-亚麻酸（γ读作伽马，GLA，异亚麻酸，维生素F）、二高-γ-亚麻酸（双同型-γ-亚麻酸）和花生四烯酸，但从EPA和DHA却不能合成α-亚麻酸，从γ-亚麻酸、二高-γ-亚麻酸和花生四烯酸也不能合成亚油酸，故真正的必需脂肪酸ω-3多不饱和脂肪酸中只有α-亚麻酸，ω-6多不饱和脂肪酸中只有亚油酸。α-亚麻酸和亚油酸一般只有在特定植物中才能合成，被称为ω-3和ω-6多不饱和脂肪酸的母体化合物或前体化合物。

1. 必需脂肪酸的母体化合物

ω-3多不饱和脂肪酸有：α-亚麻酸（顺式-十八碳-9，12，15-三烯酸，$18：3\Delta^{9c,12c,15c}$）、EPA（顺式-二十碳-5，8，11，14，17-五烯酸，$20：5\Delta^{5c,8c,11c,14c,17c}$）、DPA（顺式-二十二碳-7，10，13，16，19-五烯酸，$22：5\Delta^{7c,10c,13c,16c,19c}$）和DHA（顺式-二十二碳-4，7，10，13，16，19-六烯酸，$22：6\Delta^{4c,7c,10c,13c,16c,19c}$）。ω-3多不饱和脂肪酸的母体化合物是α-亚麻酸，可以代谢为EPA、DPA、DHA。ω-6多不饱和脂肪酸有：亚油酸（顺式-十八碳-9，12-二烯酸，$18：2\Delta^{9c,12c}$）、γ-亚麻酸（十八碳-6，9，12-三烯酸，$18：3\Delta^{6c,9c,12c}$）、二高-γ-亚麻酸（二十碳-8，11，14-三烯酸，$20：3\Delta^{8c,11c,14c}$）、花生四烯酸（顺式-二十碳-5，8，11，14-四烯酸，$20：4\Delta^{5c,8c,11c,14c}$），其母体化合物是亚油酸。

十八个碳的多不饱和脂肪酸可以在内质网膜上的Δ5、Δ6去饱和酶系和延长酶的催化下转化为含有二十或二十二个碳原子的必需脂肪酸。具体来说，α-亚麻酸和亚油酸经碳链延长和去饱和转化为其他的ω-3多不饱和脂肪酸和ω-6多不饱和脂肪酸。ω-3和ω-6多不饱和脂肪酸还有标出C、碳原子数和双键数，再标明ω-3或ω-6的表示法：如α-亚麻酸（C18：3 ω-3）经十八碳四烯酸、二十碳四烯酸转化为EPA（C20：5 ω-3）再转化为DPA（C22：5 ω-3），最后转化为DHA（C22：6 ω-3）；亚油酸（C18：2 ω-6）先被转化为γ-亚麻酸（C18：3 ω-6）、二高-γ-亚麻酸（C20：3 ω-6）后再转化为花生四烯酸（C20：4 ω-6）、二十二碳四烯酸（DA，22：4 $\Delta^{7c,10c,13c,16c}$，C22：4 ω-6）和二十二碳五烯酸（22：5 $\Delta^{4c,7c,10c,13c,16c}$，C22：5 ω-6）。Δ6去饱和酶（在碳链6,7位碳上形成双键）为此转化的限速酶，该酶的活性受到高龄、高血压、糖代谢异常等多种因素影响，故在这些人群中活性较低，降低了转化效率。由于ω-6多不饱和脂肪酸的亚油酸从食物中易得，摄入量不断增加而不会缺乏，转化而来的下游长链ω-6多不饱和脂肪酸可以满足机体需要。但ω-3多不饱和脂肪酸则不然。由于食物来源少，虽然去饱和酶系（Δ6、Δ5、Δ4去饱和酶）对ω-3多不饱和脂肪酸的亲和力更高，但缺乏α-亚麻酸供给，ω-3多不饱和脂肪酸在体内的总量仍严重不足，不能满足机体基本需求，需注意外源性补充。哺乳动物从外界获得α-亚麻酸和亚油酸时，在去饱和酶和碳链延长酶作用下，代谢成ω-3和ω-6两个系列多不饱和脂肪酸的途径如图1所示。

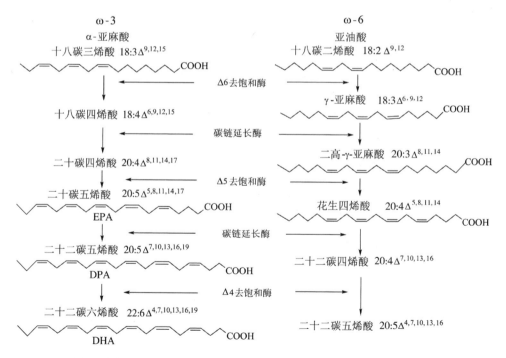

图1　长链不饱和脂肪酸在去饱和酶和碳链延长酶作用下的合成途径

2. 必需脂肪酸母体化合物的重要作用

身体中必需脂肪酸如果缺乏，会产生明显的缺乏症状或缺乏病症。人体及哺乳动物虽然在体内能制造多种脂肪酸，但由于体内缺乏合成 ω-3和 ω-6多不饱和脂肪酸所必需的去饱和酶，不能在脂肪酸合成过程中按 Δ 编号从脂肪酸羧基碳开始数的第9，10个碳以上的碳碳键中引入双键（即不能形成按 Δ 编号大于9，10位以上的双键），因此 ω-3和 ω-6多不饱和脂肪酸只能从饮食中获得。如果保证这两种多不饱和脂肪酸母体化合物 α-亚麻酸和亚油酸能摄入，就可以在人体内代谢成其他的 ω-3和 ω-6多不饱和脂肪酸，对人体正常机能和健康具有重要保护作用。 ω-3 的 α-亚麻酸、EPA和DHA等，具有抗炎症、抑过敏、健脑明目、防治心血管疾病、增强人体免疫力和防癌抗癌的功效。但富含 ω-3多不饱和脂肪酸的食物来源较少，有必要注意补充。而富含 ω-6多不饱和脂肪酸的食物来源丰富，容易获取。大多数植物油都富含亚油酸，如玉米胚芽油、棉籽油、燕麦油、芝麻油、大豆油、红花籽油和葵花籽油等，倒是要防止摄入过量。

（五）脂肪酸的代谢

脂肪酸代谢是体内重要且复杂的生化反应，指生物体内脂肪酸在各种相关酶的帮助下，消化吸收、合成与分解的过程，加工成机体所需要的物质和活性物质，保证正常生理机能的运作，对于生命活动具有重要意义。脂类是身体储能和供能的重要物质，也是生物膜的重要结构成分。脂肪酸代谢异常引发的疾病为现代社会常见病。脂肪酸代谢分为脂肪酸的分解代谢和脂肪酸的合成代谢。

1. 脂肪酸的分解代谢

脂肪酸分解代谢即为脂肪酸氧化，发生在原核生物的细胞质及真核生物的线粒体基质中。发生在真核生物线粒体中的脂肪酸分解代谢，分为活化、转运和氧化三步。第一步是脂肪酸与辅酶A结合，形成高能化合物脂酰辅酶A而被活化。第二步是进入线粒体中，需要肉碱做载体，携带活化的长链脂肪酸并将其转运入线粒体中，然后在脂酰肉碱移位酶催化下释放出游离肉碱，脂酰基又转移到线粒体中的辅酶A上，回归为脂酰辅酶A。转移酶的缺陷或肉碱的缺乏都会减少长链脂肪酸的氧化，影响脂肪酸在机体运动时产生能量。这类病人由于脂肪酸转移减慢，饥饿时血浆中脂肪酸浓度升高，在饥饿、运动或摄入高脂肪的饮食时，都会因肌肉痉挛而感到疼痛。第三步是脂肪酸经β-氧化生成乙酰辅酶A和减少两个碳的脂肪酸。所有脂肪酸的β-氧化都是高放能过程。脂肪酸在内质网及线粒体外膜的脂酰辅酶A合成酶作用下活化为脂酰辅酶A，进入线粒体基质后分解乙酰辅酶A，最后进入三羧酸循环，氧化供能并产生水和二氧化碳。值得注意的是，哺乳动物不能把脂肪酸转变成葡萄糖。脂肪分解占优势时，过量乙酰辅酶A会形成酮体，在饥饿或患糖尿病时，酮体也可以提供选择性燃料给脑组织，也是呼吸作用的正常燃料，可作为重要的能源，用于心脏和肾脏皮质。

2. 脂肪酸的生物合成

脂肪酸的生物合成即脂肪酸的合成代谢。合成脂肪酸的主要器官是肝脏和哺乳期乳腺，另外脂肪组织、肾脏、小肠也可以合成脂肪酸，脂肪酸生物合成在细胞质中进行。虽然脂类化合物的功能是多种多样的，但当动物自膳食获取能量需要储存、或需要合成特定的脂肪酸时，脂肪酸的生物合成就会发生。在细胞或机体的代谢燃料超过需要时，一般会将合成的脂肪酸转化为脂肪并储存。过量的体内脂肪可导致脂肪肝的生成，使肝脏细胞被脂肪浸渗而非功能化。脂肪酸生物合成途径不是降解途径的逆转，而是由一套新系列的反应组成。在高等动物体内，催化脂肪酸合成的酶组成脂肪酸合成酶复合物来催化合成反应。合成脂肪酸的原料是乙酰辅酶A，消耗身体中的三磷酸腺苷（ATP）和还原型烟酰胺腺嘌呤二核苷酸磷酸（NADPH），经一步步两个碳两个碳的延长，首先合成十六个碳的软脂酸，再经过加工，生成各种饱和脂肪酸和单不饱和的脂肪酸。合成脂肪酸时，首先是乙酰辅酶A进入细胞质，接着在乙酰辅酶A羧化酶作用下合成丙二酸单酰辅酶A，随后在脂肪酸合成酶复合物催化下，一步步合成含有十六个碳原子、不具有碳碳双键结构的软脂酸。到此，脂肪酸合成酶复合物完成其合成任务。十六个碳以上的脂肪酸进一步延长和双键的插入是由生物体中另外的酶体系完成的，在去饱和酶和延长酶作用下转化为单不饱和脂肪酸或多不饱和脂肪酸。

多不饱和脂肪酸是指具有多个碳碳双键结构、且生成的双键均位于第9位碳原子之后。但是，包含人类在内的许多哺乳动物体内却没有或仅有很少的能在第9位碳原子后使碳碳键上产生双键的去饱和酶，所以哺乳动物不能或仅能少许从头合成这类含有离羧基远端双键的脂肪酸。因此，多不饱和脂肪酸只能从食物中获取，被称为外源性脂肪酸，或称之为必需脂肪酸。

（六）脂肪酸到底对人体健康是好还是坏

许多人习惯于把各类脂肪酸一刀切地分为好与坏，这是不准确的。近些年来，随着研究不断推进，人们渐渐发现脂肪酸的好坏不能简单地一概而论，即使同一类脂肪酸对人体健康的影响也存在或大或小的差异，因为其中还涉及摄取量多少等因素的调控。单纯从某一个脂肪酸的性质和作用来看，很难去界定某种脂肪酸的好坏。

1. 适量摄入饱和脂肪酸对人体是有益的，不是所谓的慢性自杀

虽然大量研究表明饱和脂肪酸可能存在增加胆固醇的作用，很多专家和机构都建议降低饱和脂肪酸及胆固醇的摄入量。一般认为膳食中饱和脂肪酸和胆固醇是一类比较容易沉积在动脉管壁的脂类，因而这就成为我们必须限制膳食中饱和脂肪酸含量的最重要因素。有一种说法认为，饱和脂肪酸使得低密度脂蛋白胆固醇升高，并会导致冠心病，而此后的研究发现其证据并不充分，降低饱和脂肪酸的摄入量并没有显著降低冠心病的发生率。

深入研究发现，不同的饱和脂肪酸对冠心病发生率有不同的影响，生理效应也是有很大差别的。另外也发现了饱和脂肪酸对人体健康还有潜在的有益功能。在长链脂肪酸中，硬脂酸是最常见的饱和脂肪酸，增

加膳食中硬脂酸的含量并不会增加血浆中胆固醇的浓度，反而会通过降低肠道对胆固醇的吸收，降低血清和肝脏中的胆固醇含量。而且膳食中硬脂酸和 ω-3 多不饱和脂肪酸一样，与心肌梗死的发病率呈反比，这可能与心肌梗死的发病机理有关；而食用油中最多的饱和脂肪酸，十六个碳的软脂酸甚至能降低血液中胆固醇含量。使胆固醇含量上升的饱和脂肪酸的罪魁祸首应该是肉豆蔻酸和月桂酸，这两种饱和脂肪酸含量与血清中胆固醇含量正相关，可以增加血清中胆固醇含量。但进一步研究却发现，肉豆蔻酸和月桂酸对人体也有好的一面。肉豆蔻酸可以同时提高低密度脂蛋白胆固醇和高密度脂蛋白胆固醇的含量，虽然其中低密度脂蛋白胆固醇升高的幅度更大，可导致胆固醇升高，是造成冠心病的重要因素，但高密度脂蛋白胆固醇却具有预防动脉硬化效果。另外还发现，月桂酸虽然可以增加血清中胆固醇含量，但还可以破坏病毒被膜，通过对病毒装配和成熟的干扰影响病毒的增殖，在体内被认为具有抗病毒和抗菌能力。如果在奶中加入月桂酸，同样可以产生对微生物的灭活作用。月桂酸还可以起到对牙齿防龋和抗蚀斑的效果。所以，在饮食中一味杜绝饱和脂肪酸摄入并不是健康做法。为治疗血栓，可以在食用油中用软脂酸以及单不饱和脂肪酸，如油酸，代替月桂酸和肉豆蔻酸，特别是降低肉豆蔻酸的含量，这样会具有重要的生理意义。总之，对饱和脂肪酸的整体摄入不要持有过分悲观的态度。十八碳以上的长碳链饱和脂肪酸，如花生酸（C20:0）、山嵛酸（C22:0）等在动物体内几乎不存在，动物体对这类脂肪酸很难利用。

医学上广泛应用总胆固醇（TC）含量与高密度脂蛋白胆固醇含量的比值或者低密度脂蛋白胆固醇与高密度脂蛋白胆固醇的比值（LDL-C/HDL-C），来预测心血管疾病的发生率。当人体低密度脂蛋白胆固醇浓度高于 4.1 毫摩尔/升，高密度脂蛋白胆固醇低于 1.0 毫摩尔/升，甘油三酯浓度大于 1.7 毫摩尔/升时，就被认为是脂类代谢异常，并且可能是某些疾病的征兆。因此，在对膳食中脂类及脂蛋白进行评价时，应该同时考虑高密度脂蛋白胆固醇以及甘油三酯含量的变化。研究提示，要改变

LDL-C/HDL-C比值就必须改变膳食脂肪酸的组成，而不是简单地降低总脂肪酸或饱和脂肪酸的含量。

研究发现，同样为饱和脂肪酸，短链脂肪酸对人体健康还有许多益处，如丁酸（C4：0）是结肠上皮细胞能量供应的重要来源，可以促进结肠黏膜增生，调节免疫应答和炎症反应，还可参与基因调控，具有防治癌症、抑制肿瘤生长、促进细胞分化和凋亡的作用。另外己酸（C6：0）、辛酸（C8：0）和癸酸（C10：0）在体内都起着中性作用，它们会增加胆固醇的浓度，但同时也能调节低密度脂蛋白胆固醇的代谢。由于这三种饱和脂肪酸在食物中和身体内含量特别少，所以一般情况下，它们在体内易引起冠心病及高胆固醇症的副作用可以忽略不计。另外，这三种饱和脂肪酸还具有抗病毒的生物活性。癸酸与甘油三酯生成的癸酸单酰甘油酯还具有抗艾滋病毒（HIV）的功能。

中长碳链的饱和脂肪酸及其单酰甘油酯对各种微生物如细菌、真菌以及包被的病毒等有不利的作用，其机理可能在于这些饱和脂肪酸及其单酰甘油酯可以破坏生物体的脂膜，使这类微生物失去活性。

总之，饱和脂肪酸在身体内有它应有的作用，对于饱和脂肪酸的作用要辩证地分析。奶是婴幼儿和幼小动物成长的保证，既然动物乳腺产生的奶中含有丁酸、己酸、辛酸、癸酸、月桂酸、肉豆蔻酸、软脂酸和硬脂酸等一系列饱和脂肪酸，说明这些饱和脂肪酸是保证婴幼儿和幼小动物生长所必需的，也说明这类脂肪酸对人体生长发育以及哺乳动物的存活都具有至关重要的作用。虽然低密度脂蛋白胆固醇与心脏疾病存在着相关性，但目前我们还不清楚血液中总胆固醇和低密度脂蛋白胆固醇与冠心病的发病存在什么样的相关性。因此，就不能由此简单地认为饱和脂肪酸的摄取与心脏疾病也存在同样程度的相关性。一方面，饱和脂肪酸会通过影响脂蛋白的含量，进而影响血浆脂蛋白携带胆固醇的能力；另一方面，饱和脂肪酸是心脏优先动用的脂肪酸，在心脏搏动时，脂肪酸作为能量供体，因而心脏的运动就起着平衡血浆中游离脂肪酸浓度的作用。为此，我们今后应对膳食中脂肪含量及脂肪酸组成进行重新评估并设置推荐值，在满足机体每日营养需要的同时，降低临床疾病的发生。

2. 单不饱和脂肪酸具有众多有益于人体健康的功效

单不饱和脂肪酸种类和来源丰富，通常以油酸为代表。富含单不饱和脂肪酸的饮食被称为地中海饮食，与许多疾病的预防有关。食用油中单不饱和脂肪酸以橄榄油最为丰富，其次有米糠油、玉米胚芽油、葵花籽油等，但这些油中多不饱和脂肪酸含量并不理想。目前，普遍认为顺式单不饱和脂肪酸对胆固醇有明显降低的作用，在降低胆固醇方面的能力与多不饱和脂肪酸相同。流行病学调查发现，经常食用山茶油、橄榄油的人患冠心病的概率较低，因为山茶油、橄榄油中单不饱和脂肪酸的含量较高，能保护心血管系统，具有降低血压的功效，人们可以通过选择某些食用油而降低自己的血压。另外，经常食用橄榄油的人很少患冠心病。单不饱和脂肪酸能够降低血浆中低密度脂蛋白胆固醇的含量，增强其抗氧化能力；对高密度脂蛋白胆固醇的含量维持不变，从而有效保护血管内皮，在一定程度上防止心血管疾病的发生。单不饱和脂肪酸在糖代谢异常患者血糖控制中，可能还会有效地降低糖化血红蛋白，因此2型糖尿病患者在膳食中应重视单不饱和脂肪酸的摄入。总之，单不饱和脂肪酸具有降血糖、降胆固醇、调节血脂、防止记忆下降等众多有益于人体健康的功效，并且还可与多不饱和脂肪酸，如ω-3多不饱和脂肪酸的EPA和DHA发生协同作用，从而加强其功效。

3. 多不饱和脂肪酸是人体必需脂肪酸

多不饱和脂肪酸通常分为ω-3和ω-6两个系列的多不饱和脂肪酸。多不饱和脂肪酸膳食更有利于维持体重、腰围、甘油三酯、总胆固醇、低密度脂蛋白胆固醇和高密度脂蛋白胆固醇等的正常水平，有利于预防肥胖和心血管疾病。饮食摄入的多不饱和脂肪酸能够促进胰岛素作用，对脑皮层活动及睡眠产生有利的影响。

4. 人们应按1:1:1的合理比例摄取脂肪酸

面对种类繁多的脂肪酸，光是一句这个不能吃、那个特别好，是远不能解决问题的。对其中一些种类抱有极恐惧态度也不是科学做法，人们需要做的是适量摄取，按合理比例摄取，依科学指示搭配摄取。不妨来看看多个国家已推荐的饱和、单不饱和和多不饱和脂肪酸的健康比例。在第五次修改营养所需量时，日本厚生省给出的饱和：单不饱和：多不饱和脂肪酸健康比例是1:1.5:1。美国心脏病协会过去建议的比例是1:1:1，之后在大量研究基础上修改为1:1.5:1，而美国国家胆固醇小组的建议比例则是1:（1.5~2）:1。不同国家在不同时期有着不同答案，同一个国家不同组织也稍具差异。我国在2017年前出版的《中国居民膳食营养素参考摄入量》一书中，推荐的科学指示搭配摄取比例为：饱和：单不饱和：多不饱和脂肪酸摄取比例为1:1:1。如今，经过多年研究以及我国经济的不断发展，带来国民饮食水平提高，应该根据现在国人身体状况以及对各类脂肪酸的需求情况，制定更适合当今国人脂肪酸的摄取比例。甚至可以按照沿海、内陆、山区等进行划分，制定不同地区国人脂肪酸的推荐比例，并且还应注意到多不饱和脂肪酸中 $\omega-3$ 与 $\omega-6$ 的比例制定。如果有更进一步需求，还需要搭配其他适当食品或药品，用更为科学的方法来享受健康饮食。

5. $\omega-6$多不饱和脂肪酸含量过高的油脂应适当加以控制

虽然研究表明摄取亚油酸有降低血清胆固醇的效果，但名为必需脂肪酸的亚油酸也不像它名字叫的那样必需到多多益善，过多摄取亚油酸会导致脂代谢不平衡而引起多种疾病。亚油酸作为母体可以在人体内衍生 γ-亚麻酸、二高-γ-亚麻酸和花生四烯酸等 $\omega-6$多不饱和脂肪酸。其中，二高-γ-亚麻酸是对人体有益的前列腺素E_1（PGE_1）的前体物质，PGE_1有利于血小板凝结，减少炎症反应，降低血压，促进微循环。花生四烯酸则是使人发炎的前列腺素E_2（PGE_2）的前体物质，PGE_2易诱发炎症反应，升高血压，诱发水肿。$\omega-6$多不饱和脂肪酸和 $\omega-3$多不饱和脂肪酸都能降低血液中的血清总胆固醇和有害的低密度脂蛋白胆固醇，但 $\omega-6$多不饱和脂肪酸还能降低血液中有益的高密度脂蛋白胆固醇。大量食用高含量亚油酸的油脂，如葵花籽油、玉米胚芽油、小麦胚芽油等，

会造成 ω-6多不饱和脂肪酸的过剩与 ω-3多不饱和脂肪酸的不足。

在各种脂肪酸食用相对平衡的状况下，两种必需脂肪酸——ω-3和 ω-6多不饱和脂肪酸要能对等地站在天平的两端，维持我们身体的血脂代谢平衡。平衡的 ω-6对 ω-3多不饱和脂肪酸的比值，可以防治心血管疾病、癌症和溃疡性结肠炎并可降低老年人患抑郁症的风险。为此，在膳食中必须注意摄入 ω-6对 ω-3多不饱和脂肪酸的比值，过多地摄取属于 ω-6多不饱和脂肪酸的亚油酸会导致脂代谢不平衡而引起多种疾病。ω-6对 ω-3多不饱和脂肪酸的比值高了，会提高患心血管疾病和癌症的风险，因为动脉血管蚀斑的主要组成物之一是不饱和脂肪酸。研究表明，现代生活中过多食用口感甚佳的脂肪和油炸食品，食用油加工工艺的改革和我们食用的肉类产品因谷类饲料含有更多的 ω-6多不饱和脂肪酸，使大部分人的体内 ω-6对 ω-3多不饱和脂肪酸的比值升高。因此在日常生活中，应更多地选用富含 α-亚麻酸的植物油，食用含 ω-3多不饱和脂肪酸较多的鱼类产品，降低 ω-6对 ω-3多不饱和脂肪酸的摄取比值。

第三章

甘油三酯，植物油和动物油脂

（一）脂肪酸在天然产物中主要是以甘油三酯的形式存在

从化学结构上讲，食用的油和脂肪都是由高级脂肪酸与甘油形成的甘油三酯，是一分子甘油的三个羟基分别和三个脂肪酸分子的羧基缩合，失三个分子的水后形成的产物。生活中食用的油和脂肪主要成分都是甘油三酯。甘油三酯是人体必不可少的能量物质，当人体有需求时，在脂肪酶催化下，油脂被水解为甘油和脂肪酸，进而通过代谢提供能量和参与体内的一些生理过程。由于脂肪酸种类多样，油脂的性能之间也有很大差别。含不饱和脂肪酸多的甘油三酯常温下呈液态，称为油；含饱和脂肪酸多的甘油三酯常温呈固态，称为脂。分子中三个脂肪酸相同的油脂称为简单甘油三酯；分子中三个脂肪酸不同的称为混合甘油三酯。三个脂肪酸不同（如一个油酸、一个硬脂酸、一个亚麻酸）的混合甘油三酯化学通式如下：

混合甘油三酯

式中甘油骨架两端的碳原子为 α 位，中间的为 β 位。当甘油两端的 α 位连接的取代基不同时，分子有不对称性（手性），β 碳则为手性中心。

摄入油脂的消化是在小肠中完成的。从功能上讲，油脂大体可以分为两类，一类是能量油脂，身体需要能量时，可以水解成脂肪酸，进行 β 氧化产生能量；还有一类油脂为结构性脂肪，其含有的脂肪酸可用于构成细胞膜的基质，存在于全身各组织的细胞膜中，这类油脂在体内的存在是显微镜都分辨不出来的。

能量油脂提供能量时，先在脂酶的催化下水解成甘油和脂肪酸，水解下的脂肪酸在体内进一步分解产生能量。脂肪酸的分解代谢又称脂肪酸 β - 氧化，是指油脂水解产生的甘油和脂肪酸，在供氧充足的条件下，可氧化分解生成二氧化碳和水，最终以生成ATP形式为机体提供能量。长链脂肪酸 β - 氧化产生的ATP是动物、一些细菌和许多原生生物获取能量的主要途径。相同质量的甘油三酯产生的热量是蛋白质或碳水化合物的两倍多，甘油三酯完全氧化产生的能量约37 681焦/克（碳水化合物和蛋白质约16 747焦/克）。1克无水的油脂储存的能量约为1克水化糖原的六倍以上。甘油三酯是人体内含量最多的脂类，大部分组织均可以利用甘油三酯分解产物供给能量。同时，肝脏、脂肪等组织在供给能量多时，还可以进行以脂肪酸和甘油为原料的甘油三酯的合成，生成的脂肪在脂肪组织中储存。在正常情况下，人体所消耗能量的40%～50%来自体内的脂肪，其中包括从食物中摄取的碳水化合物所转化成的脂肪。理想的甘油三酯水平应低于1.70毫摩尔/升，超过1.70毫摩尔/升则需要改变生活方式，控制饮食，增加运动，高于2.26毫摩尔/升则表示甘油三酯偏高，需要防治。为了避免甘油三酯在体内偏高，营养学家提供了一个计算每个人每天油脂摄入量的参数：每天油脂摄入量维持1～2克/千克体重就可以了。比如一个体重为60千克的人，每天需要油脂60～120克，按人们习惯说法，有1.2两到2.4两就足够了。

（二）常用食用油

食用油脂大体可分为植物油脂和动物油脂两大部分。植物油脂又分为草本植物油和木本植物油。草本植物油有大豆油、花生油、油菜籽油、葵花籽油和棉籽油等；木本植物油有棕榈油、椰子油、油茶籽油和核桃油等。动物油脂又分为陆地动物油和海洋动物油。陆地动物油脂有猪油、牛油、羊油、鸡油和鸭油等；海洋动物油有鲸油和深海鱼油等。在食用油消费中，一般以植物油为主，棕榈油、大豆油与菜籽油并称为"世界三大植物油"，葵花籽油排列第四。大多数植物油富含亚油酸，还有饱和脂肪酸和单不饱和脂肪酸。

1. 棕榈油

一种热带木本植物油，是目前世界上生产量、消费量和国际贸易量最大的植物油品种。和其他所有植物食用油一样，棕榈油本身不含有胆固醇。棕榈油虽然也是由饱和脂肪酸、单不饱和脂肪酸、多不饱和脂肪酸三种成分混合构成的，但因为它含有50%的饱和脂肪酸，常被称为饱和油脂。脂肪酸组成为：软脂酸占67.056%，硬脂酸占4.905%，油酸占17.116%，亚油酸占3.942%。

2. 大豆油

脂肪酸含量为：软脂酸7%～10%，硬脂酸2%～5%，花生酸1%～3%，油酸22%～30%，亚油酸50%～60%，亚麻酸5%～9%。大豆油中含有丰富的亚油酸，可降低血清胆固醇含量，有预防心血管疾病的功效。大豆中还含有多量的维生素E、维生素D以及丰富的卵磷脂，对人体健康有益。大豆油的人体消化吸收率高达98%。

3. 菜籽油

脂肪酸含量为：花生酸0.4%～1.0%，油酸14%～19%，亚油酸12%～24%，芥酸31%～55%，亚麻酸7%～10%。人体对菜籽油消化吸收率可高达99%，并且有利胆功能。菜籽油中含有的芥酸和芥子甙等物质对人体生长、维生素摄入不利，应在食用时与富含亚油酸的优良食用油配合食用。

4. 葵花籽油

葵花籽油90%是不饱和脂肪酸，其中亚油酸占66%左右，还含有维生素E、植物胆固醇、磷脂、胡萝卜素等营养成分。寒冷地区生产的葵花籽油含油酸15%左右，亚油酸70%左右；温暖地区生产的葵花籽油含油酸65%左右，亚油酸20%左右。葵花籽油的人体消化率为96.5%，有降低胆固醇，防止血管硬化和预防冠心病的作用。另外，葵花籽油中抗氧化剂 α -生育酚的含量比一般植物油高。而且亚油酸含量与维生素E含量的比例比较均衡，便于人体吸收利用。

5. 花生油

花生油的脂肪酸组成主要有软脂酸、硬脂酸、亚油酸、花生酸、山萮酸、油酸、二十碳烯酸和二十四烷酸（C24：0）等，含不饱和脂肪酸占到80%以上（其中油酸41.2%，亚油酸37.6%）。另外还含有软脂酸、硬脂酸和2.4%的花生酸等饱和脂肪酸19.9%。花生油中还含特殊嗅味成分：已醛和 γ -丁内酯。食用花生油可使人体内胆固醇分解为胆汁酸并排出体外，从而降低血浆中胆固醇的含量。另外，花生油中还含有甾醇、麦胚酚、磷脂、维生素E和胆碱等对人体有益的物质。经常食用花生油，可以防止皮肤皲裂老化，保护血管壁，防止血栓形成，有助于预防动脉硬化和冠心病。花生油中含有的胆碱，还可改善人脑的记忆力，延缓脑功能衰退。

6. 芝麻油

由芝麻榨出的油俗称芝麻油、香油、素油，亦叫麻油，是一种高档食用油。芝麻乃张赛从西域带回的种子。香油中富含维生素E及亚麻酸。其中，维生素E具有抗氧化作用，能维持细胞膜的完整性和正常功能，具有促进细胞分裂、软化血管和保持血管弹性的作用，因而对保护心脑血管有好处。芝麻在主要油料作物中是含油量最高的，高达45%~57%。芝麻油中主要成分为不饱和脂肪酸，占85%～90%，芝麻油作为芝麻重要的产品形式，其含有45%的亚油酸和36%的油酸，还有0.30%～0.95%的α-亚麻酸。芝麻油的特点是容易被人体吸收，有助于消除动脉壁上的沉积物，同样具有保护血管的功效。芝麻油中还含有蛋白质、芝麻素、维生素E、卵磷脂、蔗糖、钙、磷、铁等物质，是一种营养极为丰富的食用油。

7.动物油脂

与一般植物油相比，动物油中有不可替代的特殊香味，可以增进人们的食欲。动物油中含有多种脂肪酸，饱和脂肪酸和不饱和脂肪酸的含量相当，几乎平分秋色。动物油热量高、胆固醇高，故老年人、肥胖和心脑血管病患者都不宜食用。猪油中约含1%的ω-3多不饱和脂肪酸和11%的ω-6多不饱和脂肪酸。

（三）常用食用油中的各种脂肪酸含量

日常生活中常用油脂的脂肪酸含量见表2和表3。

表2　日常生活中常用油脂的脂肪酸含量

油脂	饱和脂肪酸/（%）	单不饱和脂肪酸/（%）	多不饱和脂肪酸/（%）
大豆油	14	25	61
花生油	14	50	36
玉米油	15	24	61
低芥酸菜籽油	6	62	32
葵花籽油	12	23	65
棉籽油	28	18	54
芝麻油	15	37	48
棕榈油	51	39	10
猪油	38	48	14
牛油	51	42	7
羊油	54	36	10
鸡脂	31	48	21
深海鱼油	28	23	49

表3　不同植物油主要脂肪酸含量/（%）

油脂种类	花生油	玉米油	葵花籽油	大豆油	茶籽油
软脂酸	11.52	6.46	3.27	9.74	5.22
硬脂酸	7.39	8.04	7.56	5.21	2.22
油酸	42.81	31.02	23.53	21.09	56.97
亚油酸	35.78	52.51	62.45	55.19	23.38
α-亚麻酸	0	0.64	0.37	6.25	10.61

（四）一些小品种食用油的脂肪酸含量

一些小品种食用油的脂肪酸含量见表4。其中，紫苏籽油、亚麻籽油含α-亚麻酸最高，达50%以上，荠蓝籽油含α-亚麻酸也较高，为34.5%。而生活中的其他油脂一般α-亚麻酸含量较低，如核桃油、大豆油、菜籽油约含α-亚麻酸6%～16%，动物油含α-亚麻酸均低于3%。

表4　一些小品种食用油的脂肪酸含量

油脂名称	饱和脂肪酸（SFA）/（%）	多不饱和脂肪酸（PUFA）/（%）		单不饱和脂肪酸（MUFA）/（%）
		亚油酸（C18：2 ω-6）	α-亚麻酸（C18：3 ω-3）	油酸（C18：1 ω-9）
葵花籽油	12	65		23
橄榄油	16	8		76
亚麻籽油	9	14	58	19
米糠油	17	35		48
小麦胚芽油	18	50	5	25
玉米胚芽油	17	59		24
紫苏籽油	6	17.6	>60	17
荠蓝籽油	8	18.4	34.5	15

注：食用油中脂肪酸含量数据来源本文后列出的不同参考文献，故会有些差异。

1. 荠蓝籽油

荠蓝籽油是一种具有很高食用价值的油脂。通过测定，荠蓝籽油的脂肪酸组成中α-亚麻酸含量达到34.5%，远远高于大豆油（5%~11%）和菜籽油（5%~14%），人体必需脂肪酸（ω-6多不饱和脂肪酸的亚油酸、花生四烯酸和ω-3多不饱和脂肪酸的α-亚麻酸）达到53.9%，各种不饱和脂肪酸含量达91%。

荠蓝又称亚麻荠，属于十字花科亚麻荠属植物，是一种古老的油料作物，起源于地中海沿岸及中亚地区，其种植历史可追溯到青铜器时代。到20世纪50年代后期，由于油菜的兴起，油菜的产量远高于荠蓝，荠蓝种植逐渐减少。到20世纪90年代，由于开始重视ω-3多不饱和脂肪酸的摄入，才重新引起人们对能提供较多α-亚麻酸（含量35%左右）来源的荠蓝植物的关注，荠蓝种植又逐渐得到恢复。

2. 紫苏籽油

紫苏是一种高α-亚麻酸含量的植物油资源，也是我国传统的药食两用植物。紫苏籽油中含有大量的不饱和脂肪酸，尤以人体所必需的α-亚麻酸含量最高。紫苏籽中含有较多的油脂，出油率高达50%，其中不饱和脂肪酸含量高达90%以上，主要成分为α-亚麻酸、亚油酸、油酸和花生四烯酸等。其中α-亚麻酸含量最高，一般都达60%以上，是迄今为止发现的植物种子油中α-亚麻酸含量最高的物种。紫苏籽油中还含有亚油酸15%、油酸12%，硬脂酸含量最低，为0.49%，水分含量在5.5%~7.6%之间，此外还含有维生素E、维生素B$_1$、谷维素、甾醇、磷脂和黄酮类物质。紫苏籽油中α-亚麻酸含量因产地不同而不同，黑龙江产的含α-亚麻酸最高，为80.06%。

3. 核桃油

核桃主产于我国山西、云南、四川、陕西和甘肃等地。不同地区核桃的核桃油脂肪酸组成相同，但其含量有显著差异，产地对核桃油中的α-亚麻酸含量影响很大。核桃油中脂肪酸以不饱和脂肪酸为主，高达90%左右，核桃油脂肪酸含量大小大致为：亚麻酸＞油酸＞硬脂酸＞软脂酸＞亚油酸。甘肃核桃油中的α-亚麻酸含量最高，达16.8%，山东核桃油的α-亚麻酸含量为13.23%，新疆核桃油的α-亚麻酸含量为10.4%，贵州核桃油的α-亚麻酸含量最低，为7.05%。与核桃类似的食物还有松子、榛子、腰果等。

（五）脂质的过氧化作用

脂质的过氧化是多不饱和脂肪酸的氧化变质，常表现为油脂的酸败，是典型的活性氧参与的自由基链式反应。磷脂是构成生物膜的主要成分，多不饱和脂肪酸广泛存在于磷脂中，因此脂质的过氧化将直接造成膜损伤，破坏膜的生物功能。许多疾病如肿瘤、血管硬化以及衰老都涉及脂质的过氧化作用。

脂质的过氧化中间产物可作为引发剂使蛋白质分子变成自由基，进而导致蛋白质聚合和分子交联。膜蛋白的交联与聚合使膜蛋白平面运动受到限制，再加上过氧化作用使膜中不饱和脂肪酸减少，膜脂流动性降低，都使膜受到损害而功能异常。低密度脂蛋白的脂质过氧化加速动脉粥状硬化。老年斑是衰老的重要标志之一，主要由脂褐素和褐色素组成，脂质过氧化还加速老年斑的形成和个体的衰老。脂褐素是不均一被氧化的不饱和脂质、蛋白质和其他细胞降解物的聚合物，是在自由基、酶和金属离子等的参与下，膜分子发生裂解和过氧化的结果。脂褐素影响RNA代谢，使细胞萎缩和死亡。一些清除自由基的抗氧化剂（如维生素E和维生素C）能明显延缓老年色素的出现和增长，说明自由基和脂质过氧化与衰老有关。体内的抗氧化剂，如超氧化物歧化酶（SOD）、过氧化氢酶和维生素E，均是与脂质过氧化抗衡的保护系统，可维持机体平衡，使之处于健康状态。因此在服用多不饱和脂肪酸时，要注意防止它们被氧化，注意它们的过氧化值不能超标。这些产品应做成胶囊与氧隔绝，还要加入抗氧化剂。对于超过两个双键的多不饱和脂肪酸，每多一个双键，氧化速率约增加一倍。DHA的氧化速率约为油酸氧化速率的480倍，EPA的氧化速率估计约为DHA的一半。另外各种环境因素，如温度升高、微量金属（如铜和铁）、氧浓度和辐照度，均可大幅增加氧化速率。

第四章

磷脂和生物膜

　　磷脂是指含有磷酸的脂类，属于复合脂，是组成生物膜的主要成分。磷脂分为甘油磷脂与鞘磷脂两大类，分别由甘油和脂肪酸以及鞘氨醇和脂肪酸组成。磷脂为两性分子，一端为亲水的含氮或磷的头基，另一端为疏水（亲油）的长烃基脂肪酸构成的尾链。磷脂分子亲水端相互靠近，疏水端也相互靠近，常与蛋白质、糖脂和胆固醇等其他分子共同构成脂双分子层，组成生物膜（包括细胞膜和细胞器膜）的结构。细胞膜影响着细胞的新陈代谢和各种功能，细胞膜的结构、组成及正常功能对于人体健康十分重要。构成细胞膜的基质是磷脂，磷脂的尾链是脂肪酸。细胞膜的通透性和流动性与尾链脂肪酸的饱和、不饱和及双键的多少密切相关。最多的脂肪酸是多不饱和脂肪酸，包括 α-亚麻酸、EPA、

DHA、亚油酸、γ-亚麻酸和花生四烯酸等。

磷脂分子有一个伸出亲水的极性头基和两个由脂肪酸长碳氢链构成的、亲油非极性尾链。极性头基通过间隔臂和尾链由连接基团连接在一起，参与细胞膜系统的组成。磷脂分子的结构示意图如下：

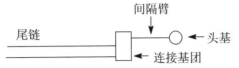

（一）甘油磷脂

甘油磷脂又称磷酸甘油酯，分子中作为连接基团的为甘油。甘油的两个羟基和形成尾链的脂肪酸形成酯，甘油的第三个羟基被含有头基的磷酸酯化。

1. 甘油磷脂结构

与甘油的两个羟基形成酯的脂肪酸，成为非极性尾部。甘油的三个羟基上分别连两个长链脂肪酸R_1、R_2和磷酸根（磷酸后面还可以连其他基团），甘油的第三个羟基被含有头基的磷酸酯化，形成极性头部，如下图所示：

非极性尾部　　　　　　　　　　　极性头部

甘油磷脂是机体含量最多的一类磷脂，它除了参与细胞组织结构，构成生物膜外，还是活性物质，是胆汁和膜表面活性物质等的成分之一，并参与细胞膜对蛋白质的识别和信号传导。

2. 甘油磷脂为成膜分子

甘油磷脂属于亲水又亲油的两亲物质，分散在水中可形成双分子胶囊等膜结构。磷脂分子的疏水碳氢链在疏水力、分子间的范德华力作用下聚集在一起形成微囊，亲水的极性头基靠在一起。双亲物质在与水的相互作用下，在水溶液中可以形成以下几种常见结构：若分子只有一条尾链，则少量在水-空气边界聚集，形成单分子层，大量分散在水中聚集，形成可溶性的微团；若两亲分子具有两条疏水烃链，体积相对较大，则在水中形成两层脂分子烃链相对的双分子层，通过弯曲形成自我封闭的空心球状微囊，这就是细胞膜和细胞器的质膜（统称生物膜）的雏形（图2）。由磷脂为基质所形成的生物膜，内层和外层均亲水，膜中间由于脂肪酸长碳氢链的聚集而疏水。

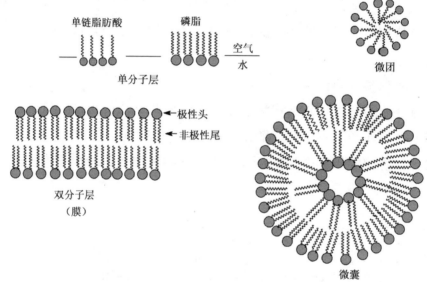

图2　磷脂分子在空气-水界面和水系统中自发形成的几种常见结构

在此基础上提出了各种生物膜分子结构模型，公认的是流动镶嵌模型，即流动的脂双分子层构成膜的连续主体，蛋白质分子以不同程度镶嵌于脂质双层中。流动镶嵌模型强调了膜的流动性，膜中脂类分子既有固体分子排列的有序性，又有液体的流动性，既不是固态又不是液态，为液晶态。蛋白质和酶分子镶嵌在具有流动性的脂类分子层中构成膜，这些蛋白质和酶的许多生物功能，必须要有膜的存在才有活性。

3. 常见的甘油磷脂

（1）磷脂酰胆碱（PC）：又称卵磷脂或蛋黄素，是代谢中的一种甲基供体，可归为B族维生素。化学名称：1，2-二脂酰基-甘油-3-磷酰胆碱，结构如下：

$$\begin{array}{c}
\quad\quad\quad\quad\quad\quad\quad\quad\quad\quad O \\
\quad\quad\quad\quad\quad\quad\quad\quad\quad\quad\parallel \\
\quad\quad\quad CH_2-O-C-R_1 \\
O \\
\parallel \\
R_2-C-O-CH \\
\quad\quad\quad\quad\quad\quad O \\
\quad\quad\quad\quad\quad\quad\parallel \\
\quad\quad CH_2-O-P-O-CH_2CH_2-N^+(CH_3)_3 \\
\quad\quad\quad\quad\quad\quad\mid \\
\quad\quad\quad\quad\quad\quad O^-
\end{array}$$

磷脂酰胆碱为细胞膜，特别是神经细胞膜中最丰富的脂质。头基为胆碱，其功能主要来自带正电荷的胆碱。胆碱是合成乙酰胆碱的原料。乙酰胆碱是一种神经递质，与神经冲动的传导有关，是改善记忆的物质基础。磷脂酰胆碱具有乳化、分解油脂的作用，可使血管壁沉积的"坏"胆固醇溶解，防止脂肪肝。磷脂酰胆碱不足会出现疲劳、失眠、免疫力低下、动脉硬化和糖尿病等病症。磷脂酰胆碱一般可从大豆油精炼过程中的副产物和蛋黄中提取，含量可达85%～90%。

含有大量不饱和脂肪酸的高纯度磷脂酰胆碱称为多烯磷脂酰胆碱，可以从天然磷脂酰胆碱和ω-3多不饱和脂肪酸通过酯交换制备。富含α-亚麻酸的多烯磷脂酰胆碱的脂肪酸组成中含20%～40%的α-亚麻酸，其生产方法是以高纯度蛋黄磷脂酰胆碱为原料，与富含α-亚麻酸的油脂混合，通过生物酶催化酯交换制备。富含α-亚麻酸的多烯磷脂酰胆碱的营养价值很高，可使受损的肝功能恢复正常，促进肝组织再生，是辅治肝病的药物之一。作为药品，多烯磷脂酰胆碱已有注射剂和胶囊剂制品。富含ω-3多不饱和脂肪酸DHA和EPA的磷脂酰胆碱，能抑制直肠癌、前列腺癌和乳腺癌等多种肿瘤细胞的增殖，并诱导其凋亡，抑制肿瘤的生长。

（2）磷脂酰乙醇胺（PE）：又称脑磷脂或胆胺，化学名称为1，2-二脂酰基-甘油-3-磷脂酰乙醇胺，头基为乙醇胺。磷脂酰乙醇胺是细胞膜中另一种最丰富的脂质。在生物界所存在的磷脂中，磷脂酰乙醇胺的含量仅次于磷脂酰胆碱。磷脂酰乙醇胺中的甘油分子中间碳上的R_2处，更多的是多不饱和脂肪酸，包括花生四烯酸、EPA和DHA。

（3）磷脂酰丝氨酸（PS）：又称血小板第三因子，作为表面催化剂与其他凝血因子一起，可引起凝血酶原活化。化学名称为1，2-二脂酰基-甘油-3-磷脂酰丝氨酸，头基为丝氨酸，分子净电荷为-1（生物膜表面带负电荷，磷脂酰胆碱和磷脂酰乙醇胺带电荷均为0）。

磷脂酰丝氨酸是细胞膜的活性物质，尤其存在于大脑细胞中，可改善神经细胞功能，调节神经脉冲的传导并增进大脑记忆功能。由于其具有很强的亲脂性，吸收后能够迅速通过寻找屏障进入大脑，可起到舒缓血管平滑肌细胞，增加脑部供血的作用。

磷脂酰胆碱、磷脂酰乙醇胺和磷脂酰丝氨酸之间在体内可互相转化，丝氨酸、乙醇胺和胆碱的相互转化如下：

（4）磷脂酰肌醇（PI）：化学名称为1，2-二脂酰基-甘油-3-磷脂酰肌醇，头基为肌醇。

磷脂酸的磷酸基与肌醇1位羟基以磷酸酯键相连接，分子带电荷-1。在真核细胞质膜中常含有磷脂酰肌醇-4-单磷酸（PIP，肌醇4位羟基磷酸化）和磷脂酰肌醇-4，5-双磷酸（PIP_2，肌醇4，5位两个羟基均磷酸化）。磷脂酰肌醇-4，5-双磷酸水解，磷酸和甘油形成的磷酯键断裂，形成两个细胞内信使：肌醇-1,4,5-三磷酸（IP_3）和1,2-二酰甘油（DAG）。这些信使使细胞膜外的信号传递到膜内，参与激素信号的放大，可将许多细胞外信号转换为细胞内信号，在许多细胞内引起不同反应，在细胞代谢过程中十分重要。

（二）鞘磷脂

鞘磷脂是由鞘氨醇或二氢鞘氨醇代替甘油磷脂中的甘油与脂肪酸、磷酰胆碱等形成的磷脂。鞘氨醇和二氢鞘氨醇都是长链的氨基醇，结构如下：

鞘氨醇　　　　　　　　　　二氢鞘氨醇

鞘磷脂又称鞘氨醇磷脂。鞘磷脂存在于大多数哺乳动物细胞的质膜内，是髓鞘的主要成分。在高等动物的脑髓鞘和红细胞膜中特别丰富，其组成为一个鞘氨醇、一个脂肪酸、一个磷酸、一个胆碱或乙醇胺。神经酰胺的1位羟基被磷酰胆碱或磷酰乙醇胺酯化而成。胆碱鞘磷脂的结构如下：

鞘磷脂与甘油磷脂一样具有两条烃链和一个极性头，也是两亲分子。与—NH_2连接的脂肪酸最常见的有十六、十八和二十四碳酸。鞘磷脂也为细胞膜的主要成分，在人红细胞膜中约占脂质的17.5%。鞘磷脂主要位于细胞膜、脂蛋白（尤其是低密度脂蛋白）和其他富含脂类的组织结构上。鞘磷脂对于维持细胞膜结构，尤其是细胞膜的微控功能（如膜内陷）十分重要，与人体内的胆固醇、脂肪酸和毒枝菌素所引起的疾病有密切关系。

（三）生物膜的组成和性质

人体是由亿万个细胞组成的，细胞是由细胞膜、细胞核、细胞质、亚细胞结构和细胞器所组成的。细胞和细胞内的细胞器独立存在就要由细胞膜和细胞器的内膜与外界分隔开，保持细胞内外环境的稳定，这些膜统称为生物膜。

1. 生物膜包括细胞膜和各种细胞器膜

生物膜中的细胞膜称为外周膜（质膜），亚细胞结构和细胞器的膜称为内膜，两者统称为生物膜，都是具有高度选择性的半透性阻障，具有相同的基本结构特征。真核细胞除细胞膜外，细胞核、线粒体、内质网和溶酶体等亚细胞结构和细胞器都是被内膜包围而被分隔开的。分隔各种细胞器的膜系统，包括核膜、线粒体膜、内质网膜、溶酶体膜、高尔基体膜、叶绿体膜、液泡和过氧化酶体膜等。在哺乳动物的细胞膜上，磷脂酰胆碱多集中在脂质双分子层的外侧，而磷脂酰丝氨酸、磷脂酰乙醇胺和磷脂酰肌醇更集中于内侧。这与细胞膜脂质双层结构的流动性、可塑性以及脂筏的形成有关，同时也可能影响到脂质双层结构中蛋白质（例如酶、受体和通道蛋白等）的功能。

2. 以脂肪酸为尾链的磷脂构成生物膜的基质

生物膜主要由脂质（主要是磷脂）、蛋白质（包括酶）和糖组成，由各组分通过非共价结合而成。以脂肪酸为尾链的磷脂，构成生物膜的基质，为生物膜主要成分。磷脂又可分为两类：甘油磷脂和鞘磷脂。甘油磷脂主要是磷脂酰胆碱，其次还有磷脂酰丝氨酸和磷脂酰乙醇胺，含量最少的是磷脂酰肌醇。甘油磷脂和鞘磷脂都既有亲水的头基，又有疏水的尾部，在生物膜中呈双分子排列，内外两个头基，属亲水性，中间有四条尾，属疏水性，构成生物膜基质的脂双层。在生物膜脂质基质上镶嵌着许多有功能的蛋白质，有20%～30%的磷脂是与蛋白质紧密结合在一起的，这是蛋白质活性所必需的。另有少量糖类通过共价键结合在脂质或蛋白质上，构成细胞通信的天线。不同的生物膜有不同的功能，而这些蛋白质和糖类的功能是依托在脂质基质上才存在的。

3. 生物膜的多种功能

生物膜具有多种功能，如物质运送、能量转换、细胞识别、信息传递、神经传导和代谢调控等多种生命重要过程。许多药物的作用和肿瘤的发生等都与生物膜有关。细胞必须与周围环境发生信息、物质与能量的交换，才能完成特定的生理功能。生物膜的功能首先是分隔细胞和细胞器。将细胞或细胞器的内含物与环境分开并取得个性，细胞与细胞器功能的专门化与分隔密切相关。分隔细胞的细胞膜主要是由磷脂构成的富有弹性的半透性膜，膜厚7～8纳米，它保证了细胞内环境的相对稳定，防止细胞外物质自由进入细胞，使各种生化反应能够有序运行。细胞膜的膜外侧与外界环境相接触，其主要功能是选择性地交换物质，吸收营养物质，排出代谢废物，分泌与运输蛋白质。细胞要生存，就要和外界进行物质交换，调节细胞和细胞器中的分子和离子组成。为此，生物膜一方面具有高度选择性的半透性阻障作用，另一方面膜上含有专一性的分子泵和门，使物质进行跨膜运送，从而主动从环境摄取所需营养物质，同时排出代谢产物和废物，保持细胞动态恒定。细胞膜就像是细胞的门卫，让有用的营养物质进入细胞，将无用的产物排出细胞。如EPA和DHA存在于红细胞膜上，就有益于红细胞保持氧和二氧化碳进出的正常工作。膜上还要进行能量转换，生物体系中最重要的能量转换过程都是在高度有序阵列的膜系统上执行的，氧化磷酸化作用则是在线粒体内膜上进行。生物膜还要提供生物大分子有序反应的结构基础。生物膜结构是细胞内很多生物大分子有序反应和整个细胞区域化的必需结构基础，使细胞整个活动有条不紊、协调一致。在膜上还要进行信息的识别和传递。细胞必须与周围环境发生信息、物质与能量的交换，才能完成特定的生理功能。生物膜在生物通信中起中心作用，膜控制着细胞和环境之间的信息流，膜上含有的接受外来刺激的专一性受体就是这些功能的基础。大部分激素都是先与它的靶细胞细胞膜上的受体结合，形成激素-受体复合物，再激活一系列蛋白和酶，产生级联反应，进而调节代谢及生理功能效应。这些控制着细胞及其环境之间的信息传递、细胞识别、细胞免疫和细胞通信等作用都是在膜上进行的。另外有些膜还可产生化学或电信号。膜的这些功能和特性都是与膜的流动性联系在一起的。

生物膜的变异一般都会导致疾病的发生，细胞膜变异，细胞就不正常，人体就会生病。很多细胞膜上的受体可能是药物靶体，针对特定细胞将药品制剂选择性地与靶细胞结合产生药理效应的靶向给药（生物导弹）已成为药剂学研究的热门。

4. 生物膜的结构和流动性

生物膜形态上都呈双分子层的片层结构，厚度约5～10纳米。磷脂分子通过亲水端亲水相互作用和疏水端疏水相互作用，彼此靠近，形成闭合的双分子层，构成生物膜的基质。组成生物膜基质内的脂质主要有三种：磷脂、胆固醇和糖脂。磷脂为生物膜主要成分，是主要的膜脂类，包括甘油磷脂和鞘磷脂，每个分子都既有亲水的头基，又有疏水的尾部，在生物膜中呈双分子排列，构成脂双层。糖脂在动物的脂膜中几乎都存在，约占外层膜脂的5%。大多为鞘氨醇与一个或多个糖分子相连。真核细胞的脂膜通常富含胆固醇，但在细胞器膜中含量较少。动物细胞一般含胆固醇比植物细胞多。胆固醇也是既亲水又亲油的两亲性物质，对生物膜中脂质的物理状态、流动性和渗透性有一定调节作用。

生物膜的流动性使膜脂与膜蛋白在膜的内部处于不断的运动状态，它是保证正常膜功能的重要条件。磷脂双分子层构成了膜的基本支架，这个支架不是静止的，是液晶态，具有流动性。多不饱和脂肪酸和胆固醇对生物膜中脂质的物理状态、流动性和渗透性有一定调节作用，是脊椎动物膜流动性的调节剂。蛋白质分子，有的镶在磷脂分子层表面，有的部分或全部嵌入磷脂双分子层中，有的横跨整个磷脂双分子层。大多数蛋白质分子也是可以在膜间运动的。生物膜的许多重要功能都与膜的流动性密切相关，适宜的膜流动性是细胞膜功能的正常表现和细胞进行正常生命活动的必要条件，一切膜的基本活动均在细胞膜的流动状态下进行。生物膜只有具有合适的流动性才能使细胞进行新陈代谢，代谢物质交换和能量交换。膜也控制着细胞和环境之间的信息流，膜上含有接受外来刺激的专一性受体，膜在生物通信中起着中心作用。

5. 膜分子的相变温度

在生理状态下，生物膜既不是晶态，也不是液态，而是液晶态，即介于晶态与液态之间的过渡状态。在这种状态下，其既具有液态分子的流动性，又具有固态分子的有序排列。生物膜呈现为液晶态对细胞的生理功能很重要。相变温度为膜的凝胶态和液晶态的相互转变温度，凝胶态和液晶态可随温度而互变，各种膜脂由于组分不同而具有各自的相变温度。磷脂分子成膜后头基排列整齐。在相变温度以下时，头基排列整齐，尾链碳链分子全部取反式构象，也排列整齐，膜脂处于凝胶态，头基和尾部均不可动，凝胶态时不利于生物的生理活动；而在相变温度以上时，碳氢链中的碳碳键旋转成邻位交叉，形成结节，膜脂排列不整齐而变成液晶态，有流动性，液晶态有利于生物的各种生理活动。在生理条件下，生物膜大多呈液晶态，液晶态的膜脂总是处于可流动状态。此时组成生物膜的磷脂化合物，头基固定不动而尾部可扭动摇摆，在膜上有利于各种"门"和分子泵的形成，物质可以进出，细胞可以进行新陈代谢。由于生物膜组成复杂，相变温度可有一很宽的范围。碳链中碳碳键形成的全反式和邻位交叉示意图如图3。

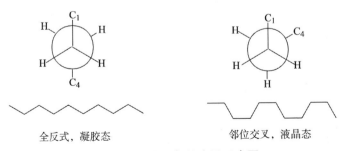

全反式，凝胶态　　　　　　　　邻位交叉，液晶态

图3　全反式和邻位交叉示意图

6. 脂肪酸的链长和不饱和度对于生物膜的流动性有至关重要的作用

合适的流动性对生物膜表现其正常功能具有十分重要的作用，脂肪酸的链长和不饱和度对于生物膜的流动性有至关重要的作用。磷脂中的脂肪酸链长度越长，相互作用越强，越易排列；链中双键越多，越不易排列。双键在烃链中产生弯曲，出现一个结节，加大了分子活动空间，这个弯曲对脂肪酸链井然有序的堆积很有妨碍，使相变温度下降。多个双键就是多个结，使脂肪酸分子无法互相靠拢，排列不整齐，结果不饱和脂肪酸使膜的流动性增加。带有多个双键结节的多不饱和脂肪酸在膜中按比例存在，对细胞膜结构和流动性十分重要。体内的饱和脂肪酸、单不饱和脂肪酸、多不饱和脂肪酸必须保持适当的比例，才能保证细胞膜有适宜的流动性和新陈代谢。人们通常把细胞膜形容为动态游离脂肪酸和脂质信号分子的储库，细胞（质）膜脂质的构成和磷脂中脂肪酸的特性，可直接影响质膜结构和脂质信号转导系统。脂肪酸的长度和饱和度可直接影响脂质双层的侧向扩散运动和蛋白质在脂质双层结构中的流动性。不饱和脂肪酸的双键结构在质膜的流动性和可塑性中扮演着重要角色。胆固醇的存在也是重要的，可使相变温度变宽，在较宽的温度范围内保持了膜的流动性。细胞膜中的 ω-3和 ω-6多不饱和脂肪酸的代谢产物控制着身体的脂代谢平衡，在神经递质、神经营养因子和细胞因子的作用下，细胞膜可通过酶解反应释放出多种不饱和脂肪酸，代谢成多种前列腺素、白三烯等生理活性物质，控制炎症的发生和抑制、血小板凝聚及血管收缩，释放的脂质信号分子可改善细胞的功能。

7. ω-3多不饱和脂肪酸对生物膜的各种特性都有影响

增加生物膜中 ω-3多不饱和脂肪酸含量可调节膜的生理机能，对膜的流动性、物质的透过性和受体的活性都会产生影响，与动物的生长发育紧密相关。 ω-3多不饱和脂肪酸不但可以在体内氧化供能，还可以参与细胞结构的组成和物质代谢，影响细胞膜的结构及某些代谢产物的变化，进而影响细胞功能。 ω-3多不饱和脂肪酸通过改善细胞膜的流动性，对细胞代谢产物的调节，经跨膜受体介导的信号传导，在基因表达、细胞代谢、增殖、分化和凋亡等一系列生理和病理的变化中产生作用。用ω-3多不饱和脂肪酸培养一些细胞如淋巴细胞，能显著改变细胞膜磷脂的构成，从而增加膜流动性。膜中多不饱和脂肪酸成分的改变可导致膜流动性和变形性的改变，从而影响膜表面酶和受体功能，影响免疫细胞膜表面的抗原、抗体数量和分布以及淋巴因子和抗体的分泌等功能。糖尿病人胰岛素抵抗的一个重要原因就是由于细胞膜流动性改变，膜上的胰岛素受体异常，不能和胰岛素结合，使血液中的葡萄糖不能进入肌肉细胞和肝细胞中转变成糖原，进而使血液中的血糖升高。若使细胞膜中ω-3多不饱和脂肪酸比例增加，改善膜的流动性，就有助于缓解2型糖尿病患者身体中的胰岛素抵抗。

寒冷地方生活的动物为保持细胞膜的流动性，身体中需要保存较多的多不饱和脂肪酸。北极驯鹿由于常在冰雪中行走，小腿处细胞膜的多不饱和脂肪酸比例大大增加，以维持液晶态，保持正常功能。大肠杆菌在42℃时，饱和脂肪酸和不饱和脂肪酸之比为1.6:1，而27℃时则为1:1，不饱和脂肪酸比率增加，可防止膜在低温下变得过于坚硬。深海鱼由于生活在温度低的深海，身体中含有较多的ω-3多不饱和脂肪酸EPA和DHA；一般在淡水鱼中，ω-3多不饱和脂肪酸含量很低，但生活在寒冷的黑龙江里的鲟鳇鱼脂肪中却含有12.5%的DHA和EPA。在南极海冰中已分离到能生产EPA的四个微生物新种。这都表明多不饱和脂肪酸对低温环境下细胞膜流动性有重要作用，促使它们身体中存在更多的多不饱和脂肪酸。

第五章

ω-3和ω-6多不饱和脂肪酸

（一）ω-3多不饱和脂肪酸是人体大健康的要素

在人们认识到ω-3多不饱和脂肪酸是人体的必需营养素，是人体大健康的要素后，从20世纪80年代开始，美国政府和美国航空航天局（NASA）就将富含ω-3多不饱和脂肪酸的鱼油，加入航天食品中，每天必须食用10克。结果在那些被要求坚持服用ω-3鱼油的航天员中，无一人患有高血压、冠心病和骨关节炎等慢性疾病，也没有一人被发现患有癌症。2009年诺贝尔生理学或医学奖得主伊丽莎白·布莱克本教授发现，ω-3多不饱和脂肪酸对端粒酶的影响还可大大延长人体心脏细胞的寿命（端粒在不同物种细胞中对于保持染色体稳定性和细胞活性有重要作用。端粒酶是细胞中负责端粒延长的一种酶，可把DNA复制时损失的端粒填补起来，让端粒不会因细胞分裂而损耗，从而使得细胞分裂的次数增加，在保持端粒稳定、基因组完整、细胞长期活性和潜在继续增殖能力等方面都有重要作用）。美国哈佛医学院还发现ω-3多不饱和脂肪酸可以减轻雾霾对人体的损害，削弱环境污染对人体的影响。目前许多国家都已开发了多种富含ω-3多不饱和脂肪酸的药物制剂和保健食品，用于预防脑栓塞、高胆固醇症、高血压、心肌梗死、气喘、过敏性疾病和癌症等多种慢性疾病。美国癌症研究所已将亚麻籽油列为抗癌食品。韩国也以富含α-亚麻酸的紫苏籽油为对象，大力开展进行防治循环系统疾病的药物研究。我国虽然研究ω-3多不饱和脂肪酸较晚，但要实现全民健康、不断提升平均寿命，就要大力推行富含有ω-3多不饱和脂肪酸的食品和膳食补充剂。我国国家市场监督管理总局还针对高脂血症和心血管疾病，批准了一批具有确定治疗效果、高含量的ω-3多烯酸乙酯和蛹油α-亚麻酸乙酯等作为药品使用。

（二）ω-3多不饱和脂肪酸：α-亚麻酸、EPA、DPA和DHA

　　ω-3多不饱和脂肪酸主要包括：α-亚麻酸、EPA、DPA和DHA。ω-3多不饱和脂肪酸富含在某些植物油、海洋动物和海藻等产品中。由于海洋藻类、浮游生物与微生物富含ω-3多不饱和脂肪酸，那些以藻类和浮游生物为食的深海鱼类和食用这些鱼的海兽体内也都富含EPA、DHA和DPA。从深海鱼中提取得来的深海鱼油是当前人体摄取DHA及EPA的主要来源之一。陆地动植物中一般不含EPA和DHA，只有哺乳动物的眼、脑和睾丸等中含有少量的DHA。陆地植物产生的ω-3多不饱和脂肪酸产品主要有亚麻籽油、紫苏籽油和核桃油等，主要成分是ω-3多不饱和脂肪酸的母体化合物α-亚麻酸，在动物体内可转变成EPA和DHA。

　　目前市场上ω-3多不饱和脂肪酸作为必需脂肪酸，主要用作食品添加剂、保健食品、膳食补充剂和药品，并开始用于饲料添加剂和宠物食品中。食品中ω-3多不饱和脂肪酸与其他脂肪酸的最佳比例为1:5，称为母乳比。当血液中ω-3多不饱和脂肪酸水平过低，将有患心脑血管疾病的危险；如果体内ω-3多不饱和脂肪酸含量低于人体所有脂肪酸总量的4%，患心脏病死亡的风险最高。ω-3多不饱和脂肪酸在抗炎症、抑过敏，防治心脑血管疾病，健脑明目和增强人体免疫力等方面都有着不可低估的决定性作用。对某些癌症、肥胖症、糖尿病、老年痴呆，除去沮丧情绪和培养心智健康也有预防和辅助治疗的效果。

1. α-亚麻酸是ω-3多不饱和脂肪酸的母体化合物

α-亚麻酸分子中有十八个碳、三个双键。按Δ编码体系，在第15和第16位有一个双键，在12，13位和9，10位还有两个双键。有双键的化合物称为烯，有三个双键为三烯，故α-亚麻酸为十八碳三烯酸。由于这三个双键全是顺式（即连接双键的两个碳碳键按顺式排列），故α-亚麻酸化学全称为全顺式-十八碳-9，12，15-三烯酸。

α-亚麻酸以甘油酯的形式存在于自然界中。人体一旦缺乏，即会引起机体脂质代谢紊乱，导致免疫力降低、健忘、疲劳、视力减退和动脉粥样硬化等症状的发生。α-亚麻酸结构表达式如下（注意ω编号的1，3指示，从甲基端开始数，第3个碳出现双键）：

缩写式：

$CH_3-CH_2-CH=CH-CH_2-CH=CH-CH_2-CH=CH-CH_2-(CH_2)_6-COOH$ α-亚麻酸

键线式：

α-亚麻酸在体内主要经肠道直接吸收，在肝脏储存，经血液运送至身体各个部位，可直接成为细胞膜的结构物质。虽然哺乳动物不能从头合成ω-3和ω-6多不饱和脂肪酸，但哺乳动物细胞可以对每个系列的多不饱和脂肪酸进行衍生。α-亚麻酸是ω-3多不饱和脂肪酸的母体化合物，从食物中摄取的α-亚麻酸进入人体后，在$\Delta 6$等去饱和酶作用下失去两个氢原子增加一个双键，在碳链延长酶的催化下，两个两个地增加碳链中的碳原子，依次可转化为ω-3多不饱和脂肪酸中的EPA、DPA和构成人体脑细胞和视网膜的重要成分DHA。在人体内一般情况下，大约有8%～20%的α-亚麻酸可转化为EPA，0.5%～9%的α-亚麻酸转化为DHA。若体内有较高浓度的α-亚麻酸，则有利于转化。而且，当α-亚麻酸进入人体后，人体是根据自身的需要合理进行转化的，只要α-亚麻酸的量充足，机体就可以不断补充DHA。虽然α-亚麻酸在人体内转化为EPA和DHA是一条受限制的代谢途径，但加拿大多伦多大学研究大鼠的大脑对DHA的需要量与α-亚麻酸合成DHA的量之间的关系时发现，α-亚麻酸合成DHA的速率是大脑吸收DHA速率的三倍，这提示了虽然从α-亚麻酸合成DHA的量有限，但在体内可满足供应大脑的需要。有研究指出，当人体处于特殊时期时，α-亚麻酸的转化能力还会增强。例如当女性处于妊娠期时，转化率升高，这与雌激素的分泌有关，雌激素（17β-雌二醇）能提高α-亚麻酸转化为DHA的能力。已有实验表明：在大鼠饲料中缺乏DHA时，α-亚麻酸在肝脏中转化为DHA的速率加快，以维持大脑正常的需要；另外如果饮食中限制ω-6多不饱和脂肪酸的摄入量，还能使α-亚麻酸至DHA的转换率增加25%。多余的α-亚麻酸在体内可以合成EPA和DHA等ω-3多不饱和脂肪酸，完成它们的生理功能。由于这些原因，α-亚麻酸几乎成为EPA和DHA的代名词，它除了具有本身的功能外，还能具有EPA和DHA的功能。也就是说α-亚麻酸比DHA所具有的功效更丰富，所起的作用更全面。值得注意的是：α-亚麻酸进入人体后依次转化为EPA和DHA的代谢过程是不可逆的，补充了过量的DHA不会反向生成EPA和α-亚麻酸。由于DHA的双键过多，易被氧化，会带来一些负面影响，如免疫力低下等。所以在一般情况下，补充足够的α-亚麻酸，要比直接补充DHA更全面、更安全和更科学。

2. "血管清道夫"EPA

EPA学名为全顺式-二十碳-5，8，11，14，17-五烯酸。EPA具有帮助降低胆固醇和甘油三酯的含量，促进体内饱和脂肪酸代谢而降血脂，防止脂肪在血管壁的沉积，预防动脉粥样硬化的形成和发展等功能，俗称"血管清道夫"。EPA可以衍生为前列腺素前体物质PGG_3，进而生成前列腺素H_3（PGH_3）和前列腺素I_3（PGI_3）。PGI_3可以扩张血管，抑制血小板凝集，改善血液循环。PGH_3可生成血栓素A_3（TXA_3），其作用与PGI_3基本相同，可以阻止血管收缩和血小板凝集，其作用机制与提升环磷腺苷（cAMP）的浓度有密切关系。环磷腺苷可使血小板内环氧化酶（EPO）的活性下降，从而使由ω-6不饱和脂肪酸生成的、促进血液凝集的重要物质血栓素A_2（TXA_2）的生成减少，防止血栓形成。EPA还可以降低血液黏稠度，增进血液循环，提高组织供氧而消除疲劳，预防脑血栓、脑出血和高血压等心血管疾病和过敏性皮炎。EPA结构如下（注意ω编号的1，3指示）：

3. "脑黄金"DHA

DHA学名为全顺式-二十二碳-4，7，10，13，16，19-六烯酸，俗称"脑黄金""眼白金"。它约占人脑总重的10%，在人体大脑皮层中含量高达20%，在眼睛视网膜中所占比例约50%。DHA是大脑和视网膜等神经系统磷脂的主要成分，在大脑皮层中和眼的视网膜中很活跃，是大脑营养必不可少的高度不饱和脂肪酸。DHA除了能阻止胆固醇在血管壁上的沉积，预防或减轻动脉粥样硬化和冠心病的发生外，更重要的是对大脑细胞有着极其重要的作用。对脑神经传导和突触的生长发育极为有利，是人的大脑发育、成长不可缺少的重要物质之一，是神经系统细胞生长及功能的主要成分，是健脑明目的灵丹妙药。因此在肝功能损伤的情况下或老年性肝脏功能衰退时，需要从膳食中直接摄取更多的DHA，以维持大脑和体内DHA的水平。大脑中约一半DHA是在出生前积累的，一半是在出生后积累的，因此在怀孕和哺乳期获取ω-3多不饱和脂肪酸很重要。DHA具有促进婴幼儿智力开发和智商提高，增强学习能力和记忆力，预防和治疗老年痴呆症的功能。DHA的结构如下（注意ω编号的1，3指示）：

（4）强降血脂功能的DPA：DPA学名为全顺式-二十二碳-7，10，13，16，19-五烯酸，在人乳和海豹油中含量高，是鱼油及其他食品所缺乏的。它可促进和提高人体的免疫力，对糖尿病、类风湿性关节炎、牛皮癣、大小肠炎等有辅助治疗作用。DPA具有调节血脂、软化血管、降低血液黏稠度、改善视力、促进生长发育和提高人体免疫功能等作用。其调节血脂的功能比有"血管清道夫"之称的EPA还要强很多倍，更适合于血脂偏高的中老年人。DPA的结构如下（注意ω编号的1，3指示）：

（三）ω-6多不饱和脂肪酸

ω-6多不饱和脂肪酸按ω编码体系编号，第一个双键出现在从碳链甲基末端数的第6，7个碳原子上。ω-6多不饱和脂肪酸包括亚油酸、γ-亚麻酸、十八碳四烯酸（$18:4\Delta^{3c,6c,9c,12c}$）、二高-γ-亚麻酸和花生四烯酸等。亚油酸作为ω-6多不饱和脂肪酸的母体化合物，可以在人体内衍生出γ-亚麻酸、二高-γ-亚麻酸和花生四烯酸等。二高-γ-亚麻酸是对身体有益的PGE_1的前体物质，PGE_1有利于血小板凝结，减少炎症反应，降低血压和促进微循环。而花生四烯酸则是多了会有害的PGE_2的前体物质，PGE_2容易诱发炎症反应，升高血压并诱发水肿。ω-6多不饱和脂肪酸是前列腺素和白三烯等具有强烈生理活性调节物的前体，适量的ω-6多不饱和脂肪酸对人体是有利的，但过多则会引起长时期炎症带来的许多疾病。ω-6多不饱和脂肪酸和ω-3多不饱和脂肪酸都能降低血液中的胆固醇和有害的低密度脂蛋白胆固醇，但ω-6多不饱和脂肪酸还能降低血液中有益的高密度脂蛋白胆固醇。大量食用高亚油酸的油脂如葵花籽油、玉米胚芽油和小麦胚芽油等，会造成ω-6多不饱和脂肪酸的过剩与ω-3多不饱和脂肪酸的不足。

　　ω-6多不饱和脂肪酸适量存在，在人体内至关重要。ω-6的花生四烯酸所产生的前列腺素E_2，是人体许多生命功能所必需的激素类化学物质；胆固醇必须与ω-6多不饱和脂肪酸的亚油酸相结合，才能正常运转和代谢。ω-6多不饱和脂肪酸能协调荷尔蒙水平，帮助纾缓经前不适；有益于皮脂腺的新陈代谢，纾缓皮肤过敏及湿疹症，预防皮肤干燥及缺水现象，保持肌肤健康；帮助提升好的胆固醇，降低坏的胆固醇水平。动物（家兔）实验表明：亚油酸和γ-亚麻酸可以通过甘油三酯、胆固醇由血液到肝脏的转移而降低血脂水平，但会导致脂肪肝的形成。ω-6多不饱和脂肪酸在体内可借助Δ6不饱和酶，转化成对人身体有益处的γ-亚麻酸。若人体缺乏Δ6不饱和酶，就不能将ω-6多不饱和脂肪酸完全转化成有益的γ-亚麻酸。但ω-6多不饱和脂肪酸过多对人体会有负面作用，在对待炎症方面，ω-6多不饱和脂肪酸促进炎症的发生，引起身体的"上火"；ω-6多不饱和脂肪酸还能加速癌细胞的生长，这些负面作用必须由ω-3多不饱和脂肪酸来抑制。

　　ω-6多不饱和脂肪酸的食物来源非常丰富，如在玉米油、大豆油等植物油和猪肉、牛肉、羊肉等动物制品里，ω-6多不饱和脂肪酸的含量都不少。因此一般情况下，膳食中很少会缺乏ω-6多不饱和脂肪酸。虽然一般人并不容易缺乏ω-6多不饱和脂肪酸，但ω-6多不饱和脂肪酸作为必需脂肪酸，如果缺乏就会影响人的寿命。比如因纽特人由于食物太极端化，不仅蔬菜、维生素摄入量少，脂肪酸摄入也极不平衡。亚油酸等ω-6多不饱和脂肪酸摄入太低，由ω-6多不饱和脂肪酸产生的有凝血作用的血栓素就会太少，使血小板凝聚受抑制，凝血时间长，伤口难愈合，使得因纽特人由于外伤而造成的死亡率升高，成为他们死亡的主要原因之一。从花生四烯酸衍化生成的前列腺素和白三烯有重要生理功能，能通过发炎反应起到免疫防卫作用，而缺少ω-6多不饱和脂肪酸的因纽特人就存在免疫防卫功能差的问题，从而影响他们的寿命。男性的平均年龄只有57.4岁，女性为65.1岁。

1. 亚油酸

亚油酸学名为全顺式-十八碳-9，12-二烯酸，是ω-6多不饱和脂肪酸的母体，也是合成一类具有生理活性的类二十碳烷化合物的前体物质。亚油酸的分子结构如下，注意ω编号数字：

$$CH_3-(CH_2)_4-CH=CH-CH_2-CH=CH-CH_2-(CH_2)_6-COOH \quad 亚油酸$$

LA

油酸虽然在植物体内的Δ12去饱和酶的催化下形成亚油酸，再经Δ6去饱和酶的催化生成γ-亚麻酸，但这种转换由于人体缺乏Δ12去饱和酶而不能在人体中发生。在人体中，γ-亚麻酸在碳链延长酶和脱氢酶的催化下经过碳链延长和脱氢去饱和，可进一步转化成花生四烯酸等ω-6多不饱和脂肪酸。Δ6去饱和酶是合成ω-6多不饱和脂肪酸的限速酶。当人体中的Δ6和Δ5去饱和酶受到抑制，会妨碍体内亚油酸向γ-亚麻酸、二高-γ-亚麻酸和花生四烯酸转化，导致前列腺素缺乏，引起多种疾病。亚油酸在我们日常食用的液体植物油中普遍存在，一般植物油中含量为40%左右，如红花籽油，葵花籽油，绵籽油、大豆油、玉米油和芝麻油中含量也较为丰富（含量约为40%～50%），也有含量高达70%～85%的。动物脂肪及含油酸较多的植物油，如橄榄油、茶油和棕榈油中，亚油酸的含量仅为10%左右。因此，膳食中一般有足够的亚油酸。

亚油酸缺乏会导致皮肤病变。亚油酸能明显降低血清胆固醇水平，胆固醇必须与亚油酸结合后，才可在人体内进行正常运转和代谢，因而亚油酸具有预防动脉粥样硬化的功效。适当服用亚油酸有利于冠心病的防治，但过量服用会适得其反，加剧症状，恶化病情，医生把这种现象称为"亚油酸过食综合征"。

2. γ-亚麻酸

γ-亚麻酸学名为全顺式-十八碳-6，9，12-三烯酸。γ-亚麻酸对多种革兰氏阴性、阳性菌有抑制作用。γ-亚麻酸的生物来源主要有植物和微生物。在动物和人体内，γ-亚麻酸合成的磷脂可增强细胞膜上磷脂流动性，增加细胞膜受体对胰岛素的敏感性。含量较高的γ-亚麻酸资源在自然界和人类食物中不太常见，因其含量低，很难成为有经济价值的可利用资源，如燕麦和大麦中的脂质含有0.25%～1.0%的γ-亚麻酸，乳脂中含0.1%～0.35%。目前国内外生产的γ-亚麻酸主要来源于月见草，此植物原产于北美，我国东北地区也有野生，近年来国内已进行大面积的人工栽培。γ-亚麻酸是组成人体各组织生物膜的结构材料，也是合成PGE_1的前体。作为人体内必需的不饱和脂肪酸，成年人每日需要量约为36毫克/千克体重。如摄入量不足，可导致体内机能的紊乱，引起某些疾病，如糖尿病、高血脂等。γ-亚麻酸结构式如下：

在人体内，γ-亚麻酸可在$\Delta 6$去饱和酶作用下由亚油酸生成，并可进一步在碳链延长酶的作用下衍生成二高-γ-亚麻酸，再在$\Delta 5$去饱和酶作用下生成花生四烯酸。γ-亚麻酸可抑制血栓素A_2合成酶的活性，明显抑制体内血栓素A_2的合成和血小板的凝集。血栓素A_2是最强烈的内源性血小板聚集剂和血管收缩剂，而PGE_1是最强烈的血管扩张剂，抑制血小板的聚集。血栓素A_2和PGE_1都来源于γ-亚麻酸，一旦两者失去平衡，血栓素A_2的合成增多，PGE_1生成减少，血小板的聚集作用便会增强。γ-亚麻酸衍生成二高-γ-亚麻酸可减少能生成血栓素A_2的花生四烯酸，调整血栓素A_2和PGE_1的比值，以改善心脑血管状况。

二高-γ-亚麻酸是对身体有益的PGE_1的前体物质，PGE_1缺乏会引起多种疾病。γ-亚麻酸很容易转化为二高-γ-亚麻酸，增加巨噬细胞内PGE_1的含量。二高-γ-亚麻酸衍生的PGE_1具有降低血液黏度、控制血脂、促进代谢、燃烧脂肪、改善胰岛功能、控制食欲和增强免疫等功效。γ-亚麻酸的抗炎效果可能是通过在嗜中性粒细胞等炎症相关细胞中，升高二高-γ-亚麻酸含量并减弱花生四烯酸生物合成，降低免疫球蛋白E（IgE）水平来调节。二高-γ-亚麻酸生物合成受阻，则PGE_1的合成亦受到抑制，而PGE_1是血压调节物质，具有抑制血管紧张素合成及其他物质转化为血管紧张素的作用，可直接降低血管壁张力，有明显的降压作用。PGE₁还可增强腺苷酸环化酶活性，提高胰岛 β 细胞胰岛素分泌，减轻糖尿病病情，但不能阻止糖尿病的发生。 γ-亚麻酸还可通过抑制血管内皮细胞DNA的合成来抑制血管内皮细胞增殖，因此具有抗动脉粥样硬化的作用。但 γ-亚麻酸过多，也会出现亚油酸的"过食综合征"。

关于 γ-亚麻酸的来历，在英国有这么一种说法。1915年，英国女王来到伦敦郊外游玩，看着一棵树龄达500多年的古树，她发出了"人也能像植物一样延缓衰老该有多好"的感叹。由此英国科技界很快掀起了在自然界中寻找抗衰老药物的科研热潮。1919年，药理学博士海达彻卡从月见草中发现了一种可抗衰老的不饱和脂肪酸，并发现它对人体具有不可替代的功能， γ-亚麻酸就此诞生了。除了从植物中提取，目前人们还研究用其他方法制备 γ-亚麻酸，如利用微生物发酵方法大量生产。 γ-亚麻酸已在保健食品行业有广泛的应用。

3. 花生四烯酸

花生四烯酸学名为全顺式-二十碳-5,8,11,14-四烯酸，一种二十个碳的 ω-6多不饱和脂肪酸，是与花生油中饱和的花生酸相对应的多不饱和脂肪酸，结构如下：

陆生动物细胞中含量最多的 ω-6多不饱和脂肪酸就是花生四烯酸，是由陆生植物中的亚油酸衍生出来的。花生四烯酸是人体大脑和视神经发育的重要物质，对提高智力和增强视敏度具有重要作用。花生四烯酸具有酯化胆固醇、增加血管弹性、降低血液黏稠度和调节血细胞功能等一系列生理活性。高纯度的花生四烯酸是体内合成2系列前列腺素、血栓素和白三烯等二十碳衍生物的直接前体，这些生物活性物质对人体心血管系统及免疫系统具有十分重要的作用。

花生四烯酸是半必需脂肪酸，在人体内只能少量合成。它在人体内可保护肝细胞、促进消化功能、促进胎儿和婴儿正常发育。适量的花生四烯酸对预防心血管疾病、糖尿病和肿瘤等具有重要功效，还具有降低血压的作用，可抑制血液凝固，改善过敏症状；但是摄取过量会引起血压的升高，促进血液凝固，引发过敏。

花生四烯酸广泛分布于动物的中性脂肪中，牛乳脂、猪脂肪、牛脂肪、血液磷脂、肝磷脂和脑磷脂中含量较少（约为1%），肾上腺磷脂混合脂肪酸中花生四烯酸的含量高达15%。在油料种子中的分布也比较广泛，主要来源于十字花科植物和香蒲科植物的种子，微量存在于苔藓、海藻及蕨类种子油中，是花生油的一种主要成分。深海鱼类、海草等海产品中也有存在。

（四）ω-6多不饱和脂肪酸的类二十烷酸

类二十烷酸包含前列腺素和白三烯两大类。它们是由二十碳多不饱和脂肪酸（至少含三个双键）衍生而来，合成前体主要是二十个碳原子的花生四烯酸和EPA。由二十碳的花生四烯酸衍生而来的类二十碳烷，又称二十烷酸，一般指前列腺素、血栓素和白三烯等，血栓素也是一种前列腺素。人体中二十烷酸是从ω-6和ω-3多不饱和脂肪酸合成的，是体内的局部激素，效能一般只局限在合成部位附近，半衰期很短。

花生四烯酸代谢产生的类二十烷酸生物活性物质有：可引起炎症的白三烯，促进血小板聚集、血管收缩、易引起血压升高的2系列前列腺素和可促进血小板凝聚和平滑肌收缩的血栓素A_2等。花生四烯酸在环氧合酶（COX）参与下，先形成不稳定的环内过氧化物（PGG_2和PGH_2），然后进一步形成PGE_2、PGI_2及血栓素A_2。PGE_2是一种重要的炎症介质；PGI_2可以介导血管舒张；血栓素A_2可以促进血小板聚集和血管收缩。花生四烯酸在脂氧化酶（LOX）参与下，可以生成羟基二十碳四烯酸（HETEs），如白三烯以及脂氧素（LXs）。白三烯在炎症反应的发生和维持中起着重要的作用。环氧合酶和脂氧化酶都是双氧化酶。还有一类酶是单氧化酶，叫细胞色素P450单氧化酶，也叫环氧化酶，它分解花生四烯酸生成多种环氧化物，如环氧二十碳三烯酸（EETs）。EPA的代谢与花生四烯酸类似，也需要同样的环氧合酶和脂氧化酶参与，产生的代谢产物活性却不同，EPA产生的生物活性物质是活性较弱的白三烯前体和3系列前列腺素（PGD_3、PGE_3、PGF_3、PGI_3）以及血栓素A_3两大类。EPA通过细胞色素P450氧化酶途径产生的环氧二十碳四烯酸（EEQs）等作用与环氧二十碳三烯酸相似，只是心血管保护作用更加强大。

1. 白三烯

白三烯是从白细胞代谢产物中分离得到的，具有共轭三烯结构的二十碳不饱和酸。其名称来源于"白血球"和"三烯"，因含三个共轭双键而得名。白三烯可按取代基性质分为A、B、C、D、E和F六类。白三烯是由花生四烯酸或EPA在脂氧化酶催化下而成，属于白细胞类二十烷酸炎症介质家族之一。花生四烯酸在5-脂氧化酶（5-LOX）作用下，氧化生成的白三烯含四个双键，缩写为LT_4，右下标4表示双键总数。白三烯中的LTA_4化学名称为5，6-环氧-7，9，11，14-二十碳四烯酸；LTB_4为5，12-二羟基-6，8，10，14-二十碳四烯酸；LTC_4为5-羟基-6-S-谷胱甘基-7，9，11，14-二十碳四烯酸。另外三类白三烯LTD_4、LTE_4、LTF_4与LTC_4结构类似，只是6位取代基LTD_4不含谷氨酸，LTF_4不含甘氨酸，LTE_4只有半胱氨酸。

白三烯在体内含量虽微，却具有很高的生理活性，是一种强有力的细胞趋化因子，吸引白细胞移行到感染部位，在炎症反应中具有重要作用。具有活化炎症细胞的功能，且有较强的趋化作用及自身免疫调节作用。通过与其受体结合，激活并聚集较多的炎症细胞及免疫效应细胞，参与全身性炎症、过敏反应，是某些变态反应、炎症以及心血管等疾病中的化学介质，如能引起平滑肌收缩、渗出液增多和冠状动脉缩小，引起肺气管缩小，发生哮喘，活性比组胺大一千倍。白三烯半衰期短，在体内代谢快，主要通过胆汁、尿液排出。其中LTB_4可加速心血管炎症及钙化，属于白三烯二羟酸类。白三烯及其类似物阻断剂的研究，对于免疫以及发炎、过敏的治疗都有重要意义。LTB_4结构如下：

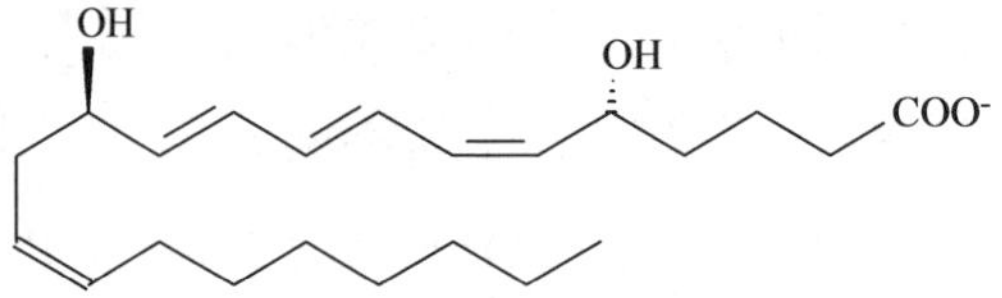

白三烯B_4（LTB_4）

2.2系列前列腺素

花生四烯酸存在于细胞膜磷脂，可被环氧合酶氧化生成含两个双键的2系列前列腺素。在各种生理和病理刺激下，细胞膜磷脂上的磷脂酶A_2（PLA_2）被活化，将细胞膜中的磷脂水解，释放出花生四烯酸。花生四烯酸中的第8位和第11位碳双键区域内环氧化，然后在前列腺素合成的关键酶——环氧合酶的环氧化活性和过氧化活性的作用下，双键被加氧并环化，转变为前列腺素中间代谢产物PGG_2，再被还原成PGH_2。PGH_2是前列腺素的一种亚型，是各个前列腺酸的共同前体，经过下游不同的前列腺素合成酶的作用，代谢生成各种有生物活性的终末产物前列腺素，包括PGI_2、PGE_2、PGF_{2a}、PGD_2和血栓素A_2，PGI_2是由血管内皮细胞产生的。不论是PGI_2还是PGI_3都可以扩张血管、抑制血小板凝集、促进血流，可防止心肌梗死和脑梗死。前列腺素对人体是十分重要的，但过多都会有一些副作用。在生物体内，PGE_2是含量最多的前列腺素，功能是引起炎症，促进血管过张，增加血管通透性，引起红肿和疼痛，使动脉平滑肌舒张，降低血压。

前列腺素是一类在化学结构上相近的有生理活性的不饱和羟基脂肪酸。前列腺烷酸为前列腺素的母体化合物，前列腺烷酸和一些2系列前列腺素的结构如下：

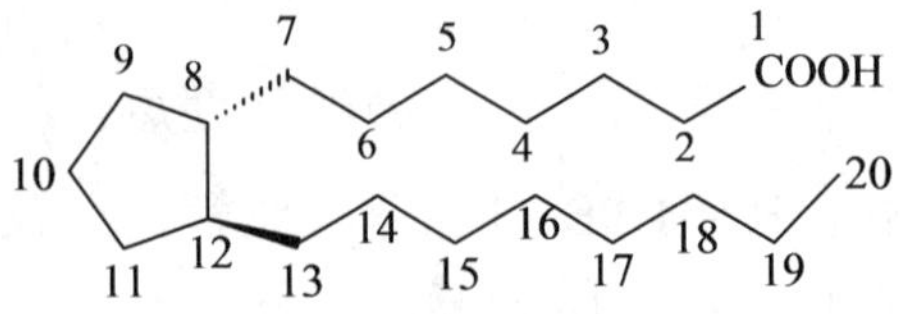

前列腺烷酸

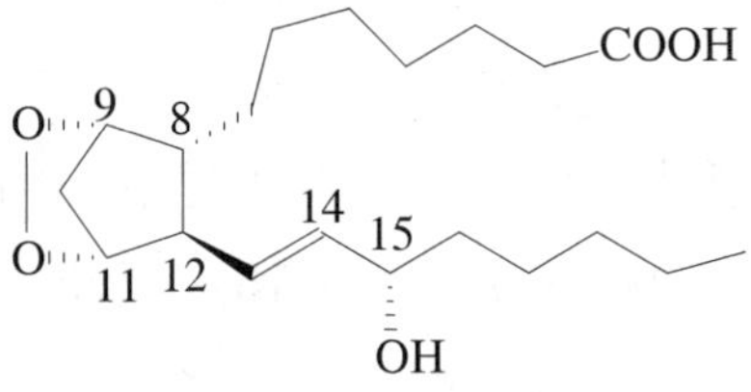

前列腺素G_2（PGG_2）

68

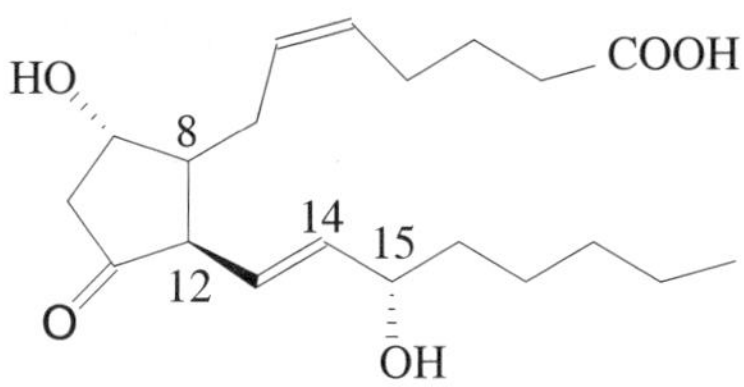

前列腺素D₂(PGD₂)　　　　前列腺素E₂(PGE₂)

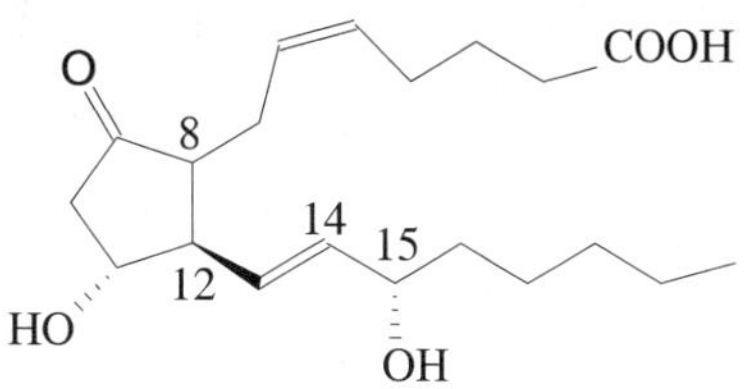

3.血栓素

又称血栓烷、凝血噁烷，凝血因子（TX），也是一种前列腺素。由花生四烯酸产生的血栓素为血栓素A₂，是花生四烯酸在环氧合酶的作用下转变为前列腺素H₂，再在血小板内血栓素A₂合成酶作用下进一步转变成血栓素A₂的。其结构中有环醚结构的含氧六元环，还有一个氧原子以环氧丙烷的形式存在于六元环的中央。血栓素A₂是最重要的一种血栓素类化合物，可促进血小板凝聚和平滑肌收缩，常用作血管收缩剂，可以激活血小板使其聚集，但会导致心绞痛。血栓素A₂在水溶液中极不稳定，30秒内将水解成血栓素B₂（TXB₂）而丧失活性，因此主要以组织附近的自分泌或旁分泌中介的方式作用。血栓素A₂与PGE₂作用相反，具有血小板凝聚及血管收缩作用，诱发血小板聚集，促进血栓形成，引起动脉收缩。正常时PGE₂和血栓素A₂是相互制约而达到平衡的。两者动态平衡以维持血管收缩功能及血小板聚集作用。ω-3多不饱和脂肪酸能抑制花生四烯酸转变为血栓素A₂，降低血小板聚集，有助于降低心脏病的发病危险。血栓素A₂（TXA₂）结构如下：

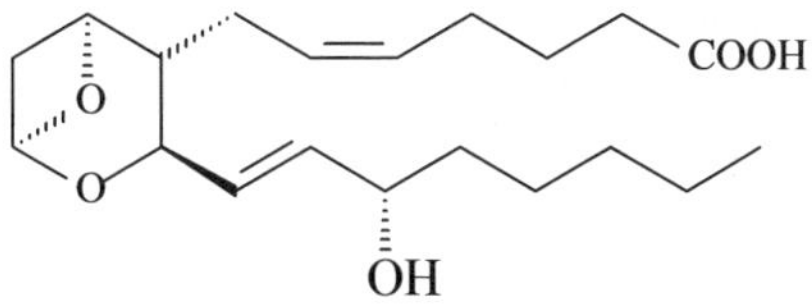

血栓素A₂（TXA₂）

（五）ω-6 和 ω-3 多不饱和脂肪酸要有合理的比值

哺乳动物（包括人类）体内缺乏Δ12去饱和酶，无法自主合成ω-6多不饱和脂肪酸的亚油酸；同样由于缺乏Δ12和Δ15去饱和酶，在哺乳动物体内也无法自主合成ω-3多不饱和脂肪酸的α-亚麻酸，因此人体内ω-3和ω-6多不饱和脂肪酸均为必需脂肪酸。这两种脂肪酸进入人体内后，会根据需要进行各自相关的代谢。这两种代谢之间是不能发生转换的，ω-3和ω-6多不饱和脂肪酸在体内的作用是不可相互替代的。

1. 两者代谢由于使用同样的酶而互相竞争

值得注意的是，ω-3与ω-6多不饱和脂肪酸在体内的代谢是在受共同酶系统的作用完成的，因此这两类脂肪酸的代谢过程会对同种酶产生竞争，由此对彼此的代谢产生竞争性抑制。由于它们在体内的代谢占用同样的酶，所以当从α-亚麻酸合成DHA和EPA，并进一步代谢成活性物质时，从亚油酸合成花生四烯酸和后续代谢的活性物质就要受阻，从而影响到花生四烯酸代谢的活性物质，白三烯、2系列前列腺素和血栓素A_2的合成，反之亦然。ω-3多不饱和脂肪酸的EPA也是二十碳的多不饱和脂肪酸，但它是白三烯、3系列前列腺素和血栓素A_3的前体，虽然其代谢途径与花生四烯酸相似，也是通过5-脂氧化酶及环氧合酶的作用生成，但由于原料不同，最终生成的是活性较弱的白三烯前体物质（LTB_5、LTC_5、LTD_5、LTE_5），3系列前列腺素（PGD_3、PGE_3、PGF_3、PGI_3）和血栓素A_3。这些源自EPA的二十碳脂肪酸类二十烷酸衍生物较来源于花生四烯酸的类二十烷酸衍生物（白三烯和2系列前列腺素）具有更低的活性，如LTB_5的中性粒细胞趋化活性较LTB_4弱，只为其百分之一。2系列前列腺素PGE_2对白细胞介素-6有重要作用。白细胞介素-6是趋化因子家族的一种细胞因子，在传递信息，激活与调节免疫细胞，介导T、B细胞活化、增殖与分化及在炎症反应中起重要作用。但PGE_3活性远低于PGE_2，不能起到这样的作用。（白细胞介素又称白介素、IL，是一种功能广泛的多效性细胞因子，可调节多种细胞的生长与分化，具有调节免疫应答、急性期反应及造血功能，并在机体的抗感染免疫反应中起重要作用。）若从ω-6多不饱和脂肪酸的亚油酸生成花生四烯酸的代谢顺畅，则也会使由α-亚麻酸合成ω-3多不饱和脂肪酸的DHA和EPA代谢受阻，影响由DHA和EPA代谢生成的类二十烷酸物质及其生理作用。只有当ω-6和ω-3多不饱和脂肪酸的摄入比例适中，脂肪代谢达到平衡，体内的这些与必需脂肪酸相关的生理活性物质才会比例适宜、作用协调，身体才会健康。

2. 两者相对平衡维持体内血液循环畅通

研究表明，饮食中ω-3和ω-6多不饱和脂肪酸比例适当会有助于预防心血管疾病和肿瘤等各种疾病的发生。二者协调，有利于机体生理机能的稳定。这是由于ω-6和ω-3多不饱和脂肪酸及它们的代谢物在体内的作用往往生物活性不同甚至相反造成的。如ω-6多不饱和脂肪酸的衍生物，PGE_2可促进血小板聚集，血管收缩，易引起血压升高；而来自ω-3多不饱和脂肪酸的衍生物，PGE_3则具有较强的平滑肌松弛作用，有利于降低血压。ω-6多不饱和脂肪酸中的花生四烯酸的代谢物为PGI_2和血栓素A_2，PGI_2可舒张血管及抗血小板聚集、防止血栓形成；血栓素A_2则可使血管痉挛、促进血小板聚集和血栓形成。ω-3多不饱和脂肪酸产生的PGI_3的作用与PGI_2相同，虽然仍有PGI_2扩血管和抗血小板聚集的作用，但生成的血栓素A_3却不具有血栓素A_2的生理作用，而是减弱血栓素A_2促血小板聚集和收缩血管作用。ω-3多不饱和脂肪酸作为3系列前列腺素和白三烯的前体，产生的相关活性物质，总体上呈现出较强的抗血小板聚集、抗血栓形成和扩血管作用，同时还能抑制血小板生长因子的释放，增强血管内皮细胞舒张因子。红细胞膜上的EPA及DHA能增加红细胞的可塑性，降低血液黏稠度，改善微循环；在白细胞中用EPA取代花生四烯酸，经5-脂氧化酶作用转化成LTB_5，可促使白细胞向血管内皮的黏附和趋化性功能减弱。

3. 前列腺素简介

1982年，B. I. Samuelsson博士因阐明前列腺素的本质、结构和合成过程而获得了诺贝尔生理学或医学奖。前列腺素是存在于动物和人体中的功能十分复杂而广泛的由多不饱和脂肪酸生成的活性物质，是具有多种生理活性的类激素脂质化合物，存量甚微，几乎各种组织和细胞都能合成。它们与特异的受体结合后，在介导细胞增殖、分化和凋亡等一系列细胞活动以及调节雌性生殖功能和分娩、血小板聚集、心血管系统平衡中发挥关键作用，对内分泌、生殖、消化、血液、呼吸、心血管、泌尿和神经系统均有作用。前列腺素也参与炎症、癌症等多种疾病的病理过程。前列腺素是身体中重要的活性物质，本质上仍是一种脂肪酸，是从细胞膜基质中的多不饱和脂肪酸代谢产生的一类瞬时产生、瞬间存在、瞬时又被代谢掉的物质，像激素一样，时时刻刻控制着细胞的活动。前列腺素极其短命，不能从外界直接补充，只能通过从食物吸收的必需脂肪酸在身体中一步步转化而来。食物中若缺乏必需脂肪酸，前列腺素就不能生成。前列腺素的基本结构是前列腺烷酸，其化学结构与命名均根据前列烷酸分子而衍生。前列腺素的半衰期极短（1~2分钟），经肺和肝会迅速降解，故前列腺素不像典型的激素那样，通过循环影响远距离靶组织的活动，而是在局部产生和释放，对产生前列腺素的细胞本身或对邻近细胞的生理活动发挥调节作用，不能储存。前列腺素与花生四烯酸等不饱和脂肪酸联系密切，不饱和脂肪酸通过生成前列腺素介入人体的生理和病理过程，对于治疗哮喘、胃肠溃疡病、休克、高血压及心血管疾病都有一定疗效和调理作用，因而引起人们的重视。前列腺素是炎症组织产生的炎症因子之一。它由环氧合酶催化产生，能够通过敏化外周伤害感受器，产生痛觉过敏。环氧合酶主要存在两种同工酶：一种是表达于各种正常组织器官的组成型环氧合酶（COX-1），另一种是由损伤组织或细胞因子的刺激而诱导产生的诱导型环氧合酶（COX-2）。环氧合酶是合成前列腺素的限速酶，可将花生四烯酸代谢成各种前列腺素产物，从而维持机体的各种病理生理过程。

前列腺素的化学本质是含二十碳的不饱和脂肪酸，结构上为一个五元脂肪环和两条脂肪族侧链（上侧链7个碳原子，下侧链8个碳原子）构成的二十碳不饱和脂肪羟酸。前列腺素的种类很多，有人将其分为九型、三个系列（三类）。根据五元脂肪环上取代基性质（主要是羟基和氢）和位置以及不饱和键位置和数目不同，将前列腺素分为A、B、C、D、E、F、G、H和I九个类型，分别用PGA、PGB、PGC、PGD、

PGE、PGF、PGG、PGH和PGI表示；目前应用的主要是A、B、E、F四种类型。每种前列腺素的命名都是PG后加英文字母表示类型，有的还添加下标数字表示侧链双键的数目，有的数字后还有希腊字符，表示羟基的构型，如PGF_{2a}。前列腺素的三个系列就是根据其侧链双键数目的不同而来的。如以PGE为例，就有PGE_1、PGE_2和PGE_3，下标数字标明脂肪链侧链的双键总数。不同类型的前列腺素在体内具有不同的功能，针对不同病症，使用的前列腺素种类也会有所不同。前列腺素生理作用极为广泛，有升高体温（发烧），促进炎症（并产生疼痛），调节血流入特定器官，控制跨膜转运，调节突触传递和诱导睡眠等作用。前列腺素能引起子宫收缩，故应用于足月妊娠的引产、人工流产以及避孕等方面。前列腺素还能抑制血管紧张素的合成及其他物质转化为血管紧张素，从而扩张血管，降低血管张力，对高血压病人的收缩压和舒张压有明显的降压作用。阿司匹林通过抑制前列腺素合成酶，减少前列腺素的合成而缓解炎症。老年人通过每天吃少量的阿司匹林，可抑制前列腺素中的血栓素A_2合成，防止血栓生成。

总之，饮食中ω-3和ω-6多不饱和脂肪酸比例适宜，有利于机体生理机能的稳定，有助于预防心血管疾病、肿瘤等多种疾病的发生。只有当二者的摄入比例适中，脂肪代谢达到平衡，体内的这些与必需脂肪酸相关的生理活性物质才会比例适宜、作用协调，身体才会健康。ω-6和ω-3多不饱和脂肪酸产生的前列腺素和血栓素之间的相对平衡是维持体内血液循环畅通的重要原因之一。另外，当人体摄取过量的饱和脂肪酸或出现其他代谢紊乱时，会使体内的Δ6去饱和酶受到抑制，进而影响α-亚麻酸代谢转化生成身体需要的活性物质，也会导致多种疾病的发生。

（六）ω-3与ω-6多不饱和脂肪酸比例的推荐标准

随着经济的发展，人们生活水平的提高，食谱倾向于动物脂肪和普通的植物油，消费者饮食中的ω-3多不饱和脂肪酸与ω-6多不饱和脂肪酸比例出现了极大的不均衡。最新研究发现：长期过量摄入ω-6多不饱和脂肪酸而缺乏ω-3多不饱和脂肪酸易导致遗传性肥胖、机体代谢紊乱，进而影响人体健康。较高的ω-6、ω-3多不饱和脂肪酸摄入比例，或ω-3多不饱和脂肪酸缺乏，可导致脂代谢紊乱，是诱发神经系统疾病、心血管疾病和癌症等慢性疾病的重要原因之一。流行病学研究显示，饮食中ω-6对ω-3多不饱和脂肪酸比例过高与智力发育迟缓和老年痴呆等疾病的高发生率密切相关。此外，ω-6对ω-3多不饱和脂肪酸比例过高，可促进人类前列腺肿瘤细胞的生长，并增加乳腺癌和胰腺癌的发病风险，并对精子有显著损伤作用，降低精子的数量和质量。因此，在现代饮食中摄入足够量的ω-3多不饱和脂肪酸，并保持ω-6对ω-3多不饱和脂肪酸摄入量的平衡显得尤为重要。虽然哺乳动物不能从头合成ω-3和ω-6多不饱和脂肪酸，但哺乳动物细胞可以对每个系列的多不饱脂肪酸进行衍生。人体内的Δ6代谢途径就是在第6个碳上去饱和，使亚油酸转换成γ-亚麻酸和花生四烯酸。α-亚麻酸可转换为EPA和DHA，反应主要发生在肝细胞内质网中。

1. 植物油中ω-6来源丰富

植物可以合成ω-6多不饱和脂肪酸系列的前体——亚油酸。几乎所有植物油都含有丰富的亚油酸，包括玉米油、向日葵油、红花籽油和橄榄油等。有些植物则可以合成ω-3多不饱和脂肪酸的母体α-亚麻酸。α-亚麻酸的来源有亚麻、紫苏、大豆和核桃。有些叶菜类蔬菜也含有少量的α-亚麻酸，包括甘蓝、菠菜、西兰花、芥菜和油菜等，来源于这些植物的油中同时也含丰富的亚油酸。

2. ω-3多不饱和脂肪酸的食物来源较少

动物体内的ω-3多不饱和脂肪酸来源于食物。植物种子所含α-亚麻酸的含量以亚麻籽油和紫苏籽油含量最高，可达50%以上。绿色植物的叶、根、茎和果实，苔类、蕨类低等植物和浮游生物中均含有一定量的ω-3多不饱和脂肪酸。值得注意的是，蔬菜中的不饱和脂肪酸在不同品种中含量不同，就是同样品种，南方和北方相比也是不同的。一般讲，北方气温低，植物中含有的α-亚麻酸就要多一些，因为不饱和键多凝固点变低，就能更好地适应低温环境。冬天的蔬菜比夏天的蔬菜，田间的蔬菜比大棚的蔬菜，α-亚麻酸含量也要高一些，味道也要好一些。ω-3多不饱和脂肪酸主要存在于冷水鱼类中，并多以EPA和DHA的形式存在。鱼类是通过浮游植物和浮游动物摄取EPA和DHA的，而且温度低的深水鱼类，EPA和DHA的含量高。从蚕蛹提取的蚕蛹油中含有79.88%的不饱和脂肪酸，其中，α-亚麻酸的含量高达71.45%。

3. ω-3和ω-6多不饱和脂肪酸的合理比值为1:4

按照世界卫生组织要求，人体内ω-6多不饱和脂肪酸与ω-3多不饱和脂肪酸的理想比值应为1:1。但据美国哈佛大学医学院脂类医学与技术研究中心资料显示：现代人的ω-3和ω-6多不饱和脂肪酸实际比例已达到1:20，许多地方甚至是1:30，甚至更多。一些学者认为ω-3多不饱和脂肪酸与ω-6多不饱和脂肪酸的比值应为1:4，对防治高血压、肥胖症、糖尿病，甚至癌症、肾病等均有益处。也有学者认为饮食中这个比值一般应在1:（3～10）之间。中国营养学会在2000年提出的人体内最佳的ω-3多不饱和脂肪酸与ω-6多不饱和脂肪酸比值应为1:（4～6）。ω-3多不饱和脂肪酸与其他脂肪酸的最佳比例为1:5，称为母乳比。

亚油酸和α-亚麻酸在生成ω-6和ω-3多不饱和脂肪酸的代谢过程中，都需要Δ6去饱和酶，在脂氧化酶和环氧合酶氧化作用下产生各种类型的白三烯和前列腺素，因此彼此具拮抗性，可互相抑制彼此产生的代谢产物。由于α-亚麻酸较之亚油酸对这些酶的亲合力更高，故ω-3多不饱和脂肪酸与ω-6多不饱和脂肪酸之间的比例为1:4即可维持炎症产生和抑制的平衡。研究表明，饮食中ω-3和ω-6多不饱和脂肪酸比例适宜，有助于预防心血管疾病、肿瘤等，有利于机体生理机能的稳定。ω-6多不饱和脂肪酸过多，将干扰人体对ω-3多不饱和脂肪酸的利用。在现代社会里，由于动物的饲养方式、食品加工的飞速发展及我们饮食习惯的改变，我们的身体脂代谢天平已失去了平衡，出现多种亚健康状况，已成为现代很多病症发病的基础。于是，人们开始通过各种途径补

充 ω-3 多不饱和脂肪酸，包括食物或者保健品。在膳食中减少富含 ω-6 多不饱和脂肪酸的葵花籽油、玉米油，多使用橄榄油代替的同时，增加富含 ω-3 多不饱和脂肪酸的亚麻籽油、紫苏籽油和核桃等坚果的份额，或额外食用 ω-3 多不饱和脂肪酸的食品或保健品。

随着国人生活水平的改善，身体状况以及对各类脂肪酸的需求情况发生变化。今后还应该制定更精准的、能适合当今不同地区国人的脂肪酸摄取比例，进一步按照沿海、内陆、山区的不同，制定脂肪酸推荐比例标准，还应特别注意多不饱和脂肪酸中 ω-6 和 ω-3 多不饱和脂肪酸的比例。由于 ω-3 多不饱和脂肪酸含量高的食物种类不多，人们需要通过各种途径补充 ω-3 多不饱和脂肪酸，包括食物或者保健品。若与含镁食物合用，作用更为迅速，而且不产生胆固醇在肝脏中的累积。由于亚油酸降血脂时会产生胆固醇在肝脏中的累积，因此 α-亚麻酸比亚油酸对人体更有益处。

（七）现代人的生活方式更需要补充 ω-3 多不饱和脂肪酸

脂肪酸的摄入比例不合理会出现必需脂肪酸缺乏症。动物缺乏必需脂肪酸一般外观症状是：生长速度减慢、出现严重皮炎（以脚掌和口腔为多见）、皮毛变粗、皮炎处脱毛和喝水增多。缺乏必需脂肪酸，还会造成高密度脂蛋白合成减少，运载脂肪的工具减少，使肝内脂肪外运受阻，脂代谢平衡被打乱，甘油三酯和胆固醇在肝脏内堆积，导致血脂高，使胆固醇和胆酸的排泄受阻，造成脂肪肝。时间长了，脂肪肝会进展成肝硬化甚至肝癌。血脂升高还会导致一系列心脑血管疾病。ω-6 和 ω-3 多不饱和脂肪酸比例过高，或缺乏必需脂肪酸 ω-3 多不饱和脂肪酸会使毛细血管的通透性和红细胞的脆性增加，易发生出血和溶血现象，时间长了会造成贫血。

人体中 ω-6 和 ω-3 多不饱和脂肪酸比例逐渐升高的原因主要是饮食中脂肪酸、多不饱和脂肪酸搭配不合理。从营养保健的角度考虑，现代饮食的人群特别容易缺乏 ω-3 多不饱和脂肪酸，应该多摄取富含 ω-3

多不饱和脂肪酸的食物和膳食补充剂或服用ω-3多不饱和脂肪酸胶囊，调解自己身体中脂肪酸的营养平衡。随着人们对ω-3多不饱和脂肪酸是大健康要素认识的提高，人们已开始使用富含ω-3多不饱和脂肪酸的饲料喂养家畜和家禽。以获取富含ω-3多不饱和脂肪酸的肉类、奶类和蛋类等制品，在某种程度上可满足人类对ω-3多不饱和脂肪酸的需求。例如，在猪的饲料中添加6%的亚麻籽，在羊饲料中添加5%亚麻籽油，在母鸡的日常饲料中加入了富含ω-3多不饱和脂肪酸的鱼油，均使动物体内ω-6和ω-3多不饱和脂肪酸的比例下降。已有报道说在日常饲料中添加含ω-3多不饱和脂肪酸的鱼油来喂养奶牛等反刍类动物，再加入大豆粉和糖蜜等混合物一起作为奶牛的饲料，保护ω-3多不饱和脂肪酸免受牛胃中细菌的降解作用。与对照组相比，食用添加保护性鱼油的奶牛，在维持了正常产奶量的同时，每千克牛奶脂肪中ω-3多不饱和脂肪酸的含量从8.4克提高到36.2克。

根据检测，植物种子所含α-亚麻酸的含量以亚麻籽油和紫苏籽油最高，达50%以上，其次是菜籽油、大豆油和小麦胚芽油（7%～13%）。其他来源还包括一些坚果如核桃、荠蓝籽、芥菜油种子和油菜籽。动物来源含ω-3系列不饱和脂肪酸的有：脑髓、蛋黄（4%）、牛奶（2%）和禽肉（1%）等，动物脂肪如蚕蛹油中含79.88%的不饱和脂肪酸，其中α-亚麻酸的含量高达71.45%。考虑到机体可将饮食摄入的少量（约8%）α-亚麻酸转换为EPA。研究指出：人体每天需要的EPA为1.0～1.2克，α-亚麻酸量多时还有利于向EPA和DHA的转化。因此建议成年人每天应补充α-亚麻酸12~15克，在膳食中有意识地摄取α-亚麻酸含量高的亚麻籽油和核桃等食物的同时，不足部分应服用α-亚麻酸或EPA和DHA等膳食补充剂。

第六章

补充ω-3多不饱和脂肪酸的几种重要途径

ω-3多不饱和脂肪酸来源的重要途径是从海洋鱼、海兽、磷虾、海洋微藻类及某些微生物中提取的油脂，主要是ω-3多不饱和脂肪酸中的EPA与DHA。在海产动物油中含有EPA、DHA、DPA和花生四烯酸四种多不饱和脂肪酸，以EPA和DHA的含量最高。目前，EPA和DHA的绝大部分商业来源还是深海鱼油。由于藻类植物中EPA和DHA的含量也较高，从中提取的藻油也已开始被开发销售。陆地植物油中几乎不含EPA与DHA，而含ω-3多不饱和脂肪酸的母体化合物α-亚麻酸，主要来源于从亚麻籽和紫苏籽中提取的亚麻籽油和紫苏籽油。为此，陆上亚麻、紫苏等植物，种植面积正不断扩大，含α-亚麻酸的产品正越来越被人们所重视。陆地动物油中一般测不出EPA与DHA，但高等动物的某些器官与组织中，例如眼、脑、睾丸和蛋黄中含有较多的DHA；另外生活在黑龙江的鲟鳇鱼是含有EPA与DHA的淡水鱼代表。

（一）海洋来源

ω-3多不饱和脂肪酸中的EPA和DHA主要来源于深海鱼、海鲜食品、海豹和海狗等海兽、南极磷虾和海洋微藻。2016年全球海洋来源的ω-3多不饱和脂肪酸总供给量约为8.85万吨，其中，普通精制鱼油占46.3%，浓缩鱼油占20.4%，藻油占13.8%，磷虾油占6.3%。

1. 深海鱼油

深海鱼主要集中在美国、澳大利亚、新西兰等国家和北欧地区。深海鱼的品种主要有老虎斑、青斑、粉斑、加力鱼、马加鱼和红利鱼等十多种。一般把生活在水深超过200米的中下层鱼类，称为深海鱼。深海鱼生活的环境承受的压力比较大，周围环境也比较寒冷，另外受污染的程度较低。国际市场上的鱼油产品可分为两大类：一类是直接用大西洋鳕鱼油之类的精制鱼油加工而成的；另一类是多种含多不饱和脂肪酸成分（主要是EPA和DHA）的鱼油分离加工所得的产品。深海鱼随季节、产地不同，鱼油中的EPA和DHA含量在4%～40%之间波动。一般鱼油中的DHA和EPA含量不高，由此对鱼油的最低标准是：DHA含量12%，EPA含量18%。对高质量鱼油中DHA和EPA总含量最高的设计标准为52.5%。最佳鱼油为：在1000毫克鱼油中，含ω-3多不饱和脂肪酸600毫克，其中EPA 290毫克，DHA 235毫克，混合天然生育酚2毫克。

为什么要强调是深海鱼的鱼油呢？这是因为在深海中温度低，为了保持脂肪不凝固和细胞膜的流动性，脂肪酸双键数目必须多，当然就是含五个双键的EPA和含六个双键的DHA，这才能保证鱼油的熔点低。鱼类的食物链由海藻开始，海藻中含有大量的α-亚麻酸、EPA和DHA，被鱼、虾、贝和蟹类食用后在体内变成EPA、DHA高的鱼油和虾油等物质。深海大鱼以小鱼为食，EPA、DHA在体内进一步蓄积，EPA、DHA含量更高。淡水鱼以植物饵料为主，这些淡水植物多含亚油酸，而亚油酸是不能变成EPA和DHA的。如果在淡水鱼的饵料中加入含α-亚麻酸的亚麻籽和紫苏籽油，就可以使淡水鱼鱼油中的EPA和DHA含量增加。这在当前养殖业中已引起重视，不但使鱼生长得更健康，也使鱼的营养价值进一步提高。

目前市场上销售的鱼油产品在品质和含量上差异非常明显。如使用超临界二氧化碳萃取鳟鱼的脊椎、头和内脏，对鳟鱼这些部位萃取出的鱼油含量进行分析，结果是：脊椎、头和内脏的油中EPA含量分别为8.7%、7.3%和7.9%，DHA含量分别为6.3%、6.4%和6.0%；使用浸泡和变压技术从印度鲭鱼的不同部位（鱼肉、头部、内脏）提取鱼油，获得最好的EPA和DHA结果也只是9%～12%和10%～14%。

由于天然获取的鱼油中ω-3多不饱和脂肪酸含量不高，功效不一，甚至商业出售的、少数标示为进口的深海鱼油制品实际上是在植物油中加入极少量鱼油的产品。目前在国际上粗鱼油总产量中，实际上仅有20%～30%被用于进一步加工成各种保健食品和药品，大量的粗鱼油是被用作海产养殖业的饲料添加剂用于饲料工业，如用于养殖国际市场销售价格较高的虹鳟鱼和三文鱼等高级食用鱼类。尽管深海鱼油还在热销，但其缺点也很明显，深海鱼油存在以下几个主要问题：

（1）含量较低且不稳定：天然鱼油EPA和DHA含量不高，一般EPA和DHA在鱼油中含量波动较大，总含量大约只有10%～25%。

（2）由于海洋污染，鱼油中重金属、农药残留往往超标：近几十年来，海洋污染日趋严重，海洋产品重金属和农药往往超标。由于婴幼儿体内缺乏相应解毒的酶，对深海鱼油中由污染带来的富集甲基汞和一些农药无法"解毒"，服用后效果可能适得其反。国外对食品中的重金属超标、农药残留规定严格，因而在国外已禁止儿童使用。成人服用也应对产品中的污染指标进行测定，如多氯联苯（PCB）可导致癌症、引起生育系统紊乱和破坏神经系统，按照美国加州第65号法案，鱼油生产厂家必须向消费者说明产品内多氯联苯的含量。而对其他污染物的标准还在研究之中，如科学家尚未对鱼油中所含聚乙烯苯的比例做出安全量标准的规定。

（3）易被氧化：服用深海鱼油的EPA和DHA，要注意产品含量和质量。鱼油中的EPA有五个双键，DHA有六个双键，而α-亚麻酸仅三个双键，双键越多越易受自由基的攻击。产生的脂质过氧化物，对细胞膜产生破坏作用，进而影响免疫细胞的结构和功能。被人类所捕捞的鱼类死亡后，DHA容易氧化变腥，就有双键被氧化的原因存在。EPA和DHA结构中不稳定的双键多，极易被氧化为过氧化物而对人体产生危害，为此在鱼油加工过程中为防止氧化，需要添加抗氧化剂，如维生素E等抗氧化药物。另外，产品保存时间不能过长。

（4）加工工艺复杂，需要进行精炼：现已发现，由于鱼油纯度不高，可能还含有多种对人体有害的活性物质，需要深入研究。如已发现在一些不纯的鱼油中，含有对血管壁有害的物质。粗鱼油必须经过加工处理才可服用。加工提纯的第一步要进行脱胶，在粗鱼油中加酸，除去蛋白质和磷脂等胶溶性杂质。第二步碱炼，加碱从粗制鱼油中除去游离脂肪酸。第三步吸附除杂质，先用漂土脱除色素和其他杂质，包括某些污染物，再用活性炭选择性地去除多氯联苯、二噁英，用硅材料除去铁、铜之类的金属。第四步冬化处理，除去较高熔点的甘油三酯。鱼油精制的最后一步是脱臭，在真空133～399 Pa（帕斯卡，1标准大气压=101 325 Pa≈1.033工程大气压）的条件下将鱼油加热到150～190℃，并用高真空蒸汽蒸馏法去除强烈鱼腥味的挥发性物质。

（5）鱼油本身是甘油三酯：EPA和DHA本身就是含有多不饱和脂肪酸的甘油三酯，再加上还会含有其他饱和脂肪酸的甘油三酯，把深海鱼油当做正常饮食外的保健品服用，无疑增加了人们饮食中的热量摄入，大量服用不利于人体健康。

另外，海洋污染不利于鱼类的生存，再加上鱼类捕捞过度等问题的出现，富含ω-3多不饱和脂肪酸的深海鱼类正在逐年减少，满足不了人们健康和饲料加工的需要。

2. 海鲜食品

一般来说，带鱼、鲳鱼、平鱼、鲅鱼、金枪鱼、沙丁鱼、偏口鱼和鱿鱼等，都属于不可养殖的鱼种，体内却都含有较多的ω-3多不饱和脂肪酸，有利于保护心脏。EPA和DHA主要存在于多脂鱼中，如三文鱼和沙丁鱼。五种含有ω-3多不饱和脂肪酸最多的海鲜是：第一名：沙丁鱼。每85克（3盎司）的沙丁鱼中约含有1950毫克的EPA和DHA。第二名：三文鱼。三文鱼是一种鳞小刺少、肉色橙红、肉质细嫩鲜美的深海鱼。研究发现，每85克野生的三文鱼中约含有1060毫克的EPA和DHA。第三名：金枪鱼。每85克的金枪鱼中约含有900毫克的EPA和DHA。第四名：淡菜。每85克淡菜中约含有700毫克的EPA和DHA。第五名：虹鳟鱼。每85克虹鳟鱼中约含有630毫克的EPA和DHA。日本人的长寿在世界名列前茅，得益于常食用海鲜食品。日本人平均每日吃鱼量78.3克，而日本冲绳人每日平均吃鱼量147.7克，比日本平均值还多，因此心脑血管发病率比日本平均值低，90岁的老人比率比日本平均值还要高出一倍以上。

在鱼油加工成健康用品时，设法延缓鱼油的氧化，对其功效及服用安全是极其重要的。如将鱼油微胶囊化，使其隔绝氧，可以有效防止其氧化变质，并能够掩盖鱼腥味。采用的复合凝聚微胶囊技术，就是将明胶、阿拉伯胶等亲水性胶体热溶解于水中，冷却后加入鱼油，高速分散在溶液中形成复合凝聚相，沉积在分散的乳状液滴的表面形成微胶囊，加酶固化，囊壁形成稳定的网状结构。所得微胶囊产品在高温下不易塌陷，能够很好地保护芯材，能够在高温高湿环境中发挥优异的缓释性能。另外，添加抗氧化剂来延缓鱼油氧化也是比较经济有效的常用办法。人工合成的特丁基对苯二酚（TBHQ）是目前公认较好的鱼油抗氧化剂。人工合成的多酚类抗氧化剂，丁基羟基茴香醚（BHA）和茶多酚也有良好的抗氧化性能。由于抗氧化剂之间有协同增效作用，可同时添加几种抗氧化剂来防止鱼油产品的氧化。

3. 海豹油

目前市场上出售的海豹油胶囊具有调节血脂的保健功能，但海豹油既有优点也存在问题。

（1）优点：天然提取的海豹油中，ω-3多不饱和脂肪酸含量比深海鱼油高，大约20%～25%，其含量在自然界中是动物之最，但作为保健用品含量仍然较低。海豹油中除了EPA和DHA外还含有5%～6%的另一种ω-3多不饱和脂肪酸DPA，而鱼油几乎不含DPA。海豹油中还含有一定量对健康有益的角鲨烯和维生素E。由于海豹与人同是哺乳动物，而鱼类是低等冷血动物，海豹油比鱼油的吸收利用率高。这是因为哺乳动物体内的ω-3多不饱和脂肪酸在甘油三酯上的位置与鱼类不同。哺乳动物的ω-3多不饱和脂肪酸在甘油分子两头的1，3位羟基上，而鱼类则在甘油分子中间位置的2位羟基上。在人体的消化过程中，1，3位羟基上的ω-3多不饱和脂肪酸容易被脂酶作用，分解为游离状态的脂肪酸，更易被人体吸收。此外目前海豹油中几乎还不含胆固醇和重金属。

（2）问题：由于海豹合法宰杀量有限，使得海豹油产量极为有限。海豹油的产量在2006—2010年间每年还不到1万吨。由于商业屠杀海豹惨不忍睹，已遭到许多人的反对。据沿海一些城市地区执法部门的抽查表明，海豹油产品同样存在竞争无序、概念炒作，造成市售的海豹油假货多。一些公司居然声称，其产品是直接进口整头海豹在中国提炼、加工生产的，这显然有违国际上对海豹以产品进行出口的禁令。

4. *海狗油*

海狗油富含足量的以DHA、EPA、DPA和角鲨烯为主的多不饱和脂肪酸，是从海狗脂肪里提取后经现代高科技工艺加工而成的营养食品。其ω-3多不饱和脂肪酸的含量高达25%，加之北极洁净无污染的自然生态环境，海狗油应当成为大自然中最好的ω-3多不饱和脂肪酸的来源。因此，海狗油被国际医学界视为一种有相当价值的珍贵滋补营养品资源。海狗油可促进大脑及神经系统生长发育，调节胰岛素分泌，有效预防和减少心脑血管栓的发生，对免疫性疾病均有帮助。海狗油还具有抗疲劳、滋阴补阳、补血益气和养颜美肤的功效。由于海狗油含有鱼油中不存在的角鲨烯，故能有效地抑制致癌物的产生。海狗油除了可提供ω-3多不饱和脂肪酸外，还对治疗伤风、支气管炎、哮喘和皮肤病等有良好效果。

海狗与海豹分属不同科，其皮脂较薄，提炼难度较大，纯度难以保证。海狗油主要问题是：海狗为国际严禁捕杀物种，捕杀野生海狗是不允许的。因此，目前市场上的海狗油产品相当一部分并不是海狗油，而只是对海豹油的误称。

5. 南极磷虾油

南极洲是地球上唯一没有受到污染的大陆。南极磷虾油富含EPA、DHA、类黄酮、维生素A、维生素E和虾青素等，具有降血脂作用。南极磷虾的可捕食量是世界现有渔业产量的1倍以上，南极磷虾是地球上数量最大的单体生物资源，南极磷虾量在1.25亿～7.25亿吨，年可捕捞量在0.15亿～1.00亿吨。目前世界上生产磷虾油量在1000吨左右。磷虾油的EPA、DHA，大部分都是跟磷脂结合，EPA、DHA是组成南极磷虾油中的磷脂和胆固醇酯的重要脂肪酸。纯磷虾油中的磷脂含量在40%～60%之间，磷脂含量高意味着ω-3多不饱和脂肪酸含量也高。磷虾油的主要营养成分就是磷脂、ω-3多不饱和脂肪酸和虾青素。其存在的特点是：含有的不饱和脂肪酸EPA和DHA是目前自然界中唯一以磷脂形式存在、或以具有多样性超强抗氧化物磷脂型虾青素形式存在的EPA和DHA，具有降血脂、抗氧化、提高记忆力、降血糖、降低脂肪肝的生理功效。动物实验表明，南极磷虾油能较好地降低高脂大鼠的甘油三酯、胆固醇和低密度脂蛋白胆固醇，提高血清中一氧化氮的含量，提高超氧化歧化酶的活性，降低可以反映机体脂质过氧化速率和强度的丙二醛（MDA）水平，在降低动脉粥样硬化指数方面优于深海鱼油。磷虾油中的ω-3多不饱和脂肪酸不同于鱼油和鱼肝油中以甘油三酯形式存在的ω-3多不饱和脂肪酸，更利于人体吸收。由于磷虾油含有的维生素E、维生素A、维生素D和类似于虾青素的一种强力抗氧化剂角黄素，若以氧自由基吸收能力为对比标准，磷虾油的抗氧化能力是鱼油的48倍多。

南极磷虾在食品和保健品中的应用研究主要集中在虾粉、南极磷虾肽、南极磷虾油、调味食品等方面，尤其是在南极磷虾油的开发与利用上。《"十三五"渔业科技发展规划》（农渔发〔2017〕3号）将"南极磷虾资源规模化开发与利用"作为重要任务之一，提出"全面提高南极磷虾日均捕捞与加工能力，提升我国磷虾资源开发装备技术水平和核心竞争力。"国家卫健委2013年16号批文把南极磷虾油定为"新食品原料"，无保健品批文。南极磷虾油组分复杂，品质容易受成熟度、海域、季节及制取精炼油工艺条件影响，所以南极磷虾制油标准化和规模化还需要一段时间。南极磷虾油对抑制膝关节疼痛和高血压有疗效。南极磷虾油的副作用主要有：胃灼烧、口腔异味、胃部不适、恶心和腹泻等。孕妇、哺乳妇女、肝肾功能不佳者和海鲜过敏者禁用。

6. ω-3多不饱和脂肪酸的潜在来源——海洋微藻和海洋细菌

目前人们摄取的EPA和DHA主要来源于深海鱼油，但其实鱼类本身并不能合成ω-3多不饱和脂肪酸，海洋食物链中的海洋微生物才是多种多不饱和脂肪酸的原始生产者。鱼类是通过吞食富含ω-3多不饱和脂肪酸的微藻类后，在体内实现ω-3多不饱和脂肪酸的积累，由此人们应该将寻求多不饱和脂肪酸的目光集中于微生物资源。微藻是一类通常含有叶绿素的植物性水生微生物，例如螺旋藻便是其中一种。微藻中油脂含量较高，中性脂的含量约占细胞干重的20%～50%，少数微藻可达75%，单位产油量显著高于农业油料作物。因此微藻油被认为是最具发展潜力的油脂资源。另外还发现一些真菌也具有生产多不饱和脂肪酸的能力。海洋微藻生长繁殖快速，自身合成并富集高浓度的ω-3多不饱和脂肪酸，具有大规模生产ω-3多不饱和脂肪酸的潜力，应是生产EPA和DHA的廉价生物资源，因此利用微藻生产ω-3多不饱和脂肪酸是一个非常有前途的研究方向。

在海洋微藻藻体中，ω-3多不饱和脂肪酸的含量高于鱼油中的含量，利用微藻提取ω-3多不饱和脂肪酸应当工艺简单，还不含胆固醇成分。由于藻油是一种纯植物性DHA，可从人工培育的海洋微藻中提取，未经食物链传递，应该是世界上最纯净、最安全的DHA来源之一。但是大部分微藻细胞壁是由纤维素和果胶组成，比较坚韧，阻碍细胞内油脂的萃取，因而在微藻油萃取前需对微藻进行破壁处理以提高微藻油提取率。另外，油脂在微藻细胞中的分布和组成受微藻种类及生长环境的影响，很难采用统一的方法高效萃取微藻油。为了更好利用微藻，对藻类油脂进行了分析，结果如下：绿藻纲藻类的油脂总量较高，所含脂肪酸属于ω-3多不饱和脂肪酸的十六碳四烯酸（C16：4，ω-3），含量超过10%；甲藻纲藻类的DHA和ω-3多不饱和脂肪酸的十八碳五烯酸（C18：5，ω-3）的含量较高；硅藻纲的EPA含量较高；金藻纲藻类的总脂含量占干物质总质量的8.5%~46.3%，其DHA含量均高于10%；黄藻纲藻类的脂肪酸则以EPA和软脂酸为主。

目前科学工作者只完成了小部分海藻的研究和试生产工作。如美国已有公司筛选出一种异养藻株*Nitzschia alba*，在机械搅拌罐培养64小时后，藻体浓度达到45~48克每升，藻油含量高达干物质总质量的50%，EPA占脂肪酸总量的4%~5%，EPA含量达到0.25克每天升。筛选出的一种能生产DHA的藻株*Crythecodinium cohnii*，在发酵罐中培养60~90小时后，藻体的培养浓度达到40克每升，脂肪酸含量为15%~30%，其中DHA占20%~35%，DHA产量为1.2克每天升，已建成150立方米规模的工业化培养设备，生产富含DHA的微藻饲料，此产品已批准用于婴幼儿食品配方成分。微藻油可在大型不锈钢罐中人工培育，用亚临界生物技术提取分离，整个生产过程由始至终都应该完全按照药品生产质量管理规范（GMP）进行生产，排除了环境污染的风险。海洋微藻是自然界中ω-3多不饱和脂肪酸的重要初级生产者，采用高效生物反应器产生富含ω-3多不饱和脂肪酸的微藻，作为代替鱼油生产ω-3多不饱和脂肪酸的新途径已得到了国际上的公认。研究已发现：从钝顶螺旋藻和真核紫球藻中筛选出的Sandoz 9785抗性藻株，在藻株体内能产生大量的ω-3多不饱和脂肪酸。若将这些干燥海藻作饲养动物的饲料，还可获得富含DHA的动物制品。目前一些发达国家已有藻油生产并作为商品出售，孕妇、哺乳期妇女和儿童食品中的DHA来源已开始用（海）藻油。但是目前由于工业生产的技术还不成熟，藻油DHA价格还是比鱼油高。

微藻的很多品种可以在海洋的环境下分离获得。纯种的微藻可以通过生物工程的方法进一步进行筛选，根据需要驯化成为富含DHA并不含

EPA或只含EPA的藻种。国外已有公司采用基因工程，生产含量达到40%以上的海藻油DHA。海藻油DHA目前已被获准作为某些食品的添加剂使用而不是独立地作为DHA来长期食用。藻油DHA在国际食品（尤其是高质量食品）及保健品市场上作为某些食品的添加剂使用已有供应，并得到美国食品与药物管理局（FDA）认可。但是食用海藻要注意质量，现在市场上的海藻油DHA，经有关权威检测部门的检测，发现有些产品中豆蔻酸和月桂酸含量高达22%，相当其DHA含量的一半。这些饱和脂肪酸会升高胆固醇和破坏血管内膜。因此国家相关机构应尽快对藻油DHA保健品制定其中豆蔻酸的限量标准，强制执行海藻油DHA保健品标示其中豆蔻酸含量。

海洋细菌也含有ω-3多不饱和脂肪酸。1973年，在海洋细菌中发现有多不饱和脂肪酸存在。1977年从海洋细菌中得到EPA，从而证明原核生物也具有合成多不饱和脂肪酸的能力。具有多不饱和脂肪酸生产能力的海洋细菌多为深海细菌，主要分布在深海海水和沉积物中，通过DNA序列分析，这些海洋细菌为革兰氏阴性菌。目前，商业用于生产的多不饱和脂肪酸的主要菌种有裂殖壶菌和隐甲藻菌。它们的多不饱和脂肪酸含量高、氧化稳定性好、资源丰富并且成分单一。研究证实，细菌中脂肪酸组成与微生态环境之间有密切的关系。目前发现能生成多不饱和脂肪酸的细菌全都是深海细菌或极地细菌，产生多不饱和脂肪酸的海洋细菌均生活于低温环境，低温是产生EPA和DHA的必要条件之一。多不饱和脂肪酸的存在是低温下生物体内脂肪不凝固、细胞膜有流动性的保障。微生物本身具有低成本、培养迅速、生产周期短和可以规模化生产等优点，因而有着非常广阔的前景。

（二）DHA 和 EPA 的其他来源

1. 淡水鱼中含DHA和EPA的代表鱼种鲟鳇鱼

淡水鱼大多生长期短，食物中含ω-3多不饱和脂肪酸低，故一般在鱼体中ω-3多不饱和脂肪酸含量也低，但在寒冷的黑龙江中生存的、具有上亿年进化史的鲟鳇鱼是个例外。鲟鳇鱼质量可达近千克，有淡水鱼王的美称，过去是向皇帝敬献的贡品。据中国科学院海洋所检测，鲟鳇鱼肌肉中含有八种人体必需的氨基酸，脂肪中含有12.5%的DHA和EPA，对软化心脑血管、促进大脑发育、提高智商和预防老年性痴呆具有良好的功效。此鱼肉鲜味美，骨脆而香，全身几乎没有废料，胃、唇、骨、鳔和籽都是烹制名菜的上等原料。鲟鳇鱼在温度低的水底层游动，以底层水生昆虫幼虫、底栖生物及小型鱼类为食。由于其原始古朴的外形，2亿年来几乎没有改变，故有水中"活化石"之称。由鲟鳇鱼卵加工而成的黑鱼子酱，经济价值极高，有"黑珍珠"的美誉，市场供不应求。2013年之前，鱼子酱代表了奢华，但到了今天，鱼子酱在电商上的价格已经非常亲民。2014年，中国科学院水生生物研究所突破了野生鲟鱼幼鱼的养殖技术，开创了我国的鲟鱼养殖产业，中国鱼子酱从2014年全球市场份额的5%以下，直接飙升至约70%。另外鲟鳇鱼的软骨和骨髓（俗称"龙筋"）有抗癌因子，可直接食用。近年来在抚远市相继投资建成全国最大的鲟鳇鱼种鱼繁育养殖基地，全面实施人工繁育技术并取得了巨大成功。

2. 从酿酒酵母中生产ω-3多不饱和脂肪酸

发酵生产ω-3多不饱和脂肪酸是简单而又可控的生产生物制品的方法。在酵母菌中引进能转化脂肪酸成为ω-3多不饱和脂肪酸的功能蛋白，就可用发酵方法生产ω-3多不饱和脂肪酸。我国科学家在研究常温发酵生产EPA的过程中，筛选出了既能催化生成十八个碳的多不饱和脂肪酸，又能催化生成二十个碳的多不饱和脂肪酸，尤其偏好催化花生四烯酸转化为EPA的蛋白（序列编号为oAiFADS17）。将这种蛋白在酿酒酵母系统中进行重组表达，通过外源添加不同碳链长度的脂肪酸底物，用ω-3多不饱和脂肪酸脱饱和酶，从酿酒酵母中生产出了ω-3多不饱和脂肪酸。测定重组酿酒酵母转化子在28℃和12℃下对不同脂肪酸的转化率，结果显示，此种蛋白将花生四烯酸转化为ω-3多不饱和脂肪酸的转化率达到46.3%。由此得到一种新的，在常温下偏好催化二十碳多不饱和脂肪酸的ω-3脂肪酸脱饱和酶，为构建高产EPA的基因工程菌株及EPA的工业化生产奠定了理论基础。

（三）鱼油加工、提纯的产品——多烯酸乙酯

任何药品对纯度都是有一定要求的。为了使鱼油等海洋产品不仅成为保健品，还是具有治疗疾病作用的药品，必须将鱼油中EPA和DHA的含量进一步提高。由于鱼油也是一种甘油三酯，分子中甘油的三个羟基，要和三个脂肪酸分子结合，且这三个脂肪酸又不完全相同，可以是一个饱和的、一个单不饱和的和一个多不饱和的。因此在一个甘油三酯分子中，ω-3多不饱和脂肪酸、饱和脂肪酸和单不饱和脂肪酸往往共存，故要以甘油三酯分子（油）的形式，去除饱和脂肪酸和单不饱和脂肪酸，制备高纯度的ω-3多不饱和脂肪酸是不可行的。要提纯必须先把脂肪酸与甘油分子分开，再将饱和的和单不饱和的脂肪酸除去。为此可以先用酯交换的方法，用乙醇分子将鱼油分子打开，将甘油分子游离出来，乙醇与脂肪酸形成各种脂肪酸乙酯，再用多种物理分离方法分离掉饱和的、单不饱和的脂肪酸乙酯和其他杂质，进行分离提纯，就可得到高纯度的ω-3脂肪酸乙酯。由此以鱼油为原料的加工产品"多烯酸乙酯"应运而生。含双键的分子称为烯烃，多烯酸是指分子中含有多个双键的脂肪酸，故此种含有多个双键的脂肪酸乙酯称为多烯酸乙酯。

中国国家市场监督管理总局规定，多烯酸乙酯药品为具有药用价值的鱼油产品。药典中多烯酸乙酯药品的标准中不但规定了EPA与DHA的总含量，还规定了EPA与DHA的比例，要求EPA与DHA总和不得少于84.0%，EPA与DHA的比例为0.4～1。多烯酸乙酯具有明显的降血脂、预防冠心病的作用。目前我国已有多家生产多烯酸乙酯药品。如国家市场监督管理总局批准的文号为国药准字H20053236的多烯酸乙酯胶丸，要求DHA和EPA总含量≥84%，DHA:EPA≈2:1，具有降低血清甘油三酯和总胆固醇的作用，用于高脂血症。生产多烯酸乙酯的批准文号还有国药准字H20003203和国药准字H20003635等。多烯酸乙酯申请药品的成

功，也给 ω-3 多不饱和脂肪酸保健品及食品的生产提出了方向，即必须提高产品纯度，才能具有预防和治疗的作用。

（四）ω-3 多不饱和脂肪酸母体化合物 α-亚麻酸主要来源于亚麻籽油

亚麻籽油又称胡麻油，是从亚麻籽中分离提取制成的油，是一种富含 α-亚麻酸的甘油三酯。因其双键多、易氧化，干燥后的涂膜不软化，很难被溶剂溶解，过去又不了解其生理功效，作为干性油曾被广泛用于涂料、油墨和印刷等行业。亚麻是古老的韧皮纤维作物和油料作物，油用型亚麻又叫做胡麻，内蒙古农业地区大量栽培，产量很高。亚麻生长地区的温度对亚麻籽油中脂肪酸组成影响较大，寒冷地区的亚麻籽油一般不饱和脂肪酸含量较高，温暖地区所产亚麻籽油则不饱和脂肪酸含量较低。一般亚麻籽油中亚麻酸含量为58.03%，不同产地亚麻籽油脂含量不同。甘肃陇南市产亚麻籽的油脂含量最高，达44.88%，其油中 α-亚麻酸含量可高达65.84%，这可能与当地气候、环境、产地纬度及栽培方式有关。甘肃陇南市产亚麻籽在特种食用油开发中有明显优势。

1. 亚麻籽油是对人体有保健作用的功能性油脂

亚麻籽油呈橙黄色，澄清透明，芳香浓郁，具有特有的气味和滋味，无其他异味。亚麻籽油是营养价值很高的食用油，含有饱和脂肪酸、单不饱和脂肪酸及多不饱和脂肪酸，其中70%以上为多不饱和脂肪酸，超过了目前人们日常食用的其他植物油脂。对人体非常重要的 α-亚麻酸是其主要的脂肪酸，根据产地不同，一般亚麻籽油中 α-亚麻酸含量为39%~60.4%，平均含量为47.3%。其他脂肪酸平均含量：油酸为28.62%，亚油酸为13.15%，软脂酸为5.16%，硬脂酸为4.76%。亚麻籽油中还含有0.03%~0.22%的木脂素。亚麻籽油具有一定的抗氧化能力，在体内可促进脂肪酸的 β-氧化。

亚麻籽油被国内外的营养专家誉为"陆地上的鱼油"，而且还没有深海鱼油加工中要面临的海洋污染所带来的有害物质，也没有令人生厌的鱼腥味及高胆固醇问题。因此亚麻籽油被认为是优于鱼油，对人体有一定保健作用的功能性油脂。通过食用亚麻籽油摄入α-亚麻酸，比食用DHA和EPA的鱼油产品来说更为方便。亚麻籽油作为日常膳食油脂，已慢慢进入人们的餐桌。从消费者的饮食习惯来说，消费者更趋向于通过食用亚麻籽油来补充人体所需要的ω-3多不饱和脂肪酸。精炼后的亚麻籽油还可以与米糠油、玉米油和大豆油等植物油按照人体需要的ω-3与ω-6多不饱和脂肪酸比例1:4调配成营养调和油。亚麻籽油为甘肃会宁县地区的日常用油。亚麻籽油目前已是人体摄入ω-3多不饱和脂肪酸的主要来源之一。

2. 亚麻籽油的提取

目前从亚麻籽提取亚麻籽油的主要工艺采取的是压榨法和浸出法。

（1）压榨法：提取亚麻籽油工艺顺序是：亚麻籽→清理→软化→轧胚→压榨→毛油过滤→精炼→亚麻籽油。压榨法是靠压力将油脂从原料中分离出来，根据压榨时的温度不同，又分为热榨法和冷榨法。热榨法是指将亚麻籽经过高温火炒或蒸炒后，经过压榨而制备油脂，是比较传统的方法，出油率较高，但产品色泽较暗。冷榨法是指在低温自然条件下，用机械巨大的压力榨取亚麻籽油，没有经过传统的高温炒或者蒸炒的过程，油脂仍分布在未变形的蛋白质细胞中，榨取出来后仍含有非常丰富的、亚麻籽固有的亚麻酸等多种营养成分。冷榨亚麻籽油产品安全、卫生，营养不被破坏，但出油率低。冷压初榨亚麻籽油内所含的α-亚麻酸的含量达到33%～53%，被称为是植物"液体黄金"。

亚麻籽油虽然比鱼油干净、易加工，但要作为食用油，由压榨法得到的亚麻籽油还要进行精炼。从亚麻籽榨出得到的亚麻籽油，精炼一般采用五脱工艺，包括：从原油（毛油）开始→过滤脱杂→水化脱胶→碱炼脱酸→吸附脱色→真空脱臭→最后得到成品油。毛油的脱杂过程包括静置、过滤、离心分离。脱胶是为了脱除毛油中的磷脂。一般含蛋白质越丰富的亚麻籽，磷脂含量越高。脱胶的工艺程序基本包括加水（或直接加蒸汽）水化、沉降分离、水化油干燥和油脚处理等。碱炼脱酸工艺是由于毛油中含有0.15%以上的游离脂肪酸，可用加碱中和的方法分离除去。吸附脱色工艺是由于油脂中含有类胡萝卜素、叶绿素等色素使油脂呈现黄赤色，虽然在脱酸时可除掉一部分，但要进一步脱色还要用活性炭等作吸附剂，采用加热吸附过滤法，用逆流吸附操作得到最大的脱色效率。真空脱臭指的是要脱去天然油脂中存在的不良气味，可采取抽真空减压加热，通入水蒸气带走异味物质的方法。

（2）浸出法：是用油浸提亚麻籽生产出亚麻籽油的工艺，浸出工艺使用的油一般采用溶剂油（六号轻汽油）将油脂原料经过溶剂油浸泡后高温提取，使亚麻籽油被萃取出来。浸提工艺为：亚麻籽→破碎→溶剂浸提→混合油过滤→气提脱溶→毛油过滤→精炼。高温提取出亚麻籽油后，还要再经过"六脱"精炼工艺（即脱脂、脱胶、脱水、脱色、脱臭、脱酸）加工而成。浸出法能够最大限度地提取出亚麻籽中的油脂，收率高，还可以有效地脱除毒性物质氰苷，但夹杂的有机溶剂会给后续的精炼工艺增加困难。

（3）超临界萃取等新的提取技术：随着科学技术的发展，还有一些新的提取技术也被提出，如生物酶法、超临界萃取法。这些方法因出油率高、无溶剂残留、油品质较好等优点而具有广阔的应用前景，但问题是目前提取成本还比较高。

（五）亚麻籽油最重要的来源亚麻籽的药用价值

亚麻籽又称胡麻籽，是亚麻科、亚麻属的一年生或多年生草本植物亚麻的种子，目前已是世界上重要的油料植物之一。亚麻籽主要产于加拿大、中国、阿根廷和美国。加拿大为世界知名亚麻籽产区，所产黄金亚麻籽更适合生产亚麻籽油。我国的亚麻籽是在公元前2世纪由汉代特使张骞出使西域时带回来的，一开始亚麻籽主要用作药用。大约在公元前400年，古希腊医药之父——希波克拉底就记载了亚麻籽的医药用途，直到16世纪才用亚麻籽榨油。如今亚麻已成为我国主要经济作物之一，种植面积位居世界前列，在新疆、甘肃、宁夏、黑龙江、吉林、内蒙古和山西等地已广泛种植，收获的亚麻籽主要用来生产油脂，只有一少部分被开发用作功能性食品。亚麻籽中含有丰富的α-亚麻酸，是补充α-亚麻酸最初级的产品。由亚麻籽直接加工成的亚麻籽粉，也可作为饲料添加剂，补充饲养动物需要的α-亚麻酸成分。亚麻籽含有丰富的脂肪（30%～41%）、膳食纤维（20%～35%）和蛋白质（20%～30%），淀粉含量很低；同时亚麻籽富含多种生物活性化合物和微量元素，包括亚麻酸、亚油酸、木脂素、环肽、多糖、生物碱、生氰糖苷和镉等。在我国，亚麻籽在华北和西北地区种植面积较大，其中甘肃会宁被誉为中国最好的亚麻籽产地。亚麻籽几乎所有部位都可以直接或经过加工处理后在市场销售。

亚麻籽中除了含α-亚麻酸以外，还含有多种功能性营养成分，如亚麻木酚素、亚麻籽蛋白、膳食纤维素和亚麻胶等，从而使亚麻籽具有降血糖、降血脂和预防心脑血管疾病等多种功能。亚麻籽常作为抗肿瘤和抗炎药物的主要成分，被广泛用于天然健康产品，在预防心血管疾病、降低癌症发生率、防止糖尿病和动脉粥样硬化、降低胆固醇和促进生长等方面均有显著作用。亚麻籽还有助于防治乳腺癌，抑制乳癌细胞成长。食用亚麻籽对妇女月经期间的乳房疼痛、肿大和肿块也有一定的疗效。据分析，亚麻籽的医疗功效可能来自其富含的木酚素和α-亚麻酸。现在研究较多的亚麻籽成分有如下几种：

1. 提高人体免疫功能的亚麻籽蛋白

亚麻籽蛋白包裹于亚麻籽胶内，但由于亚麻籽胶具有黏性大、吸水性强和乳化效果强等特点，在提取亚麻籽蛋白时，会出现离心和乳化难度加大和蛋白不易过滤等问题。因此在提取亚麻籽蛋白时，要先对亚麻籽胶进行预处理。利用等电点沉淀法，先在底物中加入浓度为1摩尔/升的氢氧化钠，从亚麻籽中提取得到亚麻籽蛋白分离物。然后将溶液用酸调至pH为3.8左右进行沉淀，酸沉的亚麻籽蛋白分离物在含有0.8摩尔/升氯化钠与50毫摩尔/升磷酸钠缓冲液（pH 8）中，按照1:10的比例使沉淀溶解后离心。最后收集上清液，经透析后冷冻干燥，可得到溶解度更高的亚麻籽蛋白分离物。亚麻籽蛋白富含多种氨基酸，其中以谷氨酸和精氨酸的含量较高，赖氨酸含量较低。亚麻籽蛋白可以保护心脏健康，提高人体的免疫功能。由于亚麻籽蛋白分离物对血管紧张素转化酶活性有一定的抑制作用，故有一定的降血压功效。目前亚麻籽蛋白还主要用于饲料生产。

2. 亚麻籽木脂素

亚麻籽中的木脂素主要以低聚物形式存在。木脂素及其植物性前体物质具有抗氧化、抗心血管系统疾病和抗癌作用，并与机体内过氧化导致的衰老有关。目前亚麻籽木脂素的提取主要以乙醇、丙酮等有机溶剂浸提法为主，辅助以酶处理、微生物发酵、微波和超声波等技术，在酸性、碱性或水环境下进行水解而得到。

3. 已被国外列入药典的亚麻胶

亚麻胶主要是由中性多糖和酸性多糖构成，干燥的亚麻胶呈白色粉末状。亚麻胶在预防冠心病、糖尿病、结肠癌和减轻肥胖等方面都有一定效果。由于亚麻胶的吸水性、较强的水分结合能力以及润滑性，有助于面团挤压加工过程中维持面团的吞吐量，并增加了焙烤食品的保水性和膨胀性，可在烘焙食品中替代反式脂肪酸使用。亚麻胶在我国已被定为新型的绿色食品添加剂，可用作功能性食品添加剂，如乳化剂、发泡剂、增稠剂和稳定剂等，可取代阿拉伯胶、果胶、琼脂和海藻胶，作为乳化剂在食品和非食品中使用。亚麻胶所具有的营养价值和保健功效，已被美国等国家列入药典。

亚麻胶主要是从亚麻籽脱脂饼粕、亚麻籽壳中提取。生产亚麻胶，根据是否用水做溶剂，分为干法和湿法。干法制备工艺简单、产率高，不影响后续操作中压榨亚麻籽油的品质，但生产的亚麻胶产品含量不高、黏度低、质量较差，使用范围受限；湿法生产可以弥补干法制备的缺陷，但利用该方法提胶后的亚麻籽需要进行长时间烘干处理，能量消耗较大。利用恒温搅拌提取工艺制备亚麻胶，在最佳提取工艺条件下亚麻胶的提取率可达5.83%。

4. 与人体雌激素十分相似的亚麻木酚素

亚麻籽中含有多种木酚素，其中以开环异落叶松树脂酚（SECO）含量最为丰富，是其他作物的几百倍。开环异落叶松树脂酚在亚麻籽中常以开环异落叶松酚二葡萄糖苷（SDG）的结构形式存在，是亚麻木酚素的主要活性成分，且是与人体雌激素十分相似的植物雌激素，可调节体内雌激素的含量，对人体有重要保健作用。亚麻木酚素一般约占亚麻籽质量的0.9%～1.5%，是已知食品中木酚素含量最高的，比现在其他已知含木酚素的六十六种食品高100～800倍，因此亚麻籽被称为木酚素之王。

从亚麻籽中提取的亚麻木酚素，具有抗氧化、保护心脑血管、抗癌和抗衰老等多种生物活性。亚麻木酚素被吸收到肠内后，会被身体所含的益生菌转变成可抗癌的化合物，对抗肿瘤、预防结肠癌、前列腺癌和胸腺癌有一定效果，有预防癌症的功效。木酚素能抑制卵巢雌激素的合成，可降低乳腺癌发生概率。木酚素会降低前列腺癌细胞间雌激素的作用，减缓前列腺癌细胞的生长。因此，美国国家肿瘤研究院已把亚麻籽作为六种抗癌植物研究对象之一。亚麻木酚素作为天然植物提取的抗癌成分和抗氧化剂，在进入人体后可以经肠道微生物作用，代谢生成动物木酚素，还对糖尿病、抗衰老、抗氧化、降血脂、治疗经期综合征、高血脂性动脉粥样硬化和急性冠心病的发生都具有一定的疗效，对狼疮性肾炎可辅助治疗。木酚素还可抗骨质疏松。骨质疏松是指单位体积骨质量下降，但其成分比例仍然没有改变。老年妇女的骨质疏松与绝经期有关，因为雌激素的丧失加速了骨丢失，而木酚素可以调节体内激素的含量，缓解更年期带来的一些不适症状。如果能在临床绝经期前几年就开始服用雌激素或木酚素，可防止骨丢失与骨质疏松。

5. 可促进排便的亚麻籽膳食纤维

亚麻籽中膳食纤维约占28%，其中三分之一是由亚麻胶构成的可溶性膳食纤维，三分之二是由纤维素和木质素构成的不可溶性膳食纤维。膳食纤维对肠道有膨胀润滑作用，可促进排便。膳食纤维通过吸收和排泄胆固醇，有预防心血管疾病的作用；通过吸收和排泄致癌物质，可减少患肠癌的风险。膳食纤维是益生菌的食物，能增加肠道内益生菌的数目，减少肠道内的有害菌，因而具有排毒和抗衰老的功效。膳食纤维还可控制血糖，预防糖尿病。

（六）α-亚麻酸的植物来源

在绿色植物的叶、根、茎和果实，苔类、蕨类等低等植物和浮游生物中均含有一定量的α-亚麻酸。从种属上看，杜仲科、亚麻科和唇形科等科的植物种子中均富含α-亚麻酸，这些植物多生于寒冷或凉爽地区，污染少。可从一些植物种子中提取含α-亚麻酸的植物油，除亚麻籽油外，还有紫苏籽油等，亚麻籽油和紫苏籽油含α-亚麻酸都很高，普遍在50%以上。从植物来源的亚麻籽油和紫苏籽油中提取α-亚麻酸相对简单方便，人为种植亚麻和紫苏即可。从其他植物种子提取的油脂中，虽然或多或少地含有α-亚麻酸，但由于含量少，一般不用于提取α-亚麻酸，但仍然会作为日常生活的食用油，能为身体直接提供少量的α-亚麻酸，也值得我们注意。亚麻籽之外的一些植物油料种子含油量及从中提取出的油中α-亚麻酸含量如表5所示。

表5　一些植物油料种子含油量及油中α-亚麻酸含量

植物油料	种子含油量/（%）	油中α-亚麻酸含量/（%）
紫苏籽	39～51	64～80
杜仲籽	27.84	67.38
荠蓝籽	37.64	34.50
核桃仁	52	10.58
菜籽	42.35	9～11
大豆	20.03	5.90
米糠	15.2	0.65
玉米胚芽	4.5	0.53
芝麻	54.95	0.29
葵花籽	53.4	0.08
花生仁	48.29	0.4
橄榄	22.77	2
油茶籽	38.39	0.26
山核桃仁	67.99	4.16
猕猴桃籽	35.0	67.34

1. 富含α-亚麻酸的紫苏籽油

紫苏是一种唇形科、紫苏属的植物，别名红苏、赤苏、苏子（紫苏子、黑苏子、蓝苏子）和红紫苏等。紫苏是多用途的经济植物，主要产于甘肃、陕西等地，是一种原产于中国西部高原的耐旱、耐盐碱的一年生植物。紫苏在中国种植已有2000年历史，在我国南北各省区均有栽培，主要产地集中在东北、宁夏和甘肃等地。在紫苏种子中约含蛋白质17%、油39%～51%，油中含α-亚麻酸高达64%～80%，亚油酸17.6%，因产地不同而不同（见下面列出的各产地紫苏籽含油率和油中α-亚麻酸含量比较表）。紫苏籽油虽对氧化的稳定性明显低于一般常见的植物油，但也应尽量避免在高温条件下使用。紫苏籽油的α-亚麻酸含量很高，是目前陆地上任何已知植物油无法比拟的。目前市场上已出现了紫苏籽油保健品，如紫苏籽油软胶囊和胶丸等。紫苏籽油除具有α-亚麻酸所具有的降血脂保健功效外，还具有降气平喘、化痰止咳和润肠通便的功效，临床用于治疗咳嗽气喘、咳痰不利、胸膈满闷和肠燥便秘等疾病，其原因可能与紫苏籽油中不皂化物的组成有关。紫苏籽油具有重要的营养保健作用和巨大的开发价值。各产地紫苏籽含油量及油中α-亚麻酸含量如表6所示。

表6　各产地紫苏籽含油量及油中α-亚麻酸含量

产地	含油量/（%）	油中α-亚麻酸含量/（%）
黑龙江	41.22±3.45	80.03±2.33
内蒙古	43.02±2.31	66.25±2.54
四川	40.79±3.78	72.20±2.87
甘肃	39.41±2.66	67.94±3.09

从表中数据可以看出，含油量最高的为内蒙古紫苏籽，为43.02%；黑龙江产紫苏籽油中α-亚麻酸含量最高，为80.03%。

2. 有独特降血脂和抗衰老功效的杜仲籽油

杜仲籽油是从杜仲籽中低温萃取制得的油脂，含有大量α-亚麻酸。杜仲籽油中有十种脂肪酸，其中不饱和脂肪酸含量为91.18%。脂肪酸组成为α-亚麻酸67.38%、亚油酸9.97%、油酸15.81%、硬脂酸2.15%、软脂酸4.68%。杜仲为一种中药材，为降压、降血脂药物，对各期高血压症治疗均颇有成效，对血压也具有双向调节作用。杜仲还能降低机体胆固醇含量，预防血管硬化，对人体有独特的降血脂、医疗保健和抗衰老作用。杜仲对增强记忆功能、镇痛、抗疲劳、抗肿瘤和调节免疫功能等都具有明显效果，尤其是独特的双向调节免疫功能对维护人体的健康至关重要。杜仲可以促进人体骨骼和肌肉中胶原蛋白的合成与分解，促进代谢，预防职业性和老年性骨质疏松，适于中老年人使用。

3. 可较长时间储存的荠蓝籽油

荠蓝是一种特种油料作物，目前国内种植的荠蓝是以亚欧两地优良亚麻荠品种为亲本，经国内顶尖科学家十余年的科研攻关，通过独创高科技专利技术培育而成的新品种，属高产优质油料作物。由荠蓝籽获得的荠蓝籽油中亚油酸含量为16%~18%，α-亚麻酸含量为36%~40%，天然维生素E含量为每100克含42~48毫克，多不饱和脂肪酸总含量超过60%，不饱和脂肪酸总含量超过90%。因此，有人称荠蓝籽油为"陆地鱼油"，是卫健委"中国营养膳食推广工程"的推荐产品。虽然荠蓝籽油中含有大量的不饱和脂肪酸，但也含有大量的天然维生素E，其中80%以上的组成是抗氧化性最强的γ-维生素E。所以荠蓝籽油品质稳定，有利于较长时间储存。

4. 其他α-亚麻酸的植物资源

人们熟悉的α-亚麻酸植物资源还有沙棘籽、菜籽、大豆、小麦胚芽、胡桃和大麻等，但α-亚麻酸含量都不够高。如在沙棘籽油中含32%，在大麻籽油中含20%，在核桃油中含α-亚麻酸≥14%，在菜籽油中含10%，在豆油中含8%，在小麦胚芽油中含5%。日常膳食中主要油料植物，如花生、油菜、大豆、棕榈、橄榄、玉米胚芽、米糠、向日葵和油茶等，α-亚麻酸含量更低，分别为0.30%、7.90%、6.10%、0.30%、0.60%、0.10%、1.97%、0.20%、0.10%。另外在菠菜、球芽甘蓝和羽衣甘蓝等绿色蔬菜中，也含有少量α-亚麻酸。还有含α-亚麻酸较高、但来源少的植物资源：椒目约含30%，藿香含60%~62%，香蓣含57%～65%。另外值得注意的是一种纯天然绿色食品马齿苋。马齿苋为国家卫健委公布的药食两用植物资源之一。马齿苋中含有多糖、生物碱、黄酮和有机酸类等多种化学成分。提取的脂肪油中共有16种成分，其中含亚油酸22.57%、α-亚麻酸1.35%、油酸1.27%、14-十八烯酸（18：1Δ^{14c}）24.37%等共49.57%。

5. 正在研究和开发的α-亚麻酸植物来源

乌桕是落叶乔木，由乌桕种仁榨取的液体油脂，称为梓油或桕油。梓油含有89.13%的多不饱和脂肪酸，其中α-亚麻酸和亚油酸含量分别占39.30%和30.77%。

接骨木作为α-亚麻酸的木本植物油资源，其果实接骨木果含油量达36.7%以上，且质地优良，油中脂肪酸组成与常用食物油基本相同，α-亚麻酸含量高达22%以上。接骨木油及其深加工系列产品可作为高级保健营养品。

美藤果原产于秘鲁亚马孙雨林，2006年被我国引进在西双版纳试种，目前已得到推广种植。美藤果仁含油量为50.8%，其中α-亚麻酸含量为45.62%。

高原野生植物狼紫草含油量为58.46%，α-亚麻酸含量为26.88%。

猕猴桃籽为猕猴桃加工的副产品，含油量22%～24%，油中α-亚麻酸的含量高达63.99%。

橡胶籽是天然橡胶产业中的副产物，种仁含油率达50%，其中α-亚麻酸含20.2%。

川西草原十字花科植物资源中的播娘蒿，种子中含有α-亚麻酸，有的群体含量可高达37.62%。

紫草籽油的脂肪酸以亚油酸和亚麻酸为主，其中α-亚麻酸含30%～32%。

花椒籽油中含α-亚麻酸17%～24%，已成为α-亚麻酸开发的新资源。

黑加仑中含α-亚麻酸14.75%。

山核桃油中α-亚麻酸含量一般在10%～15%。

马齿苋含α-亚麻酸可达10%以上。

喜树是富含有α-亚麻酸的植物新资源，其果实油脂中含有约45.8%的α-亚麻酸。

轮叶戟是一种有开发前景的富含α-亚麻酸的植物。

此外，紫花苜蓿、亚麻乔等阔叶植物，绿叶中的类囊膜也含有一定的α-亚麻酸。

（七）α-亚麻酸的动物来源

有些以绿色植物为食的动物也是α-亚麻酸的来源。值得注意的是，昆虫油脂中的蚕蛹油，用有机溶剂可以提取获得蚕蛹油中的不饱和脂肪酸和α-亚麻酸。一般陆地动物油脂中仅含α-亚麻酸1%左右，但在马油中含有15%以上（马油中多不饱和脂肪酸相对含量高达24%以上）。也有些动物体内富含α-亚麻酸，如牛蛙的肝脏和脂肪中含α-亚麻酸分别达到22.84%和16.06%。

1. 使蚕桑资源高效利用的蚕蛹油

α-亚麻酸不仅存在于植物资源中，也存在于蚕蛹、油葫芦、烟夜蛾、灰斑古毒蛾、银纹夜蛾、白薯天蛾和臭椿皮蛾等多种昆虫油脂中。但是这些富含α-亚麻酸的昆虫中，仅有蚕蛹是可食的。我国年产家蚕茧约65万吨，占世界蚕茧总产量的70%以上，其中鲜蛹产量可以达到50万吨，缫丝后可得干蚕蛹12万吨。此外还有蓖麻蚕、柞蚕等野蚕生产的蚕蛹近2万吨。大量的科学检测数据显示，蚕蛹富含脂类成分，占其干物质总质量的25%～30%。蚕蛹油中不饱和脂肪酸含量高达89.8%，与饱和脂肪酸之比为9∶1；而且在不饱和脂肪酸中，单不饱和脂肪酸占38.0%，多不饱和脂肪酸占51.8%。多不饱和脂肪酸中，α-亚麻酸含量达到了42.5%，亚油酸含量为8.6%。用有机溶剂从蚕蛹中提取蚕蛹油，将蚕蛹油经脂交换后形成乙酯，再进行富集提纯，可使α-亚麻酸含量高达71.5%～83.9%。由此对桑蚕资源进行了二次利用，减少了环境污染，具有很好的社会与经济效益。蚕蛹油α-亚麻酸乙酯已获得作为药品的批准文号，作为药品使用。但目前国内有的厂家相关提取技术和设备还不完善，有的蚕蛹油的一些性能尚达不到要求。特别是缫丝后的蚕蛹制油，加工时蚕蛹异味较重，影响质量。

2. 源自中国古代中药药方的护肤品马油

马油取自于高寒地区马的鬃毛、尾巴根部和腹部，主要是马脖处脂肪的混合物。马油含有70%以上的不饱和脂肪酸，25%的必需脂肪酸，以及维生素E和维生素A，其中亚油酸9.81%、α-亚麻酸13.65%，马油的胆固醇含量极低。动物脂肪中与人体脂肪极为接近的只有马油（脂），它的亲和力极佳。马油最大的特点是具有强大的渗透力，能让肌肤快速吸收，并与人体脂肪融为一体，经过血液渗透到皮下组织，有效促进血液循环，加速新陈代谢。马油在我国的应用已经有4000多年的历史，源自中国古代中药药方，作为药用和食品已获得人们的认可，以前大多作为火伤、刀伤、冻伤及按摩使用。马油可促生毛发，预防冻伤、雀斑和手脚冻裂等皮肤疾病，对神经痛、肌肉痛及半身不遂而引起的颜面麻痹也有效。马油可有效清除自由基，抑制黑色素的形成，促进皮肤细胞的再生能力。古代没有护肤品时，马油就被广泛应用于美容领域，被称为"生活必备的万能油"，对各种皮肤性疾病和美容均有疗效。

3. 人工饲养的富含ω-3多不饱和脂肪酸的动物食品

随着对多不饱和脂肪酸营养功能的逐步认识，人们也开始考虑如何从饲养动物中摄取更多的ω-3多不饱和脂肪酸。由于陆地动物含ω-3多不饱和脂肪酸不足，用饲料中添加鱼油或亚麻籽的方法，提高禽蛋、禽肉和家畜肉中ω-3多不饱和脂肪酸的含量，强化动物产品的研究与开发已越来越受到人们的重视。为保障人们能摄取足量的富含ω-3多不饱和脂肪酸的食物，改善食物中缺少ω-3多不饱和脂肪酸的状况，近年来，除了在膳食中增加胡麻油和紫苏籽油等含α-亚麻酸的油脂，补充α-亚麻酸胶囊等增加提供人体缺乏的ω-3多不饱和脂肪酸外，人们已开始用富含ω-3多不饱和脂肪酸的饲料喂养家畜和家禽，以获取富含

ω-3多不饱和脂肪酸的肉类、奶类和蛋类等制品。在某种程度上，可增加人类对ω-3多不饱和脂肪酸的需求，有利于调节机体ω-6和ω-3多不饱和脂肪酸的平衡。

（1）富含ω-3多不饱和脂肪酸的鸡和鸡蛋：在养鸡场中，饲料若缺乏了α-亚麻酸，会使鸡得营养性脑软化症，走路不稳，小脑受损，以致死亡，故必须补充α-亚麻酸。而补充鱼油效果不如补充α-亚麻酸，α-亚麻酸还参与了亚油酸在动物体内的代谢。在肉仔鸡日粮中添加鱼油或亚麻籽可显著提高鸡肉中ω-3多不饱和脂肪酸的含量，而富含ω-3多不饱和脂肪酸的鸡蛋、鸡肉直接影响到鸡的食用价值。只有含有一定量的多不饱和脂肪酸的肉，口感才会鲜嫩，同时又有较高的营养价值。研究发现，鸡肉中的脂肪酸组成可以通过饲料配方的调整而改变。当饲喂强化ω-3多不饱和脂肪酸的饲料15天后，鸡蛋蛋黄、鸡肉、鸡肝及鸡心中DHA和α-亚麻酸的含量开始稳定，而且强化饲料对产蛋鸡的体重、产蛋率及采食量均无不良影响。在母鸡的日常饲料中加入含ω-3多不饱和脂肪酸的鱼油，结果也显示鸡蛋中的ω-6和ω-3多不饱和脂肪酸的比例从25.75：1下降至1.25：1。

目前，富含ω-3多不饱和脂肪酸的保健鸡蛋已经出现，这是通过在饲料中添加胡麻籽和紫苏籽来达成的。ω-3多不饱和脂肪酸可增加2.7~4.1倍，特别是EPA和DHA的含量增加显著。目前在市场上，富含ω-3多不饱和脂肪酸的保健鸡蛋在蛋行业中所占的比例越来越大。人们选择鸡蛋作为ω-3多不饱和脂肪酸的来源，不仅是因为鸡蛋营养价值高、廉价、易于烹饪，更重要的原因是蛋中ω-3多不饱和脂肪酸稳定性好，极易通过饲料的调整而改变。因此，开发富含ω-3多不饱和脂肪酸的功能蛋具有广阔的前景。利用蛋鸡作为生物转化器，通过特殊的饲料配方，经过鸡体的消化、吸收、转换形成的ω-3多不饱和脂肪酸，其分子结构是"卵磷脂+DHA"，完全不同于以往鱼油、藻油乙酯型DHA的"乙醇+DHA"的分子结构。蛋黄卵磷脂型DHA中的卵磷脂可将胆固醇乳化为极细的颗粒，这种微细的乳化胆固醇颗粒可透过血管壁被组织利用，故具有降低血液中的胆固醇浓度及防止胆结石的作用。卵磷脂可促进脂肪酸代谢，因此蛋黄卵磷脂型DHA在人体内吸收方式为主动吸收，具有纯天然、无腥味、营养全以及吸收率接近100%的特点，健脑作用颇强。另外，在蛋鸡饲料中加入鱼粉，可提高蛋黄卵磷脂DHA含量。这种富含ω-3多不饱和脂肪酸的卵磷脂产品，适宜作为婴幼儿食品配方成分，因而在功能食品的强化中起到重要的作用。

（2）富含ω-3多不饱和脂肪酸的猪肉、羊肉、牛肉和牛奶：猪肉及其产品脂肪含量高，尤其是饱和脂肪酸水平较高，且ω-6多不饱和脂肪酸和ω-3多不饱和脂肪酸的比值也高，对人体健康有不良影响。通过改变饲料中的脂肪酸组成可改善猪肉的脂肪酸组成，增加消费者对猪肉的可接受性。实验指出：在生长肥育猪的饲料中添加α-亚麻酸，可促进周围组织胆固醇的合成，而减缓肝脏胆固醇的合成速度并加速肝脏胆固醇的转化进程。在生长肥育猪的物质合成代谢中，转向有利于生长发育的肝脏、肌肉和骨骼等组织，还可提高红细胞膜中ω-3多不饱和脂肪酸的含量，有利于血液循环和猪的健康。在仔猪和生长猪的饲料中添加鱼油，不仅可起到预防疾病和保健的作用，还可以改善猪肉的品质。添加富含ω-3多不饱和脂肪酸的鱼油对仔猪生长、生长猪平均日增重和饲料效率均未见产生负面影响。添加鱼油或鱼粉能提高猪肉中ω-3多不饱和脂肪酸的含量。例如：在猪饲料中添加6%的亚麻籽，在第20、60、100天对猪肉中的脂肪酸进行分析，发现猪肉中ω-6与ω-3多不饱和脂肪酸的比例从7.64、7.34和8.71分别下降到3.90、3.00和3.11。在羊饲料中添加5%的亚麻籽油，对羊肉中的脂肪酸进行分析，ω-6与ω-3多不饱和脂肪酸的比例从4.61:1下降为2.44:1。在日常饲料中，可添加含ω-3多不饱和脂肪酸的鱼油来喂养奶牛等反刍类动物，再加入大豆粉和糖蜜等混合物一起作为奶牛的饲料，以保护ω-3多不饱和脂肪酸免受牛胃中细菌的降解作用。与对照组相比，食用添加保护性鱼油的奶牛维持了正常的产奶量，而且每千克牛奶脂肪中ω-3多不饱和脂肪酸的含量从8.4克提高到36.2克。

（3）富含ω-3多不饱和脂肪酸的鱼肉：目前由于过度捕捞，渔业资源减少，人们开始依赖渔业养殖业来供给水产品。为解决家鱼不如野鱼香的问题，就要从鱼的饲料配方入手，增加饲料中富含α-亚麻酸的成分，如加入亚麻籽和海洋藻类。鱼的生存需要α-亚麻酸。包括鳟鱼、鲤鱼和鲑鱼等，若在养殖时，饲料中没有α-亚麻酸，生长就会停滞，补充α-亚麻酸后才恢复生长发育。

（八）α-亚麻酸的提纯产品——α-亚麻酸乙酯

α-亚麻酸的纯度对于其保健和医疗作用很重要，提高α-亚麻酸的纯度就可以减少产品中饱和脂肪酸等杂质对身体带来的可能危害。由于亚麻籽油的化学本质是混合脂肪酸的甘油三酯，α-亚麻酸与饱和脂肪酸和单不饱和脂肪酸共存于一个甘油三酯分子中，亚麻籽油中α-亚麻酸的纯度最高不会超过60%。饱和脂肪酸可升高体内的甘油三酯和胆固醇含量，减低α-亚麻酸降血脂等的功效。目前，在服用亚麻籽油的少数人群中，已发现因食用亚麻籽油过量而升高血脂、升高血压的现象。由于α-亚麻酸乙酯的抗氧化稳定性大于α-亚麻酸，以α-亚麻酸乙酯形式存在的α-亚麻酸比单纯的α-亚麻酸更利于保存和运输，且α-亚麻酸乙酯没有酸性，对肠胃的刺激性小，故α-亚麻酸乙酯的制备和提纯就成为α-亚麻酸提纯的主要产品。现在凡是自称为60%以上高纯度的α-亚麻酸，其化学结构都是α-亚麻酸乙酯而不是自称的α-亚麻酸。

提纯α-亚麻酸和制备多烯酸乙酯一样，先要将一个甘油三酯分子经酯交换，把一个甘油三酯分子变为三个小分子的各种脂肪酸的乙酯，并游离出来。再利用不同脂肪酸乙酯的物化性质不同进行分离，去除饱和脂肪酸乙酯、单不饱和脂肪酸乙酯、甘油和各种杂质，最后可以制备纯度80%以上的α-亚麻酸乙酯。国内对α-亚麻酸的纯化研究从20世纪90年代开始，至今已有多家实现了工业化。α-亚麻酸乙酯是α-亚麻酸和乙醇结合的产物，与α-亚麻酸有同样的生理功能，可以应用于保健食品和脂代谢失衡所带来的疾病的防治。高含量的α-亚麻酸乙酯产品，不但可以做保健品，有的还获得了国家市场监督管理总局的批准文号。我国2001年批准的蚕蛹油α-亚麻酸乙酯，批准文号为国药准字H20013392。有效成分为以蛹油为原料制备的α-亚麻酸乙酯，含量符合蚕蛹油α-亚麻酸乙酯质量标准要求。批文规定：蚕蛹油α-亚麻酸乙酯可用于高脂血症和慢性肝炎的辅助治疗，抑制血栓的形成，抗动脉网状硬化，提高大脑功能。该项目制备工艺为：先将蚕蛹油毛油酯化，再进行脱胶处理，然后用混合溶剂进行分步包合，最后用专有的真空旋片挥发釜进行真空精馏，有效地进行了α-亚麻酸的分离，并防止α-亚麻酸氧化。产品色泽透亮，气味清淡，最终可得到65%的α-亚麻酸。

1. 亚麻酸乙酯的毒理实验

已有论文对含量为75%的α-亚麻酸乙酯进行了小鼠急性毒性实验（最大耐受量实验）、鼠伤寒沙门菌回复突变实验、骨髓细胞微核实验和遗传毒性的小鼠精子畸形实验。研究表明α-亚麻酸乙酯（75%）属于无毒级，且无遗传毒性作用。急性毒性：α-亚麻酸乙酯最大耐受量大于17.62克/千克体重，属于无毒级物质；遗传毒性：各剂量组回复突变数、微核率、精子畸形率与溶媒对照组比较，差异均无统计学意义，三项遗传毒理实验结果均为阴性，实验显示未见有遗传毒性作用。鼠伤寒沙门菌回复突变实验：因许多致癌物质在哺乳类动物体内经代谢活化才显其作用，故用S9代谢活化系统测定α-亚麻酸乙酯在体内经代谢活化而显示的对菌株的诱变结果。S9代谢活化系统是用诱导的大鼠肝脏匀浆、离心后所得的上清液即为S9上清液，再加入辅酶Ⅱ（NADP）、6-磷酸葡萄糖、K^+/Mg^{2+}等辅助因子组成混合液，从而构成还原型辅酶Ⅱ再生系统。肝S9的成分主要是混合功能氧化酶，大多数化合物在体内经其代谢。用S9代谢活化系统测定各剂量组对四种组氨酸缺陷型鼠伤寒沙门菌菌株的影响，无论是否存在S9代谢活化系统，其结果皆显示，回复突变菌落数与溶媒对照组相近，差异无统计学意义，亦无剂量-反应关系，未超出自发回复突变数的2倍，表明样品在加S9或不加S9的条件下，对4个菌株的诱变结果呈阴性。骨髓细胞微核实验：α-亚麻酸乙酯（75%）

各剂量组的微核率与溶媒对照组比较，差异无统计学意义，表明其小鼠骨髓细胞微核实验结果为阴性。小鼠精子畸形实验：α-亚麻酸乙酯（75%）各剂量组的精子畸形率与溶媒对照组比较，差异均无统计学意义，表明其小鼠精子畸形实验结果为阴性。

2. α-亚麻酸乙酯的制备

美国食品药品监督管理局要求α-亚麻酸乙酯含量要大于75%。因此要保证α-亚麻酸乙酯的保健和治疗功效就要用各种方法提高其纯度，使其和有批文的药品一样，具有降血脂、清理血管垃圾、维持血管弹性和通透性、减少动脉硬化和心血管疾病以及动脉粥状硬化的功能。

提纯的主要目的是去掉饱和脂肪酸乙酯和单不饱和脂肪酸乙酯。这些脂肪酸乙酯虽然彼此相对分子质量接近，物理化学性质也基本相同，但是仔细分析，饱和脂肪酸乙酯、单不饱和脂肪酸乙酯和多不饱和脂肪酸乙酯的沸点、熔点、分子伸展还是有些差别。但用于纯化α-亚麻酸乙酯的方法有很多种，但能够应用到规模化生产的方法只有分子蒸馏法、冷冻结晶法和尿素包埋法。综合使用这些方法，最后可得到大于75%含量的α-亚麻酸乙酯产品。其他方法，如超临界流体萃取法、柱层析法、脂肪酶分离法等，都还处于研究实验阶段，大规模生产，成本难以过关。

（1）α-亚麻酸乙酯的制备原理：首先是用亚麻籽油和乙醇，在酸或碱催化下，进行酯交换反应，生成各种脂肪酸的乙酯，再用物理化学的方法进行提纯。可利用饱和、单不饱和脂肪酸和多不饱和脂肪酸的沸点、熔点、分子伸展的不同（饱和脂肪酸是直线锯齿状，排列紧密；不饱和脂肪酸双键处为顺式，产生一个结，不能紧密排列，分子中双键越多，越不能紧密排列），综合采用分子蒸馏、分步结晶和尿素包合等方法，最后可得到约含80%以上的α-亚麻酸乙酯产品。国内已有多家生产高含量α-亚麻酸乙酯的食品、保健品和膳食补充剂，含量均达到或超过国家市场监督管理总局批准的蚕蛹油α-亚麻酸乙酯的质量标准，只是不是从蚕蛹油中提取的，而是来源于亚麻籽油或紫苏籽油，健康功效应基本相同。

（2）利用沸点不同分离：进行酯交换反应生成各种脂肪酸乙酯和甘油，另外还混合着没反应完的甘油三酯和乙醇。首先利用沸点不同分离，先蒸出低沸点物乙醇和甘油，进行收集，再用高真空的分子蒸馏法蒸出脂肪酸乙酯，未反应的甘油三酯和亚麻籽油中的杂质残留在蒸馏釜中被分离。脂肪酸乙酯由于相对分子质量较大，沸点较高，需用高真空蒸馏蒸出，如硬脂酸乙酯相对分子质量为312.5，沸点为356℃。剩余的未反应完的甘油三酯相对分子质量约为880，沸点约为590℃，与高沸点的色素和催化剂等杂质一起蒸不出而残留，达到除去未酯化油脂和其他杂质的目的。

（3）分子蒸馏法：分子蒸馏法是利用混合脂肪酸乙酯各组分相对分子质量大小和分子平均自由程的差异，使各脂肪酸乙酯在远低于其沸点的温度下精细蒸馏而分离。分子蒸馏法要在极高的真空条件下进行分离（绝对压强1.33 Pa～1.3×10^{-2} Pa），在此压强条件下，要分离的各组分沸点显著降低，组分间的相对挥发度提高，因而可在比常规蒸馏大大降低的蒸馏温度下蒸出。进行分子蒸馏时，饱和脂肪酸和单不饱和脂肪酸乙酯因沸点相对较低首先蒸出，而双键较多的多不饱和脂肪酸乙酯因沸点相对较高最后蒸出。分子蒸馏需要高真空的设备，能耗较高，且对高真空设备的维修要求甚高。

（4）低温冷冻结晶法：低温冷冻结晶法是在低温条件下，根据不同脂肪酸乙酯在有机溶剂中的溶解度和凝固点不同进行分离纯化，又称溶剂分级分离法。高真空蒸出的脂肪酸乙酯是包括饱和脂肪酸、单不饱和脂肪酸和多不饱和脂肪酸的乙酯。不同结构的脂肪酸乙酯在有机溶剂中的溶解度和凝固点不同，可利用析出结晶的温度不同进行分离。低温冷冻结晶法工艺原理简单，操作方便，有效成分不易发生变性反应，但分离纯化效率不高，操作温度要求较苛刻，且有机溶剂回收量大，限制了其大规模应用。

α-亚麻酸乙酯分子结构由于有三个双键，就有三个结节，不易排列整齐而结晶，凝固点低，在溶剂中也不易析出；饱和脂肪酸乙酯没有双键，易排列整齐而结晶，凝固点高，在溶剂中容易析出。根据低温条件下不同物质在同一溶剂中析出温度的差异，降温，则凝固点高的先析出，可用冷冻分步结晶方法进行分离提纯。硬脂酸乙酯的凝固点为35~38℃，油酸乙酯凝固点为-32℃，亚油酸乙酯凝固点为<-32℃，α-亚麻酸乙酯凝固点更低。采用不同时间低温冷冻可以先析出饱和脂肪酸乙酯，得到不饱和脂肪酸乙酯（α-亚麻酸、亚油酸和油酸乙酯）的浓缩油。利用冷冻结晶的方法纯化α-亚麻酸乙酯时，冷冻温度对纯化α-亚麻酸乙酯影响较大，当温度为-30℃时α-亚麻酸乙酯含量达到最高；冷冻时间也是纯化α-亚麻酸乙酯的重要因素，在-20℃温度条件下，20小时为最佳冷冻纯化时间。但各种脂肪酸乙酯结构相似，由于相似者相溶，相互有溶解作用，对低温冷冻结晶法提纯效率有影响，提纯效果有限。

（5）利用分子伸展不同的尿素包合法：尿素包合法分离混合脂肪酸乙酯是基于脂肪酸的不饱和程度不同，进而分子伸展状态不同、排列难易不同而进行的分离。饱和脂肪酸是直线锯齿状，排列紧密易被包合；顺式不饱和脂肪酸双键处会产生一个结节，碳链弯曲，不能紧密排列，不易被包合。尿素分子在结晶过程中，与饱和脂肪酸或单不饱和脂酸形成较稳定的晶体包合物析出；α-亚麻酸乙酯由于双键较多，具有多个结节的空间结构，最不易被尿素形成的六方晶系包合，而继续溶在溶剂中。采用过滤的方法除去饱和脂肪酸乙酯和单不饱和脂肪酸乙酯与尿素形成的包合物，就可得到较高纯度的多不饱和脂肪酸乙酯。尿素与含有四个碳原子以上的直链脂肪酸形成结晶型尿素包合物是以一个直链脂肪酸为轴心，通过尿素分子之间的氢键，绕着这根轴心以右手盘旋上升的方向，将其紧紧包合住，从而形成正六棱柱的包合物。当尿素溶解于乙醇等有机溶剂中，遇到直链脂肪酸或其酯（由于碳碳键反式排列，碳氢链呈锯齿状，可紧密排列）等有机物时，尿素分子之间通过强大的氢键，在有机物分子周围形成宽大的六方晶系，即尿素包合物。尿素对于脂肪酸乙酯的包合能力顺序为：软脂酸乙酯>硬脂酸乙酯>油酸乙酯>亚油酸乙酯＞α-亚麻酸乙酯。尿素分子能够与饱和脂肪酸乙酯或单不饱和脂肪酸乙酯形成较稳定的包合物，在冷冻条件下结晶析出。利用分子伸展不同分离的尿素包合法，是工业化大量生产提纯α-亚麻酸乙酯的理想选择之一。用尿素包合法可得到高纯度的α-亚麻酸乙酯。尿素包合法所需设备简单、操作成本低，然而该法需回收大量溶剂，产品纯度进一步提高也受到一定限制。

（6）超临界二氧化碳流体萃取法：超临界流体萃取法是一种有效的分离技术。超临界流体萃取常常选用二氧化碳（临界温度31.3℃，临界压力7.374MPa）等临界温度低、且化学惰性的物质为萃取剂，特别适用于热敏物质和易氧化物质的分离。超临界二氧化碳流体萃取技术是目前研究较多的分离富集多不饱和脂肪酸乙酯的方法，它的基本原理是通过调节温度和压力，使脂肪酸乙酯各组分在超临界流体中的溶解度发生大幅度变化而达到分离目的。与传统萃取法相比，超临界流体具有良好的近于液体的溶解能力和近于气体的扩散能力，因而萃取效率大大提高。分离α-亚麻酸乙酯的原理是利用各脂肪酸乙酯因碳链长度和不饱和度的不同，在超临界二氧化碳中溶解度不同来进行分离。但超临界流体萃取法的设备属高压设备，投资较大，通常对仪器设备的要求较高，生产代价较高，不利于大规模生产。

（7）硝酸银络合萃取法和柱层析法：硝酸银络合萃取法的原理是硝酸银中的离子能与不饱和脂肪酸的双键通过配位络合形成二络合物，脂肪酸双键数越多，络合作用越强，且能与没有空间位阻的不饱和化合物形成极性络合物。α-亚麻酸中含有三个双键，它们都能与银离子以配位共价键键合，α-亚麻酸会与银离子络合形成很稳定的亲水性络合物而进入水相，而其他饱和脂肪酸和单不饱和脂肪酸则进入有机相，从而使α-亚麻酸得到富集分离。银离子络合法的优点是纯化获得产品的纯度较高，硝酸银溶液可以反复回收利用。但由于硝酸银价格昂贵，且具有光不稳定性和一定腐蚀性，产品中还可能有银离子残留，回收率较低，所以该方法目前只停留在实验室阶段。

应用硝酸银-硅胶柱层析法可以有效克服银离子络合萃取法的上述缺陷。采用一定的方法将银离子固定在吸附剂载体上，不同饱和度的脂肪酸双键数目的差异将造成其与银离子络合作用强弱的不同，从而引起其在吸附剂载体上分配系数的不同，这样即可将不同饱和度的脂肪酸分离。此法的优点是分离度高，获得的产品纯度很高。但缺点是洗脱过程中使用的洗脱剂容易对产品造成二次污染，装置的处理能力有限，分离规模较小，产品产量较低等。目前还不会在生产中使用，可用于极高含量的 α-亚麻酸乙酯标准样品的制备。

（8）脂肪酶分离法：脂肪酶是一类特异性的酯键水解酶，不但可以催化酯的水解反应，还能催化酯的合成和酯交换反应。脂肪酶的选择性催化就可用于富集 ω-3多不饱和脂肪酸。如采用两步酶解法，可将多元不饱和脂肪酸从油脂中水解，并富集在游离脂肪酸中。先筛选出一种对所有脂肪酸都能水解的酶，对富含 ω-3多不饱和脂肪酸的油脂进行水解，再利用酶对不同脂肪酸的选择性酯化对不饱和脂肪酸进行分离。在第一步水解过程中，可采用假单胞菌脂肪酶对油脂中的 ω-3多不饱和脂肪酸进行水解，甘油三酯全被水解成脂肪酸和甘油。第二步为酯化反应，以月桂醇为反应溶剂，以米氏根霉脂肪酶为催化剂，使除DHA以外的脂肪酸优先被酯化，使没被酯化的游离脂肪酸中的DHA含量提升到71.6%。然后再用正己烷对游离脂肪酸进行萃取，再次进行选择酯化，可制得浓度为91%的DHA样品。

还有将脂肪酶法与化学法相结合，分离DHA和EPA的方法。首先选择性醇解，将鱼油经过假单胞菌脂肪酶催化用乙醇进行醇解，DHA和EPA不被醇解，使DHA和EPA富集在甘油酯上。然后经过一次短程蒸馏，没被醇解的DHA和EPA的含量在40%~50%，收率可达88%。然后利用米赫毛霉脂肪酶的选择性进行乙醇醇解，EPA被醇解，对生成的EPA乙酯进行富集，DHA仍在甘油酯上。再一次短程蒸馏将甘油酯与EPA乙酯分离，剩下的富含DHA的甘油酯在南极假丝酵母脂肪酶的催化下进一步用乙醇醇解，得到富集的DHA乙酯。酶法富集虽然有选择性强、反应条件温和、产品质量稳定等优点，但应用于工业的瓶颈主要在于脂肪酶的成本较高。

此外，还有微生物发酵法等分离方法。微生物发酵法具有微生物生长繁殖迅速、生长周期短、代谢活力强、易于培养、生活所占空间小、不受原料和产地限制等优点，现还处于研究阶段。

3. α-亚麻酸乙酯提纯的参照工艺

综合真空蒸馏、低温冷冻结晶法、尿素包合法和分子蒸馏的提纯方法仍然是目前工业化常用的α-亚麻酸纯化精制方法。相对而言，它们具有工艺操作简单、设备投资费用较低等优点。

（1）α-亚麻酸乙酯的制备：将制备α-亚麻酸乙酯的原料亚麻籽油置于反应罐中，加热至75℃，缓慢加入1%的氢氧化钠-乙醇溶液并开动搅拌。反应1小时后，冷却、分层，取上层清液经蒸馏，回收乙醇，下层溶液经洗涤、干燥、过滤，得到黄色澄清透明的产品，即为待用的α-亚麻酸乙酯粗品。经气相色谱分析，粗品中α-亚麻酸乙酯含量应在53%左右。

（2）利用沸点不同的真空蒸馏：可去除比亚麻酸乙酯相对分子质量小和比亚麻酸乙酯相对分子质量大的杂质，可采用薄膜蒸发器进行真空蒸馏。因为化合物沸点与相对分子质量有关，可先蒸出低沸点的水、醇，再真空蒸馏蒸出甘油，温度控制在85～110℃，真空约5 Pa。最后用降膜蒸发器高真空蒸出沸点居中的脂肪酸乙酯，温度控制在150～180℃，真空约1 Pa。高沸点的甘油三酯等相对分子质量大，蒸不出而残留，由此除去高沸点的未酯化油脂和其他杂质。

（3）利用在溶剂中凝固点和溶解度不同的低温冷冻结晶法：要把α-亚麻酸乙酯和亚油酸乙酯、油酸乙酯分开需要对降温速度进行控制，降温速度对α-亚麻酸乙酯的提取率影响较大。为此，纯化操作时可采用梯度降温、冷冻分步结晶方法分离，即慢慢地每冷冻到一定温度后就要停留一段时间。实验发现，在-20℃温度条件下，进行梯度降温、分步冷冻结晶20小时为最佳冷冻纯化的温度和时间。具体的操作如下：将蒸出的脂肪酸乙酯按0℃、4小时，-5℃、4小时，-10℃、4小时，-15℃、4

小时，−20℃、4小时，一共20小时分步冷冻结晶分离。饱和和部分单不饱和脂肪酸乙酯先结晶，沉淀下来，吸出上层清液后快速抽滤，去除析出的饱和脂肪酸酯和部分单不饱和脂肪酸乙酯结晶，得到黄色澄清滤出液，即为进一步纯化了的α-亚麻酸乙酯。但由于相似者相溶，所有亚麻酸乙酯性质相似，α-亚麻酸乙酯里面还溶解有部分不饱和脂肪酸乙酯和少部分饱和脂肪酸乙酯，影响纯度。

（4）利用分子伸展状态不同的尿素包合法：操作时用乙醇为溶剂。具体操作如下：95%乙醇、尿素和粗α-亚麻酸乙酯投料比例为6∶4∶1.5。先将95%乙醇和尿素按比例加入包合罐中，开启搅拌，升温至80～85℃回流至尿素完全溶解，再按比例加入粗α-亚麻酸乙酯，继续搅拌至溶液澄清透明。冷却，分步降温至0℃，结晶温度为0℃，结晶时间为16小时。迅速抽滤，滤出饱和脂肪酸的尿素包合物，α-亚麻酸由于分子有三个双键、三个结节，不易为尿素包合，以滤液方式抽出，滤液用热的饱和食盐水、蒸馏水洗涤至中性。减压蒸去多余的乙醇和水，就可得到高纯度α-亚麻酸乙酯。此步可将α-亚麻酸乙酯的含量提高到80%以上。

（5）分子蒸馏提纯：将提纯后的产物采用分子蒸馏（温度控制在150～180℃，压强控制在0.1～1 Pa）分离，蒸出高纯度α-亚麻酸乙酯，经检测，脂肪酸乙酯含量为100%，其中α-亚麻酸乙酯含量大于80%。

（九）基因工程在脂肪酸去饱和酶基因中的应用

生物体要能自己制造ω-3和ω-6必需脂肪酸，就需要体内有脂肪酸去饱和酶。目前，国内外对高等植物、海洋藻类和低等生物（线虫、真菌等）的脂肪酸去饱和酶基因进行了研究，显示：通过转基因方法向生物体内植入脂肪酸去饱和酶基因，可以有效改变组织中多不饱和脂肪酸的种类和含量，为人类制造具有适合比例的ω-6和ω-3多不饱和脂肪酸的食品带来新途径。在亚麻类植物中可引入三种脂肪酸去饱和酶基因，培育出富含ω-3多不饱和脂肪酸的亚麻籽。只用一汤勺这种转基因亚麻籽油，已差不多能够满足一天内人体对 ω-3 多不饱和脂肪酸的正常需求。

近年来研究表明，在转基因的哺乳动物体外细胞和体内组织，也能够引入有效表达的低等生物去饱和酶基因，在体内将过多的 ω-6 多不饱和脂肪酸或者饱和脂肪酸催化为相应的 ω-3 多不饱和脂肪酸，引导 ω-6 和 ω-3 多不饱和脂肪酸的平衡，从而改变哺乳动物本身无法自主合成必需脂肪酸的状况。总之，将 ω-3 多不饱和脂肪酸去饱和酶的基因转到动物身体中，动物本身将不需依赖从饲料中摄取 ω-3 多不饱和脂肪酸，又可以迅速有效调整机体 ω-6 和 ω-3 多不饱和脂肪酸比例的平衡，持续生产出满足人体需求的富含 ω-3 多不饱和脂肪酸的肉制品、蛋制品和奶制品，这将为畜牧养殖和食品业带来巨大的变革和经济效益。为采用基因工程技术在哺乳动物体内合成 ω-3 多不饱和脂肪酸，有人已实验把线虫的一个基因植入老鼠体内，成功使老鼠的身体组织中 ω-3 多不饱和脂肪酸大量增加。若运用这项技术把该基因移植到各种家禽牲畜，如鸡、猪和牛身上，将可产生出含有大量有益健康的 ω-3 多不饱和脂肪酸的肉类、蛋类和奶类食品。这改变了动物原来不能自主生成 ω-3 多不饱和脂肪酸，而必须依赖食物供应的现实，对哺乳动物（包括人）的健康有着举足轻重的影响。有了这种转基因技术，人们就可以生产出 ω-3 多不饱和脂肪酸含量高的鸡肉、猪肉和牛肉。人们不必非要吃天然富含 ω-3 多不饱和脂肪酸的深海鱼，吃自己喜欢的汉堡包也可以得到和吃深海鱼一样的营养效果。目前，转基因技术还面临着许多现实困难，要实现上述愿景，还有很长的路要走。

（十）ω-3 多不饱和脂肪酸的比较

目前，消费者摄取 ω-3 多不饱和脂肪酸的主要来源是鱼油、藻油和富含 α-亚麻酸的植物油（如亚麻籽油、紫苏籽油和核桃油等）。鱼油有强烈鱼腥味，一般采用胶囊的形式遮蔽，胆固醇含量高，存在有机污染物累积的风险，可能会影响DHA和EPA的品质，且存在过度捕杀、破坏生态平衡和海洋污染等问题。而藻油与鱼油相比，已开始采用生物工程的方法培养，通过人工控制条件，不会受到外界环境的污染，不破坏生态环境，符合生态可持续发展战略。与鱼油DHA相比，藻油DHA更容易被人体吸收及代谢，且生物利用度高，但目前由于技术原因还未大规模工业生产。

比较而言，目前补充ω-3多不饱和脂肪酸更方便、经济的途径还是补充α-亚麻酸。补充足够的α-亚麻酸就可以不断根据身体需要在体内转化成EPA和DHA。亚麻籽油、紫苏籽油及核桃油等来源于植物的油，绿色、健康，可大规模种植生产。α-亚麻酸可以通过食用植物油等方式摄入，相较于DHA和EPA产品来说，α-亚麻酸的摄入更容易普遍推广，作为膳食油脂，正慢慢进入人们的餐桌。富含α-亚麻酸的植物油没有鱼油的腥味，且本身具有清香的气味。从消费者的饮食习惯来说，相比于鱼油和藻油，消费者更趋向于通过食用植物油补充人体所需的ω-3多不饱和脂肪酸。因此，植物来源的α-亚麻酸更会是人体摄入ω-3多不饱和脂肪酸的主要来源。目前市场出现的富含或添加了α-亚麻酸的食品主要有奶粉、植物油、休闲食品和营养粉等，如亚麻籽花生曲奇饼干、α-亚麻酸小杂粮饼、富含多不饱和脂肪酸的香肠、亚麻籽油蚕豆、亚麻酸营养油、α-亚麻酸粉、α-亚麻酸油和孕产妇营养羊奶粉等。与来源于鱼油的DHA和EPA相比，α-亚麻酸应用于食品具有明显的优势。这是因为α-亚麻酸来源植物的籽或仁，如亚麻籽和美藤果仁等，有籽皮或壳包被，使用过程比鱼油更方便，而且不易氧化变质。市售的美藤果保健牛轧糖，是利用美藤果粉、美藤果油、香蕉抗性淀粉和海藻糖等制成，不但耐储存而且具有清除自由基、提高免疫力等多种保健功能。

ω-3多不饱和脂肪酸的健康功效

ω-3多不饱和脂肪酸是人类健康必需营养素，是生命的核心物质之一，是构成人体大脑神经、组织细胞的主要成分，在维持身体的脂代谢平衡过程中起着重要的作用，影响着人类的身体健康和寿命长短。身体一旦缺乏ω-3多不饱和脂肪酸，免疫、心脑血管、生殖及内分泌等系统都会出现异常，导致机体出现血脂代谢紊乱、免疫力降低、健忘、疲劳、视力减退及动脉粥样硬化等症状，还会加速衰老过程。现代医学已发现，有50余种疾病都与缺乏ω-3多不饱和脂肪酸有关，如高血脂、高血压、高血糖、脂肪肝、癌症、肥胖症、血栓性疾病、脑卒中、老年痴呆症、生殖力降低、失眠、便秘及头发脱落等。ω-3多不饱和脂肪酸选择性地进入人的许多重要器官，构成脑磷脂（乙醇胺磷脂）和神经磷脂参与到细胞膜中，改善细胞功能，能使许多疾病的症状得到明显改善，甚至产生治疗作用使一些疾病痊愈。ω-3多不饱和脂肪酸目前已作为药品应用于一些疾病的预防和治疗，在降血脂、改善认知能力、抗衰老等方面的功效已被广泛认可。ω-3多不饱和脂肪酸在婴幼儿生长发育、预防老年痴呆症、消解沮丧情绪、培养心智健康等方面也有着不可低估的作用。ω-3多不饱和脂肪酸作为重要的生物调节剂，对细胞膜受体活性、细胞膜的结构和功能有重要的影响，其健康功效的研究范围也在不断扩大。目前，已经登记且正在进行的利用ω-3多不饱和脂肪酸治疗的临床研究至少有27个，治疗范围包括心血管病（心肌梗死、房颤、周围血管病）、糖尿病、C型肝炎、IgA肾病及高脂血症等。

（一）ω-3多不饱和脂肪酸对认知功能的影响

人的大脑78%是水分，10%是脂类，蛋白质只占8%，糖只占1%，其他无机盐有机质只占3%。比较人体各组织器官内的脂肪比例会发现，脑内的脂肪占比最高，且脑内脂肪中的脂肪酸是更为复杂的多不饱和脂肪酸。DHA是大脑、视网膜和神经细胞膜的重要组成部分，在脊椎动物大脑的功能中起着重要作用，是维持大脑正常活动的重要脂肪酸，对婴幼儿智力和视力的发育有重要作用，可以增强人的思维能力、记忆能力和应激能力。DHA在脑神经细胞中大量积存，是大脑形成和智力开发的必需物质。它不但能促进脑内核酸（DNA和RNA）及新蛋白的合成，而且对恢复神经细胞的功能、提高智力有着显著作用。以DHA为代表的ω-3多不饱和脂肪酸有益于大脑健康和智力提高，可抗击神经系统疾病，是维持大脑和神经的机能所必需的因子，对大脑认知功能的维持与发展也起着独特的作用。人体一旦长期缺乏DHA，将会导致脑器官、视觉器官的功能衰退和老年痴呆症。食物中提供足够的ω-3多不饱和脂肪酸可以保持神经细胞结构的完整性。DHA可以防止神经细胞死亡及促进受伤神经细胞的修复与再生，对于脑神经元、神经胶质细胞和神经传导突触的形成、生长、增殖、分化、成熟以及神经传导网络的形成具有重要的作用。食物中缺乏充足的DHA、EPA和其前体α-亚麻酸，神经膜的构成会发生变化，从而影响智力和视觉敏锐度。在体内α-亚麻酸可以根据身体需要转变成EPA和DHA，儿童尤其是婴幼儿如果不能及时补充α-亚麻酸会导致发育迟缓、智力低下等；青少年如果缺乏α-亚麻酸，也会严重影响智力正常发育。动物脑中含有许多ω-3多不饱和脂肪酸，在人体内不用复杂加工就可利用，因此"吃脑补脑"是有一定道理的，但要注意动物脑中还有胆固醇，不能大量食用，而多食含胆固醇低的、含ω-3多不饱和脂肪酸较高的鱼和虾等水产品效果会更好，作为健脑产品鱼比肉要好。

1. ω-3多不饱和脂肪酸是大脑形成和智力开发的必需营养素

神经细胞又称神经元，是组成神经系统的最基本成分。人的大脑约有1000亿个神经元，这是大脑具有复杂功能及智慧的基础。以DHA为代表的ω-3多不饱和脂肪酸广泛分布于哺乳动物的脑组织和神经系统之中，是大脑神经元的重要组成成分之一，约占大脑固体干物质总质量的50%，对维持脑神经正常的结构和功能有着不可或缺的作用。神经元的构建、分支，突触的形成，胶质细胞形成的屏障，细胞膜的流动性和膜电位的维持，都离不开ω-3多不饱和脂肪酸。DHA在大脑中主要是以磷脂的形式存在，含DHA的卵磷脂约占大脑磷脂的20%~30%，因此直接补充富含DHA的卵磷脂对健脑大有益处。以DHA为代表的ω-3多不饱和脂肪酸参与脑神经细胞膜的构成，增加中枢神经系统的功能。DHA与胆碱、磷脂等构成大脑皮层皮质神经细胞膜，是脑细胞储存和处理信息的重要物质基础，对脑细胞的分裂、神经传导等有着极为重要的作用。DHA参与脑细胞的形成和发育，维持神经细胞的正常生理活动，参与大脑思维和记忆形成过程。ω-3多不饱和脂肪酸的存在可以保持神经细胞结构的完整性，对神经细胞轴突的延伸和新突起的形成、维持神经细胞的正常生理活动都有重要作用。

神经的生长需要ω-3多不饱和脂肪酸作为原料，神经和神经元还需要ω-3多不饱和脂肪酸来提供能量。ω-3多不饱和脂肪酸的存在可以调节各种离子及多种神经递质的传递过程，同时能够降低神经元氧化应激水平和凋亡水平。人体缺乏DHA将导致大脑灰白质发育不良，视神经传导速度降低，免疫力降低，引起健忘、疲劳、视力减退、人体脂质代谢紊乱。用大鼠做实验，连续两代饲料中均不含ω-3多不饱和脂肪酸，用迷宫实验测试，发现第二代大鼠的智力出现问题。

DHA及其代谢产物可防止神经细胞死亡及促进受伤神经细胞的修复与再生。若大脑血管组织及神经中DHA供给不足，便会由其他种类脂肪酸代替，使得细胞膜的流动性降低，突触和树突的功能受损，细胞膜上的受体不能正常发挥作用，神经细胞内外神经递质浓度造成紊乱，从而对脑功能产生严重影响。大部分神经系统疾病皆是由脑部化学作用的失衡或神经细胞的死亡损失造成的，而这与ω-3多不饱和脂肪酸的含量密切相关。当ω-3多不饱和脂肪酸选择性地渗入大脑皮质和视网膜中，成为神经元细胞膜的磷脂分子中的脂肪酸部分，使细胞膜呈液晶态，流动性更好，将能更好地使大脑皮质和视网膜发挥作用。

2. 改善大脑掌管学习的海马功能

ω-3多不饱和脂肪酸在大脑的海马细胞中占25%，可促进主要负责记忆和学习的海马区的神经发生及长时程电位的形成，改善大脑海马区神经的功能。神经元都有树枝样的突起，称为树突，与其他多个神经元形成突触，学习和训练可以增加神经突触的数目和功能。DHA等ω-3不饱和脂肪酸参与构建这些神经元的细胞膜和突触，能促进海马神经元存活，显著增加突触的数量和长度，使突触的密度增大，形成更多神经元网络，完善海马区神经元之间的相互联系，以此更好地储存记忆，完成记忆过程，对维持正常的认知功能有着重要的作用。神经元可形成多个突触，甚至一个神经元可形成上千个突触。构成这些突触和细胞膜，离不开ω-3多不饱和脂肪酸。DHA含量异常丰富是神经突触的一个显著特征。

海马可分为海马回和齿状回两个部分，海马回主要由锥体神经元构成，齿状回则主要由颗粒神经元构成。神经发生是齿状回终生保持生成新神经元的能力。ω-3多不饱和脂肪酸与海马神经区的神经发生密切相关，也与大脑的海马结构、学习能力、记忆和情感等密切相关，海马神经发生可能有助于这些功能的维持与发展。成熟的神经发生与空间学习行为的改善是密切相关的，成年人的海马神经发生可能受到了DHA等ω-3多不饱和脂肪酸的调节。有研究表明，老年大鼠按每千克体重每天摄入300毫克DHA能够增加大鼠海马的神经发生；适当比例的DHA和花生四烯酸，具有促进体外培养的海马神经细胞生长发育的作用，可使海马神经细胞的活力、胞体面积、最大长径、最大短径以及平均突起长度均增加，而缺乏ω-3多不饱和脂肪酸则导致大脑一些区域的神经元细胞尺寸减小。

3. 在神经递质的传递过程中起着重要的作用

脑部各种信息的传递依靠神经细胞的外膜交换信号，参与的神经细胞数量的多少决定了交换的快慢，交换的快慢决定了我们外在反应时间的长短，以及情绪表达、记忆和想象等认知功能的强弱。神经细胞的特点是有兴奋性，膜内为负电荷，膜外为正电荷，膜内外有电位差，到达一定程度产生电脉冲，当电脉冲到达时神经递质会释放出来，作用于突触的受体，将信息传递下去。ω-3多不饱和脂肪酸能促进脑内核酸、蛋白质及单胺类神经递质的合成，可以增加神经递质乙酰胆碱的分泌，产生副交感神经兴奋效应。DHA等ω-3多不饱和脂肪酸作为脑神经细胞膜的重要组成，可以激活神经递质，促进神经递质的传递，且能够调节多种神经递质的传递过程，使神经系统信息传递和处理速度大大加快。ω-3多不饱和脂肪酸在哺乳动物的大脑神经细胞膜（尤其是突触部分）的磷脂层中含量丰富，对神经细胞内外各种离子及神经递质的传递都起着十分重要的作用。

4. 帮助改善提升记忆力，促进人体生长、发育

DHA是大脑的主要结构性脂肪，占脑部ω-3多不饱和脂肪酸的97%。目前有多项研究表明，健康的年轻人多摄取ω-3多不饱和脂肪酸，可帮助改善、提升记忆力。有研究发现，让18~25岁健康的年轻人

服用ω-3多不饱和脂肪酸膳食补充剂，增加他们每天ω-3多不饱和脂肪酸的摄取量，持续6个月，他们血液中的ω-3多不饱和脂肪酸浓度越高，工作记忆改善幅度也越大。有人研究给健康的成年人每天每人服用1.16克的DHA，6个月后应用计算机技术测试智能表现，结果发现服用DHA的女性，其情景记忆能力明显进步，而男性则是工作能力提升20%。此外，用老鼠进行实验，依次给老鼠喂养鲣鱼油、紫苏籽油和红花籽油，结果表明这些老鼠的记忆力得到改善；在测试老鼠学习能力的实验中，喂食DHA的老鼠学习能力改善得最好。但是，研究也发现喂食DHA的量与学习记忆力的增强并不成正比，大剂量的DHA并不能使记忆力增强得更好，DHA增强记忆力的作用也不会随着使用时间的延长而增强。

ω-3多不饱和脂肪酸的摄入量还严重影响人体的体格发育、视力发育及智力发育。当DHA缺乏时，可引发生长发育迟缓、皮肤异常鳞屑、智力障碍、免疫力低下甚至癌变等一系列症状。对于儿童，DHA有助于脑神经细胞间突触联系的增加；对于老人，DHA则有助于延缓大脑萎缩、改善记忆力减退。α-亚麻酸在体内可根据需要生成EPA和DHA，因此也影响着人体的体格发育、视力发育及智力发育。

5. 对于胎儿、婴儿的初期发育十分重要

大脑中约一半DHA是在出生前积累的，一半是在出生后积累的。DHA是婴幼儿神经细胞发育过程中重要的营养成分，与婴幼儿成长过程中的反应灵敏程度有很大关系。胎儿期和婴幼儿时期神经细胞突触的生长发育速度快，神经细胞的可塑性强，补充ω-3多不饱和脂肪酸则更加重要。DHA从人的妊娠第26周开始在胎儿大脑中积累，到妊娠的第40周，DHA在中枢神经系统的神经细胞中蓄积，神经元每分钟增加25万个。出生后神经元数目基本固定，但脑还在长大，增加的部分主要是神经胶质细胞、神经元的分支和神经突触。因此从妊娠第26周就应该开始有意识地补充DHA。DHA在胎儿大脑发育、运动技能发育、婴儿视觉敏锐性、脂质代谢和认知方面都起着重要的作用。DHA能优化胎儿大脑锥体细胞的磷脂的构成成分，尤其在胎儿满5个月后，如有意识地对胎儿的听觉、视觉、触觉进行刺激，会促使胎儿大脑皮层感觉中枢的神经元增长更多的树突。经胎盘进入胎儿脑部的DHA可供胎儿脑细胞分裂所需，健全胎儿脑细胞。若胎儿DHA补充不足，可导致其脑细胞的生长与发育不正常，产生弱智；胎儿严重缺乏DHA可导致其无法正常进行由自身中枢神经系统控制的代谢。胎儿或新生儿体内DHA水平与母亲血浆DHA水平密切相关，胎儿自身并不能合成DHA，必须通过胎盘从母体中获得，并较高浓度地聚集在发育的脑、视网膜组织和线粒体中。孕妇一旦缺乏ω-3多不饱和脂肪酸，即会引起机体脂质代谢紊乱，导致免疫力降低、健忘、疲劳、视力减退、动脉粥样硬化等症状的发生。母体内的胎儿若不能获得足量的ω-3多不饱和脂肪酸，还会造成早产和异常低体重儿的发生。早产儿缩短了DHA在大脑中的继续累积过程，再加上体内去饱和酶活性低下，所以早产儿脑组织中DHA的量比足月儿少得多。有资料显示，胎儿在孕末期需日平均补充50～60毫克的DHA。若母亲从孕期第18周开始直到产后3个月，持续补充高水平的DHA，则发现小孩在4岁时智力测试分数得到提升。另外在怀孕前期也应补充α-亚麻酸等ω-3多不饱和脂肪酸，α-亚麻酸具有明显的抗氧化作用，可通过降低氧化应激水平，促进卵母细胞体外成熟，提高胚胎发育潜能。

胎儿大脑的发育初期必须获得足够的ω-3多不饱和脂肪酸，婴幼儿的发育也需要补充足够的ω-3多不饱和脂肪酸，以保证大脑发育的需要。婴儿的大脑质量在孕期后3个月和出生后的前3年增长很快，DHA呈现爆发式的增长，被称为脑发育极期。在这段时间内大脑质量大约从125克增长到375克，大脑中的DHA增加了3～5倍。在婴儿出生后的12周内大脑质量和大脑中的DHA会增加同样的倍数，此阶段大脑神经元的增殖和迁移已经完成，正在进行大脑神经元轴突、树突生成，突触形成，以及髓鞘和神经胶质细胞的增殖分化。小孩在2～3岁前，突触急速增加，每个细胞约有15000个突触，比成人多出很多，再加上髓鞘的形成80%需要脂质来源，此阶段对DHA需求量极大。高质量的DHA可有效促进中枢神经系统的发育及突触与髓鞘的生成，DHA是神经元髓鞘生成所必需的脂肪酸，可使传导速度增加，可增强婴幼儿的反应灵敏性和准确性，减少婴幼儿时期神经发育障碍，如多动症等。

哺乳期的妇女补充ω-3多不饱和脂肪酸十分重要。由于母乳中富含的DHA对婴儿的神经发育起到了重要作用，母乳喂养成长的儿童的智力显著高于非母乳喂养成长的儿童的智力，婴儿膳食中母乳的比例与长大后的智力间存在一定的关系。哺乳期的妇女每日需补充200毫克的DHA，避免自身体内DHA水平下降，才能保证婴儿可以通过母乳获取足够量的DHA。同未补充DHA的哺乳期妇女相比，补充DHA的妈妈，她们孩子的视觉和语言发展指数明显要高。婴幼儿对ω-3多不饱和脂肪酸（特别是DHA）摄入量的明显不足，会导致婴幼儿认知功能障碍发生的风险显著提升，因此出生后注意DHA的补充对婴幼儿神经系统的发育和认知功能的完善有着重要的意义。不能忽视的是，不但胎儿需要补充ω-3多不饱和脂肪酸，母亲也需适量补充ω-3多不饱和脂肪酸，否则母亲在产下婴儿后，很可能由于缺少ω-3多不饱和脂肪酸而使脑部神经细胞功能异常，出现抑郁症，常被称作"产后抑郁症"。

在婴儿出生后6个月时补充DHA应达到较高浓度，并持续增加至出生后3年。为此已有婴幼儿DHA强化配方奶粉出现。当用比值为1.5∶1的花生四烯酸和DHA强化配方奶粉喂养早产儿时，发现对早产儿的生长、大脑和视网膜的发育都很有帮助，可以使早产儿达到与母乳喂养早产儿相近的身长、质量和头围，以及相近水平的认知功能和视功能。作为孕妇、哺乳期妇女脑营养补充产品，一定要遵循DHA与EPA比例在5∶1以上为佳。

改善婴幼儿ω-3多不饱和脂肪酸水平的益处已得到了广泛认同。DHA是人的发育及成长期必不可少的健脑物质，肝脏是α-亚麻酸合成DHA的主要器官，饮食来源的α-亚麻酸进入肝脏后可在去饱和酶和链延长酶的作用下转化为DHA，然后释放入血供脑组织等利用。但当α-亚麻酸不能完全满足脑的需求时，婴幼儿还需要从膳食中再补充一些现成的DHA。蛋黄含有婴儿大脑和神经系统发育必需的DHA、胆碱、卵磷脂及多种微量元素，因此是婴儿在母乳外的重要营养食物。根据婴幼儿的相关营养研究，0～3岁婴幼儿摄入 ω-3多不饱和脂肪酸可以促进免疫系统成熟，避免过敏，增加出生体重及身高，促进大脑及视力发育，降低脑瘫风险和提高婴儿智力水平。ω-3多不饱和脂肪酸还可以使婴幼儿有良好的视力及动作协调能力，改善哮喘症状和与肠外营养相关的肝脏损伤。

2017年3月2日，在重庆召开的"第四届 ω-3与人类健康国际论坛"上，参会的汤姆·布莱纳教授以自身经历生动地阐释 ω-3多不饱和脂肪酸的重要性，他说："我之所以钻研 ω-3多不饱和脂肪酸，起因于27年前，我太太怀孕不足6个月生了一对早产儿，儿子出生体重1千克，女儿仅500多克。两个孩子一出生就在重症监护室待了3个多月。当时我疯狂地查阅资料，了解到 ω-3多不饱和脂肪酸可促进大脑发育，于是我千方百计地给母子补充 ω-3多不饱和脂肪酸。现在，儿子、女儿都取得硕士学位，一个是工程师，一个是医生。ω-3多不饱和脂肪酸也成了我终生研究的科学。"

6. 可提高儿童智力

美国FDA研究证明，缺乏 α-亚麻酸将导致儿童大脑发育迟缓，注意力不能集中，直接导致智力发育迟缓、动作不协调、多动症、肥胖、厌食、发育缓慢及免疫力低下等30多种症状和疾病。牛津大学的一项观察性研究指出，英国儿童认知表现和行为不佳与血液中 ω-3多不饱和脂肪酸含量偏低有关，学龄儿童应增加 ω-3多不饱和脂肪酸的日摄入量。已有研究者使用各种量表对学习、记忆存在问题的儿童进行评估，比较他们与正常儿童的认知功能及血浆中各种 ω-3多不饱和脂肪酸含量方面的差异，以此来探寻认知功能与 ω-3多不饱和脂肪酸之间的关联。对50名学习困难儿童的研究结果发现，学习困难组儿童摄入DHA和EPA的量远低于正常儿童组，血浆中DHA、α-亚麻酸含量与言语智力及领悟能力呈正相关。另有研究发现，存在语言学习障碍的孤独症儿童与正常儿童相比，血浆中DHA和总 ω-3多不饱和脂肪酸含量均偏低，孤独症组儿童的学习、记忆等认知功能与血浆 α -亚麻酸、DHA及总 ω -3多不饱和脂肪酸的水平呈现正相关性。如果日常饮食中缺少DHA，会导致儿童（尤其是婴幼儿）的学习能力下降，同时患神经系统疾病的概率也较高。据调查，日本儿童智能指数高于欧美儿童，其原因是他们食海鱼量多，与摄取的DHA量相应增多有密切关系。

有研究发现，血液中 ω -3多不饱和脂肪酸，尤其是DHA的浓度越高的人，阅读能力和记忆表现越佳，在膳食中增加 ω -3多不饱和脂肪酸的摄入量，对身体健康但学习表现不佳的7～9岁儿童有益。对确诊为多动症的学龄儿童每天给予补充DHA 300毫克，并坚持2个月，发现患儿注意力障碍的严重程度明显降低，上课时多动行为减少，记忆力和学习成绩有一定的提高。在补充 ω -3多不饱和脂肪酸，尤其是补充DHA，与减少觉醒次数和延长睡眠持续时间相关的研究中，一组儿童在服用此类补充剂后，觉醒次数减少7次，每晚睡眠时间延长58分钟。许多学龄儿童经常熬夜学习，导致睡眠不足，因此补充DHA对儿童大脑发育尤为重要。

7. 促进神经细胞修复与再生、保护神经细胞的健康

ω -3多不饱和脂肪酸对脑神经维持正常的结构和功能有着不可或缺的作用，可抗击神经系统疾病。在利用 ω -3多不饱和脂肪酸对抑郁症治疗时发现， ω -3多不饱和脂肪酸的摄入量与许多神经系统疾病的发病风险呈负相关，如可抑制癫狂、抑郁症、精神分裂症、老年痴呆症、帕金森病、多动症等多种神经系统疾病的发生与发展。 ω -3多不饱和脂肪酸对这些神经系统疾病都有预防和治疗作用，它可以增加神经递质乙酰胆碱分泌，产生副交感神经兴奋效应，可以明显改善抑郁症病人的症状，防止神经细胞死亡，促进神经细胞修复与再生，保护神经细胞的健康。每人每天服用DHA、EPA各300毫克就会有抗抑郁、改善认知的效果。ω -3多不饱和脂肪酸则可以促进神经介质的传递，避免脑部化学作用的失衡。DHA在脑神经细胞中大量集存，是大脑形成和智力开发的必需营养素。

ω -3多不饱和脂肪酸还可以抑制炎症的发生，从而保护神经细胞的

健康。在炎症、毒素等致病因子的不断刺激下，神经细胞可能受到"内伤"，出现功能异常。DHA能够对抗大脑缺血后的炎症反应及损伤，有效保护大脑功能。

8.抗击阿尔茨海默病等神经系统疾病

阿尔茨海默病（AD）亦即我们现在习称的老年痴呆症，是一组以进行性认知功能下降为特征的神经退行性病变，是痴呆的最常见类型。该病目前还无法完全治愈，该病的关键在于预防。通过预防性策略，如饮食或者生活方式的改变，可以降低阿尔茨海默病的发病风险。初步研究表明，ω-3多不饱和脂肪酸的日常摄入可能会降低阿尔茨海默病的患病风险，有效地改善轻度阿尔茨海默病患者的认知功能，但是对中重度阿尔茨海默病患者还缺乏疗效。可能的原因是，中重度阿尔茨海默病患者的大脑神经元及结构已经发生了不可逆的改变。

流行病学研究显示，阿尔茨海默病的发病风险与DHA的摄入量呈负相关，但目前相关研究还停留在动物实验阶段。用一种能够在体内将ω-6多不饱和脂肪酸转换为ω-3多不饱和脂肪酸的转基因大鼠做实验，并使其患上阿尔茨海默病。在饲喂完全不含ω-3多不饱和脂肪酸的饮食条件下，这种转基因大鼠脑内DHA的含量比患有阿尔茨海默病大鼠脑内DHA的含量更丰富，能较强地对抗阿尔茨海默病相关的神经病理学改变，改善其认知功能。ω-3多不饱和脂肪酸可以对抗神经细胞内淀粉样蛋白的毒性作用，抑制脑神经血管的炎症反应，阻滞神经细胞异常凋亡，促进多种神经营养因子的形成，从而达到保护神经结构、改善神经细胞功能的效果。

同时应用ω-3多不饱和脂肪酸和维生素D_3可增进阿尔茨海默病患者的免疫功能，具有防治阿尔茨海默病的作用，有助于清除大脑细胞和突起中的异常沉淀物，如β-淀粉样物质、糖化蛋白质和坏死的细胞等。研究表明，阿尔茨海默病患者的巨噬细胞表面有两种炎症基因异常，这两种基因的表达可能异常增高或降低，同时应用维生素D_3和DHA会使这两种炎症基因的表达恢复正常。

9. 改善抑郁症状和认知功能损害

DHA有益于大脑健康和智力提高，可抗击神经系统疾病，是维持大脑和神经的机能所必需的因子。抑郁症患者常伴有认知功能障碍，是患者即使处于缓解期仍不能恢复正常社会功能的主要原因，因此改善抑郁症状必须同时改善认知功能损害。研究发现，ω-3多不饱和脂肪酸能改善慢性轻度应激模型大鼠的类抑郁行为，并能对控制模型大鼠的转运蛋白、信号转导通路、离子通道、免疫等基因以及一些功能未明的基因起调节作用。对66名轻中度抑郁的老年患者（年龄≥65岁）进行干预的实验结果表明，补充DHA、EPA每天各300毫克，在抗抑郁的同时，也有改善认知功能的效果。

抑郁症还是冠心病患者中常见的并发症，也是精神科疾病中的常见病和多发病。许多研究表明，冠心病患者患抑郁症的发生率为15%～30%，而且抑郁可影响冠心病的预后效果。抑郁症状与认知障碍可以影响冠心病患者的心脏康复，增加冠心病患者死亡的风险。有研究报道，ω-3多不饱和脂肪酸膳食补充剂是一种理想的冠心病和抗抑郁治疗药物，还能显著改善非抑郁患者的言语记忆功能。在应用ω-3多不饱和脂肪酸治疗抑郁症时发现，ω-3多不饱和脂肪酸还能明显改善抑郁症病人的肠道功能。

10. 对抗垃圾食物对大脑的损害

垃圾食物主要指过度精制的碳水化合物和饱和脂肪酸等，这些食物可引起肥胖症和大脑神经细胞的损害。补充深海鱼油，可对抗垃圾食物的毒性作用，有助于防止垃圾食物对大脑的损害，甚至可以逆转这些损害，可以见到受损部位神经细胞再生。当大脑DHA含量不足时，由花生四烯酸代谢生成的ω-6多不饱和脂肪酸中的二十二碳五烯酸，即可取代磷脂酰丝氨酸中的DHA，造成神经细胞的损伤。

11. 对缺血性中风认知能力的改善

缺血性中风是指由脑血栓导致的脑动脉堵塞或缺血性脑卒中引发的偏瘫和意识、行为障碍，是导致患者长期或终身残疾的一种神经性疾病。对缺血性中风小鼠进行转棒实验、爬杆实验和水迷宫实验并测定了α-亚麻酸的作用，结果发现，α-亚麻酸能够明显改善缺血性中风小鼠的空间学习和记忆能力。这种认知能力的改善与海马神经元细胞的存活率提高有关，而口服α-亚麻酸比静脉注射α-亚麻酸对小鼠缺血性中风的治疗效果更好。

　　总之，ω-3多不饱和脂肪酸在大脑的生长发育、功能成熟和衰老进程中起着重要的作用。在婴幼儿期，ω-3多不饱和脂肪酸可促进大脑的生长发育；在成年期，ω-3多不饱和脂肪酸可维持大脑的正常功能；在老年期，ω-3多不饱和脂肪酸可延缓大脑的衰老。目前全球神经系统疾病的发病率已经超过了心血管疾病和癌症的发病率，迫切需要开发一种新的、安全有效的预防和治疗方法，而补充ω-3多不饱和脂肪酸就是一种值得注意的方法。

（二）ω-3多不饱和脂肪酸可改善视力

　　人类大脑所获得的信息，其中有60%来自视觉，因此，视觉的功能直接影响着儿童的反应能力、空间知觉和知觉速度。DHA在视网膜光受体中十分丰富，在视神经细胞及视网膜组织中的含量高达40%~47%。DHA缺乏时视觉功能受损，表现为视敏度发育迟缓，对光信号刺激的注视时间延长，从而影响婴儿的反应能力和观察能力。在视网膜上有感受弱光的视杆细胞和感受强光的视锥细胞，DHA在这两种细胞中的含量都很高，是视网膜的重要组成部分。DHA主要出现在与感光器视紫红质一起定位的感光器外膜的磷脂中，在由视黄醛和视蛋白结合而成的视紫红质的再生过程中起着重要的作用。DHA是维持视紫红质的正常功能所必需的，对促进视网膜组织的发育、视功能的发展和改善视敏锐性都具有重要作用。DHA可以明显改善视网膜病，阻止病情发展。缺乏ω-3多不饱和脂肪酸易发生眼干燥症、视网膜色素变性、青光眼和早产儿视网膜病变，还会导致儿童视网膜发育迟缓。补充ω-3多不饱和脂肪酸可以缓解和预防这些眼部疾病，对糖尿病所致的视网膜病变也有一定的防治作用。人体内视网膜光感受器外层片段的磷脂中需要高含量的DHA，如果日常饮食中DHA补充不足，视网膜组织中DHA含量下降，便会由其他种类脂肪酸代替，使得细胞膜的流动性降低，突触和树突的功能受损，细胞膜上的受体不能正常发挥作用，神经细胞内外神经递质浓度产生紊乱，将可能导致视力下降，视网膜反射能恢复时间延长，产生弱视、近视或其他更为严重的视力缺陷。ω-3多不饱和脂肪酸对光刺激传递十分重要，可活化衰落的视网膜细胞，对老花眼、视力模糊、青光眼、白内障等有防治作用。正常视觉的维持也需要DHA，DHA可以明显提高视觉反应速度。

1. 减轻眼干燥症症状

眼干燥症是由于眼泪的数量不足或者质量差，导致眼部干燥的综合征，严重影响患者的日常生活，如看书、开车等。ω-3多不饱和脂肪酸对眼干燥症有预防和减轻症状的作用。多组实验证明了口服ω-3多不饱和脂肪酸膳食补充剂是一种有效减轻眼干燥症症状的方法。对于接受白内障手术后出现新发眼干燥症的患者，当其接受常规治疗时，若额外接受了ω-3多不饱和脂肪酸膳食补充的治疗，眼干燥症症状可明显减轻。口服ω-3多不饱和脂肪酸是治疗眼干燥症的有效方法。

另一种眼干燥症是电脑视觉综合征。由于人们长时间对着手机、电脑，眨眼的频率随着时间的延长逐渐减少，产生头痛，眼睛刺痛、干涩、疲倦、红肿发炎、视力模糊、近视或散光度数加深等症状。大部分电脑视觉综合征患者所表现的症状就是眼干燥症。虽然这种综合征的产生不是由于缺乏ω-3多不饱和脂肪酸，但可以通过补充ω-3多不饱和脂肪酸减轻症状。若患者每天吃含有ω-3多不饱和脂肪酸的胶囊，可减轻眼干燥症症状、降低泪液蒸发率，减轻由电脑视觉综合征引起的眼干燥症。

2. 减缓视网膜色素变性

视网膜色素变性是一组以进行性感光细胞及色素上皮的功能丧失为共同表现的遗传性退行性疾病，感光细胞的变性和凋亡是视力持续性下降并最终失明的原因。其中临床上常见的是老年人易患的黄斑病变，会引起老年人失明。病理生理研究结果表明，炎症因子的表达、氧化应激是影响黄斑病变的主要原因。食物中摄取的ω-3多不饱和脂肪酸减少会增加黄斑病变的风险。研究发现，适量ω-3多不饱和脂肪酸补充剂的摄入会在视网膜中产生大量EPA，且不影响视紫红质的含量。此外，ω-3多不饱和脂肪酸能保护视网膜免受因光线引起的氧化应激，对减缓某些视网膜病变有益。

3. 对治疗青光眼有益

青光眼发病时眼内压间断或持续性升高的水平超过眼球所能耐受的程度，从而给眼球各部分组织和视功能带来损害，导致视神经萎缩、视野缩小、视力减退，最终会导致失明。青光眼发病迅速、危害性大，急性发作24～48小时即可完全失明。青光眼可双眼同时发病或一眼起病，继发双眼失明。目前青光眼治疗的标准方法是降低眼内压。眼内压是由体液生产和流出之间的平衡所决定的，通过ω-3多不饱和脂肪酸代谢的前列腺素产物影响体液流出的确切机制。前列腺素通过对睫状肌松弛和细胞外基质重建的直接影响，来降低眼内压。研究表明，ω-6多不饱和脂肪酸与ω-3多不饱和脂肪酸的摄入比例与患青光眼的风险直接相关，摄入比例过高会增加患原发性开角型青光眼的风险，尤其是高张力的原发性开角型青光眼，但具体的比例尚不明确。ω-3多不饱和脂肪酸能够降低实验动物的眼内压，是治疗人类青光眼的潜在保护性化合物。血管因素也是青光眼发病机制中另一个重要的危险因素，眼部血流量受损和血液黏度升高也能导致青光眼产生。ω-3多不饱和脂肪酸具有增强细胞膜流动性、降低血小板聚集和降低血清胆固醇浓度的能力，因此对治疗青光眼有好处。

4. 对胎儿及婴幼儿视力的保健作用

胎儿在母体中的最后3个月，其视网膜中磷脂酰乙醇胺的DHA逐渐增加，使孕后期视网膜光感受器迅速发育。如果此时视网膜细胞中DHA积累不足，会导致视网膜电流波图改变及视神经灵敏度下降。婴幼儿和青少年如果缺乏DHA，就会严重影响智力和视力的发育。特别是早产儿和生长发育缓慢的儿童，更易因缺乏DHA而导致视觉障碍、认知缺陷及中枢神经系统出血。要使婴幼儿视觉发育成熟得早一些，食物中应该添加DHA。有研究显示，162名非早产儿摄入含DHA的配方乳，1年后视力有一定程度的提升；还有报道称，在食品中给婴儿补充DHA 52个星期后，他们的视觉明显比未进食DHA的健康婴儿灵敏。当乳母膳食中DHA的量每天大于160毫克时，可促进其母乳喂养的婴儿视网膜发育，而小于80毫克时，婴儿视网膜电图多项指标明显降低。因此，世界卫生组织建议，哺乳期妇女的DHA需要量为每天300毫克，婴幼儿为每天100毫克。但是也要注意在增补DHA时不可过量，否则可致神经过度兴奋，最好用一部分α-亚麻酸代替，因为α-亚麻酸可根据身体需要在体内转化成DHA。

5. 对青少年联合使用ω-3多不饱和脂肪酸和叶黄素可促进视力改善

以口服ω-3多不饱和脂肪酸进行干预可以显著改善青少年的裸眼视力、屈光度和视野平均缺损，对于青少年视力具有重要的调节作用，ω-3多不饱和脂肪酸作为膳食补充剂是安全和必要的。叶黄素为脂溶性化合物，存在于整个视网膜中。联合使用ω-3多不饱和脂肪酸和叶黄素可以更好地促进视力改善。对于成年人，由于DHA在视网膜中代谢缓慢，可通过一种特殊的运输蛋白质进行循环利用，即使膳食长期缺乏DHA，原有的DHA仍可顽强地保留在视网膜中，所以相对来说，从视网膜的角度，成年人对DHA的需要量远小于婴幼儿。

值得注意的是，虽然从饮食中补充ω-3多不饱和脂肪酸可改善视觉功能，但大剂量补充DHA，从长期来看对视力功能并没有多大影响，摄入过多不仅造成浪费，也可能会对身体造成副作用，比如扰乱膜渗透性、影响酶活性等。另外也要注意ω-6多不饱和脂肪酸与ω-3多不饱和脂肪酸的摄入比例要适宜。

（三）ω-3多不饱和脂肪酸缓解并抑制炎症

炎症是我们身体免疫反应的一种正常现象，它可以清除致病因素，使组织的结构功能恢复正常，持续时间较短的急性炎症反应是对机体有益的过程。身体若没有炎症反应，就意味着失去了免疫力。但是炎症最好是来也匆匆，去也匆匆，长时间的炎症反应会不可逆地损伤组织甚至迁延为慢性炎症，迟迟不消退就会使我们的器官产生损伤，所以炎症反应在合适的时机减弱、消退就格外重要。如果系统性炎症长期存在，非但无法再保护我们的身体，还会成为心脑血管疾病、癌症、糖尿病和神经系统疾病等重大病症的始作俑者。在食品中加入ω-3多不饱和脂肪酸，不仅可以为机体提供营养，还可以调控机体的炎症反应，增强免疫功能，所以又称ω-3多不饱和脂肪酸为免疫营养素或免疫调节因子。ω-3多不饱和脂肪酸在体内能调节脂类介质的合成和细胞因子的释放，激活白细胞和内皮细胞，进而调控因感染、创伤等情况下机体的过度炎症反应，对特异性皮炎、类风湿性关节炎，特别是前列腺炎，均具有较好的防治作用。

1. 炎症介质主要来源于ω-6多不饱和脂肪酸

使炎症发生、发展的炎症介质白三烯和前列腺素主要来源于ω-6多不饱和脂肪酸。在炎症发生时，细胞膜上的花生四烯酸在体内环氧合酶和脂氧化酶的作用下产生一系列能引起炎症反应的炎症介质，主要包括PGE_2等前列腺素和LTB_4。这些促使组织发炎的炎症介质适当存在是必要的，但不能过量长时存在。PGE_2引起血管扩张，增加血管通透性；LTB_4是中性粒细胞的趋化因子和白细胞的激活因子。它们共同作用会导致血管渗漏和液体渗出，引起疼痛、发红和肿胀等炎症反应。

2. ω-3多不饱和脂肪酸对炎症有明显的抑制作用

ω-3多不饱和脂肪酸和ω-6多不饱和脂肪酸恰恰相反，代谢过程中产生的物质能够缓解并抑制炎症。ω-6和ω-3多不饱和脂肪酸广泛分布于构成细胞膜基质的磷脂中，要从细胞膜上分解游离出来需要磷脂酶A_2。ω-6和ω-3多不饱和脂肪酸对磷脂酶A_2的活性会产生不同的影响，如ω-6多不饱和脂肪酸的油酸和亚油酸能提高磷脂酶A_2的活性，而ω-3多不饱和脂肪酸的EPA、DHA则能显著抑制磷脂酶A_2的活性。ω-3多不饱和脂肪酸通过抑制磷脂酶A_2的活性，可减少膜磷脂花生四烯酸的释放，从而减少来源于花生四烯酸且会产生炎症的类二十烷酸。ω-3多不饱和脂肪酸如α-亚麻酸从磷脂上水解下来进入人体后，在△6去饱和酶和碳链延长酶的催化下，转化成EPA，再在环氧合酶作用下代谢生成PGD_3、PGE_3、PGF_3、PGI_3、血栓素A_3，并抑制ω-6多不饱和脂肪酸产生2系列前列腺素；EPA在脂氧化酶作用下代谢生成白三烯前体（LTB_5、LTC_5、LTD_5、LTE_5），并抑制ω-6多不饱和脂肪酸产生4系列白三烯。EPA的这些代谢物如PGE_3和LTB_5，虽然它们也具有炎症活性，但是PGE_3的合成效率很低，LTB_5的炎症活性很低，而且还具有舒张血管、抗血小板聚集和抗血栓作用。因此，补充ω-3多不饱和脂肪酸可以减少ω-6多不饱和脂肪酸造成的炎症。由此可见，ω-3多不饱和脂肪酸之所以有"降火、消炎"作用，一方面是通过抑制ω-6多不饱和脂肪酸及其产生的能够促进炎症发生的代谢物质的生成，另一方面是ω-3多不饱和脂肪酸还可以产生直接抗炎的活性物质，熄灭炎症的"火焰"，缓解并抑制炎症，在身体内"灭火"。因此，ω-3多不饱和脂肪酸又被称为"消炎之宝"。人类许多重大疾病都是由长期炎症引起的，ω-3多不饱和脂肪酸对炎症有明显的抑制作用，因此补充ω-3多不饱和脂肪酸能预防多种重大疾病的发生。

　　α-亚麻酸在磷脂酶A_2和环氧合酶作用下，按α-亚麻酸→EPA→PGG_3→PGH_3→血栓素A_3的顺序生成血栓素，在磷脂酶A_2和脂氧化酶作用下，按α-亚麻酸→EPA→白三烯前体顺序生成活性较弱的白三烯前体。血栓素A_3可减弱血栓素A_2促血小板聚集和收缩血管的作用，对防治心肌梗死、脑梗死都有重要的意义。α-亚麻酸在血管壁生成的PGI_3呈现出较强的抗血小板聚集、抗血栓形成和扩血管作用，还能抑制血小板生长因子的释放，具有增强血管内皮细胞舒张因子的作用。α-亚麻酸的代谢产物还可以通过减少白细胞的游走及渗出、减少炎症物质的生成参与炎症的消退与组织修复过程；还能通过调节机体的炎症反应及免疫功能，减少炎症反应的发生及提高机体免疫力。而多摄入些α-亚麻酸，抑制体内多余的由ω-6多不饱和脂肪酸转化的前列腺素的生成，还可保护男性生理健康。临床测试表明，膳食补充α-亚麻酸可影响血脂异常病人的炎症标记物指标，如补充α-亚麻酸3个月，可以显著降低血脂异常病人体内的能直接参与炎症的C-反应蛋白，降低在炎症反应后开始升高的血清淀粉样蛋白A，能够刺激参与免疫反应的细胞因子IL-6的水平的提高。健康人正常膳食中每天添加17克花生四烯酸，连续7周，体内生成的炎症介质PGE_2、LTB_4显著增加；相比而言，每天添加6克DHA，体内生成的PGE_2可下降60%，LTB_4可下降75%，从而缓解并抑制炎症。细胞膜中ω-3多不饱和脂肪酸与环氧合酶-2抑制剂一样，可减少PGE_2的生成，因此，摄入适量的ω-3多不饱和脂肪酸，可以抑制过量花生四烯酸代谢物的生成，减少过度的炎症反应，增强免疫力。

研究发现，服用α-亚麻酸可以控制类风湿性关节炎、特应性皮炎、支气管哮喘、系统性红斑狼疮。每天服用DHA和EPA，可明显减轻病人的晨僵症状，减轻具有趋化作用、吞噬作用和杀菌作用的中性粒细胞的某些变态反应和炎症，降低白三烯的水平，使单核细胞水平明显下降。而白三烯是某些变态反应、炎症以及心血管疾病中的化学介质，单核细胞是机体发生炎症或引起其他疾病的体积最大的白细胞。白三烯和单核细胞是两种炎症因子，在类风湿性关节炎的发病机制中起重要作用。

3. 抗炎就要使体内增加ω-3多不饱和脂肪酸、减少ω-6多不饱和脂肪酸

由脂质双分子层构成的细胞膜的基质是磷脂，磷脂中多种脂肪酸的成分比例很重要，ω-3与ω-6多不饱和脂肪酸应保持一定的比例，其比例会因较多摄食某种脂肪酸而出现改变。ω-3和ω-6多不饱和脂肪酸的比例决定了由它们代谢产生的不同的类二十烷酸的数量和类型，还取决于磷脂酶A_2、脂氧化酶和环氧合酶的活性。ω-3多不饱和脂肪酸通过竞争抑制作用影响这些酶的活性，减少来源于花生四烯酸的炎症介质。人体免疫细胞膜磷脂一般包含6%～10%的亚油酸、1%～2%的二高-γ-亚麻酸、15%～25%的花生四烯酸；ω-3多不饱和脂肪酸比例较低，EPA

大概只占0.1%~0.8%，DHA占2%~4%，α-亚麻酸很少。只有适当摄入ω-3多不饱和脂肪酸才能显著增加免疫细胞膜磷脂的EPA和DHA的含量，减少花生四烯酸含量，最终可减少来源于花生四烯酸的类二十烷酸。磷脂中ω-6和ω-3多不饱和脂肪酸在体内的比例，对炎症的产生和消退过程都发挥着重要的调控作用，有望成为炎症性疾病的干预靶点。当从营养途径增加ω-3多不饱和脂肪酸的摄入，细胞膜磷脂中ω-3多不饱和脂肪酸增多，从细胞膜释放增加，而花生四烯酸释放减少。花生四烯酸和EPA都是二十碳脂肪酸衍生物前体，唯一不同的是EPA是ω-3多不饱和脂肪酸，花生四烯酸是ω-6多不饱和脂肪酸。当增加ω-3多不饱和脂肪酸摄入时，花生四烯酸比例减少，则高活性炎症物质减少。在抑制ω-6多不饱和脂肪酸的炎症代谢物的生成方面，ω-3多不饱和脂肪酸中DHA的作用最强。

（四）ω-3多不饱和脂肪酸可调血脂、维持身体的血脂代谢平衡

血脂是人体中一种重要的物质，胆固醇、脂肪酸等脂质有许多非常重要的功能，是哺乳动物细胞膜必需的及细胞生命活动过程不可或缺的组成物质。但胆固醇和脂肪酸不能超过一定的范围，否则就会产生高脂血症。高脂血症是指体内脂质代谢紊乱导致血脂水平增高的一种病症，是一种全身性、常见、多发的慢性疾病，具体表现为脂肪代谢或转运异常，血清中总胆固醇（TC）和甘油三酯（TG）的含量过高，而高密度脂蛋白（HDL）含量较低。高脂血症是引发脑梗死的主要潜在因素，是引起颈动脉粥样硬化的重要危险因素之一，同时还会引起糖尿病等疾病。胆固醇和脂肪酸如果过多，容易造成"血稠"，促使血管发炎，并在发炎的血管壁上沉积，逐渐形成小蚀斑（即动脉粥样硬化）。这些斑块增多、增大，就会逐渐堵塞血管，使血流变慢，严重时血流被中断。斑块发生在脑，就会出现血栓性脑卒中；发生在心脏，就是心肌梗死；发生在肺，就是肺栓塞；发生在肾脏，就会引起肾脉硬化、肾功能衰

竭。斑块如果堵塞眼底血管，将导致视力下降、失明。

《中国成人血脂异常防治指南（2016年修订版）》（以下简称《指南》）指出，血脂异常是动脉粥样硬化性心血管疾病的致病性危险因素之一。中国人中血脂异常的患病率高达41.9%。血脂异常严重威胁人类健康和生命，它在心血管疾病、癌症、炎症等中都起着关键作用。在冠心病等心血管疾病发病的诸多危险因素中，血脂含量异常及脂质代谢紊乱占有重要地位。ω-3多不饱和脂肪酸制剂降低甘油三酯和轻度升高高密度脂蛋白胆固醇，对总胆固醇和低密度脂蛋白胆固醇无影响。ω-3多不饱和脂肪酸制剂的常用剂量为0.5~1克，每天3次。为了在临床应用，ω-3多不饱和脂肪酸制剂（多烯酸乙酯）中的EPA和DHA总含量应大于85%，否则达不到临床调脂效果。《指南》还指出，研究发现ω-3多不饱和脂肪酸具有预防心律失常和猝死的作用。当ω-3多不饱和脂肪酸用量为2~4克每天时，可使甘油三酯下降25%~30%，主要用于高甘油三酯血症；可以与贝特类降脂药（苯氧芳酸类药物，如非诺贝特）合用治疗严重高甘油三酯血症，也可与他汀类药物（辛伐他汀、洛伐他汀、阿托伐他汀等）合用治疗混合型高脂血症。ω-3多不饱和脂肪酸还有降血压、抗血小板聚集和抗炎的作用，改善血管反应性。

我国部分地区近50%的18岁以上人群血脂水平超出正常范围，患者大部分是中老年人，并呈现年轻化的趋势。世界卫生组织统计数据显示，当前高脂血症已成为全球五大致死病之一，因此高脂血症的防治刻不容缓。脂代谢平衡是人体健康的必备条件，脂代谢平衡一旦被打乱，将对患者造成极大的危害，它是造成冠心病、脑卒中、心肌梗死、脑梗死等心脑血管疾病的主要因素。脂肪是人体三大生命基础物质中的一种，这三大物质的代谢都受到神经、体液调节和多种因素的影响，既有各自的代谢途径，又有相互的转化通路，以达到动态平衡，才能维持机体的正常生命活动。

一个高密度脂蛋白分子可以"运输"5~6个低密度脂蛋白或甘油三酯分子到肝脏进行分解处理，最终排出体外，维持脂代谢平衡就要求高密度脂蛋白的数量与低密度脂蛋白或甘油三酯的数量成比例。高水平的高密度脂蛋白可以及时清除运送低密度脂蛋白等血液垃圾到肝脏代谢，然后经过胆管肠道排出体外，有效降低"坏胆固醇"含量，防止其堵塞破坏血管。当高密度脂蛋白与低密度脂蛋白或甘油三酯比例失调时，就会使血液中的胆固醇超出正常范围，打破了正常的脂代谢平衡。预防心脑血管疾病，很重要的一点是提升高密度脂蛋白含量，激活利用人体自身的脂代谢机制来平衡血脂，从而对抗甚至逆转动脉粥样硬化、消除血栓。

胆固醇和甘油三酯等血脂偏高是患心脏病的主要原因。胆固醇含量超过200毫克/百毫升时，就会阻塞动脉，容易患心脏病，而且胆固醇含量越高，危险愈大。总胆固醇增高的原因有原发性及继发性两种，原发性较少见，最常见的是继发性，主要见于肥胖、酗酒的人群及有肾病、糖尿病和甲状腺功能减退等的人群。当甘油三酯超过190毫克/百毫升时，也会大大增加心脏病的发病率。多余的胆固醇和脂类又被称为"血管中的垃圾"，这些垃圾会附着在血管壁，导致血管发生病变。只有降低对人体有害的"坏胆固醇"，清除血管中的垃圾，才能防止及逆转动脉粥样硬化，预防各种心脑血管疾病。若饮食过量或摄入垃圾食品，有酗酒、吸烟、熬夜等不良生活习惯，以及存在年龄增长、元气衰退、代谢减缓等问题，都可能破坏脂代谢平衡，造成血脂异常，有益的高密度脂蛋白含量大大降低，不足以及时清除血液垃圾，会导致"坏胆固醇"沉积堵塞血管，形成动脉粥样硬化，最终造成心脑血管问题。因此，调节脂代谢紊乱是非常重要的，而利用ω-3多不饱和脂肪酸来调节是一种有效的方法。

1. ω-3指数

ω-3指数的概念是在2004年提出的，可作为生物标记物来反映膳食中ω-3多不饱和脂肪酸的摄入量，是冠心病的一个危险因素的衡量指标。ω-3指数是红细胞膜中ω-3多不饱和脂肪酸EPA和DHA等的含量占红细胞膜中总脂肪酸的比例。ω-3指数作为心源性猝死的风险因子已经被广泛使用，ω-3指数与冠心病病死率呈显著负相关，即ω-3指数越高冠心病病死率越低。ω-3指数不到4％的，为低心脏保护，而ω-3指数为8％或更高的，为高心脏保护。据调查，在欧美国家ω-3平均指数为0%～5%，心脏猝死的发病率为每十万人中有150人；而在日本，ω-3指数高达9%，心脏猝死的发病率每十万人中只有7.8人。ω-3指数高的人能减少心脏猝死发生的风险，补充ω-3多不饱和脂肪酸能减少心力衰竭、心脏猝死发生的风险。慢性心力衰竭的患者补充ω-3多不饱和脂肪酸能减轻症状，而且服用相对简单、安全。

2. 调节血脂的作用

以α-亚麻酸为代表的ω-3多不饱和脂肪酸可维持身体的血脂代谢平衡，在降血脂、抗心律失常、预防冠心病、抗动脉粥样硬化、抗血栓、降血压和抗血管内皮功能障碍等方面已得到广泛的认可。ω-3多不饱和脂肪酸能使人体中帮助血脂降低的高密度脂蛋白胆固醇含量增加，使让人体发胖的低密度脂蛋白胆固醇含量下降，不仅可以增强胆固醇代谢，降低血清中胆固醇的含量，降低血液黏稠度，还可以改善血液微循环，能在一定程度上缓解和治疗高脂血症。

ω-3多不饱和脂肪酸具有抗动脉粥样硬化、防治心血管疾病的功能，其是通过抑制内源性胆固醇及甘油三酯的合成，促进血液中胆固醇、甘油三酯及低密度脂蛋白的代谢，促进周围组织对极低密度脂蛋白的清除来达到的。ω-3多不饱和脂肪酸通过降低血脂来降低动脉硬化因子胆固醇、甘油三酯、低密度脂蛋白及极低密度脂蛋白的水平。此外，ω-3多不饱和脂肪酸可增加卵磷脂-胆固醇转移酶、脂蛋白脂酶的活性，抑制肝内皮细胞脂酶的活性，促进周围组织对极低密度脂蛋白的清除，从而使抗动脉硬化因子高密度脂蛋白升高。ω-3多不饱和脂肪酸还利用代谢过程对酶的作用来降低甘油三酯和血液中胆固醇的浓度，抗血小板聚集，减少脑血栓的形成和防止心肌梗死。研究发现，α-亚麻酸能减少极低密度脂蛋白中的甘油三酯及载脂蛋白B（载脂蛋白B与低密度脂蛋白胆固醇意义相当，它的升高常常代表着患者更容易得动脉粥样硬化的疾病）的生物合成，降低血清甘油三酯。α-亚麻酸还会对脂肪合成酶系产生抑制，加强线粒体中脂肪酸的β-氧化，使甘油三酯的合成减少，同时使其降解消耗增加。EPA和DHA有助于减轻炎症、保证心脏维持稳定心跳，防止出现致死性的不稳定心律、血流中危险凝结的形成，降低甘油三酯水平。EPA主要在降低甘油三酯方面起作用，DHA主要在降低胆固醇方面起作用，ω-3多不饱和脂肪酸的母体α-亚麻酸在调节血脂时可以起到全面降脂、排脂的作用。美国食品药品管理局已批准ω-3多不饱和脂肪酸作为治疗高甘油三酯的药物。有报道称，给缺乏α-亚麻酸的患者补充α-亚麻酸乙酯，两周后胆固醇和甘油三酯下降70%，上述作用还常伴有血压降低。但是应该注意的是，ω-3多不饱和脂肪酸的降脂效果与每天服用量有关。通常1克鱼油内含EPA及DHA 0.3克左右，若每天只服用0.3克左右的ω-3多不饱和脂肪酸，虽然可以降低甘油三酯，但对高密度脂蛋白胆固醇作用很小，低密度脂蛋白胆固醇反而有轻度升高的趋势。低密度脂蛋白胆固醇的升高现象常与治疗前人体的甘油三酯水平有关，如果治疗前甘油三酯越高，利用ω-3多不饱和脂肪酸治疗后，低密度脂蛋白胆固醇越易增高。这一情况的主要原因是ω-3多不饱和脂肪酸会促使极低密度脂蛋白转变成低密度脂蛋白胆固醇。当提高ω-3多不饱和脂肪酸的服用量，到达每天4克时，降脂效果才会比较明显。EPA对低密度脂蛋白胆固醇几乎无影响，降血脂作用主要是通过抑制脂肪酸的合成和极低密度脂蛋白的生成来实现的。

（1）降低甘油三酯。体内甘油三酯有三个主要来源：食物、肠道分泌和肝脏产生。食物中的动物脂肪和植物油的主要成分都是甘油三酯，食物被肠道消化吸收后，以甘油三酯的形式进入血液，形成乳糜微粒，再入肝脏，然后又以极低密度脂蛋白的形式运送到周围组织，在脂肪组织、肌肉组织、毛细血管内皮细胞中的脂蛋白脂肪酶（LPL）的作用下，把乳糜微粒及极低密度脂蛋白内的甘油三酯分解成游离脂肪酸。食物热量过多时，储存在脂肪细胞内的过多的甘油三酯会分泌不良细胞因子，作用于肌肉、肝、胰腺细胞，形成胰岛素抵抗，使胰岛素分泌减少，产生高血糖症、脂肪肝等代谢综合征。

为降低甘油三酯，首先要减少食物来源，其次还要减少体内肝脏中甘油三酯的合成，增强甘油三酯的分解。ω-3多不饱和脂肪酸的降血脂作用是通过抑制合成甘油三酯的脂肪合成酶的活性，增加水解甘油三酯的脂蛋白脂酶的活性；增加在磷脂代谢中有重要作用的卵磷脂-胆固醇转移酶的活性，抑制能使高密度脂蛋白分解的肝内皮细胞脂酶的活性，从而降低胆固醇、甘油三酯、低密度脂蛋白和极低密度脂蛋白（动脉硬化因子）的水平，使高密度脂蛋白（抗动脉硬化因子）升高。

ω-3多不饱和脂肪酸在治疗因高甘油三酯水平引起的心血管疾病中具有重要作用。EPA和DHA对血脂谱的改变略有差异，DHA和EPA均可使血脂正常者或高血脂受试者的甘油三酯水平降低15%～30%，但DHA可以在不升高胆固醇水平的情况下升高高密度脂蛋白、低密度脂蛋白水平，而EPA没有这种作用。有报道称，若高甘油三酯的人群每天补充3~4克EPA和DHA，两个月内就可以使甘油三酯下降30%~50%。美国心脏联合会建议所有成年人都应该食用大量的鱼类，至少每周吃两次鱼，尤其是比较肥的鱼。对食物中比较缺乏海产品的人，应该补充富含α-亚麻酸的植物油或α-亚麻酸膳食补充剂。α-亚麻酸的摄入可阻止脂肪酸、甘油三酯的合成及加速脂肪酸的β-氧化，具有降低甘油三酯的作用。有实验证实，甘油三酯水平在5.6～22.0毫摩/升的患者，每天补充4克ω-3多不饱和脂肪酸后，其甘油三酯浓度下降31%，而补充橄榄油的对照组，其甘油三酯浓度只下降了4%。

ω-3多不饱和脂肪酸若与他汀类药物合用对甘油三酯浓度的下降有叠加效应。由于他汀类药物不仅抑制合成胆固醇的限速酶3-羟基-3-甲基戊二酰辅酶A还原酶的活性，还能增强低密度脂蛋白胆固醇受体的表达及活性，清除低密度脂蛋白胆固醇，还能清除含甘油三酯的脂蛋白。给有心血管疾病或糖尿病且同时有高甘油三酯血症的患者使用他汀类药物治疗时，每天补充4克EPA能够加速改善疾病症状。经他汀类药物治疗后若高密度脂蛋白胆固醇仍不能达到目标值，可在他汀类药物的基础上加用多烯酸乙酯制剂。

α-亚麻酸在降低甘油三酯的同时没有发现肝脏积累脂质的现象，而属于ω-6多不饱和脂肪酸的亚油酸和γ-亚麻酸虽然也有降血脂的作用，但其主要是促使脂质由血液向肝脏转移而降低血脂，会导致脂肪肝。ω-3多不饱和脂肪酸是通过降低血清甘油三酯水平和改变脂蛋白颗粒体积来改善高脂血症患者的血脂谱。EPA和DHA均能显著降低血清甘油三酯水平，DHA还能够升高高密度脂蛋白水平，同时增大脂蛋白颗粒体积，这表明对于高甘油三酯血症患者的治疗采用以DHA为主的ω-3多不饱和脂肪酸制剂可能有更好的效果。

（2）降低血清胆固醇。胆固醇在体内起着重要的生理作用，如果缺乏胆固醇，哺乳动物就不能生存。胆固醇是细胞膜的主要组成之一，在生理温度范围内调控哺乳动物细胞膜的流动性，参与脂筏和膜微结构域的形成。在人体内胆固醇主要以游离胆固醇及胆固醇酯形式存在。胆固醇在神经系统中的含量特别丰富，对突触和髓鞘的形成非常重要。胆固醇在体内被氧化生成氧化型胆固醇，其是生命体合成胆汁酸、甾醇类激素、维生素D的唯一前体。胆固醇还是合成许多生物活性分子，如皮质醇、醛固酮、孕酮、雌激素、睾酮以及它们的衍生物等的前体。另外，胆固醇修饰还是蛋白质的一种重要的修饰形式。但过多的胆固醇会导致一系列非常严重的疾病，如动脉粥样硬化、脂肪肝、冠心病等。

哺乳动物可以通过自身合成以及饮食吸收来获得胆固醇，人体中70%的胆固醇是自身合成的，而不是从食物中获得的。降低血清胆固醇首先是抑制自身胆固醇的合成，即内源性胆固醇的合成。胆固醇合成的速率需要精确的调节，以满足细胞的生理需求。细胞中合成胆固醇是从含两个碳的乙酰辅酶A开始，经过30余步酶促反应，才合成含有二十七个碳的胆固醇，该过程严格受其下游产物的负反馈调控。身体缺乏胆固醇时，合成速率要提高，胆固醇超过身体需要时，合成速率要降低，甚至要马上停止合成。

胆固醇为一种脂溶性物质，必须与蛋白质结合形成脂蛋白才能溶解于血液中并在体内转运。ω-3多不饱和脂肪酸可以促进人体胆固醇代谢，降低血清中总胆固醇含量，防止脂质在肝脏和动脉壁沉淀并堆积。其作用机制主要为增加外源性胆固醇代谢，减少内源性胆固醇生成，抑制肝脏胆固醇转运相关基因的表达，抑制肝脏载脂蛋白的产生。

（3）降低低密度脂蛋白，提高高密度脂蛋白。脂蛋白是由脂质和蛋白质以非共价键结合而成的复合物，广泛存在于血浆中，又称血浆脂蛋白，有一个由甘油三酯和固醇脂组成的疏水核心和一个由磷脂、胆固醇及载脂蛋白参与的亲水外壳。由于蛋白质的密度大于脂质聚集体密度，复合体中蛋白质愈多，脂质愈少，复合体密度愈高。循环血液中的胆固醇和甘油三酯必须与特殊的蛋白质即载脂蛋白结合形成脂蛋白，才能被运输至组织进行代谢。血浆脂蛋白根据各自的密度不同，可用超速离心的方法把它们分成五个组分，按密度增加为序排列如下：乳糜微粒、极低密度脂蛋白、中间密度脂蛋白、低密度脂蛋白和高密度脂蛋白。乳糜微粒是血液中颗粒最大的脂蛋白，其中甘油三酯含量近90%，因而其密度最低。其主要功能是从小肠转运甘油三酯、胆固醇及其他脂类到血浆和其他组织。极低密度脂蛋白由肝脏合成，其中甘油三酯含量约为55%、胆固醇含量为20%、磷脂含量为15%、蛋白质含量约为10%。其功能是从肝脏运载肝所需之外的多余的甘油三酯和胆固醇至各靶组织。低密度脂蛋白是由极低密度脂蛋白转化而来，低密度脂蛋白颗粒中胆固醇酯含量为40%、游离胆固醇含量为10%、甘油三酯含量为6%、磷脂含量为20%、蛋白质含量为24%。低密度脂蛋白是血液中胆固醇含量最多的脂蛋白，故称为富含胆固醇的脂蛋白，是血液中胆固醇的主要载体，核心由1500个胆固醇酯分子组成，功能是转运胆固醇到外围组织，并调节这些部位的胆固醇从头合成。胆固醇占低密度脂蛋白比重的50%左右，故低密度脂蛋白胆固醇浓度基本能反映血液低密度脂蛋白总量。高密度脂蛋白主要由肝脏和小肠合成，是颗粒最小的脂蛋白，其中脂质和蛋白质几乎各占一半。高密度脂蛋白密度最高，含50%的蛋白质，27%的磷脂，可以收集从死细胞、进行更新的膜、降解的乳糜微粒和极低密度脂蛋白释放到血浆中的胆固醇、磷脂、甘油三酯以及载脂蛋白。因为高密度脂蛋白中胆固醇含量比较稳定，故目前多通过检测其所含胆固醇的量，间接了解血液中高密度脂蛋白水平。在高密度脂蛋白中的酰基转移酶使胆固醇酯化，酯化的胆固醇由血浆脂质转移蛋白快速往复地送到极低密度脂蛋白或低密度脂蛋白。临床研究证明，脂蛋白代谢不正常是造成动脉粥样硬化的主要原因。血浆中低密度脂蛋白水平高而高密度脂蛋白水平低的人容易患心血管疾病，低密度脂蛋白已被证实为动脉粥样硬化性心血管疾病的一个危险因素。高密度脂蛋白在体内一刻不停歇地搬运脂肪，而低密度脂蛋白是一种"坏胆固醇"，在一定程度上我们希望它越低越好。低密度脂蛋白很容易被血管内壁上的炎症等致病因子导致的"翘皮""裂缝"所吸引，然后就在缝隙处安营扎寨、集结甘油三酯和炎症细胞等物质，形成斑块，堵塞血管。

（4）促进脂肪酸氧化，抑制脂肪的合成。有研究报道，饲喂富含EPA和DHA的饲粮可降低大鼠腓肠肌（小腿肚子）内甘油三酯的含量。饲喂高脂饲粮则降低了鼠腓肠肌内三羧酸循环的中间产物，即高脂饲粮损害了鼠腓肠肌线粒体的功能，而鱼油（富含EPA和DHA）的补充可以恢复腓肠肌线粒体的功能，因为EPA和DHA可以促进鼠腓肠肌内脂肪酸的氧化分解。ω-3多不饱和脂肪酸可减少肝脏丙二酰辅酶A（肉毒碱棕榈酰转移酶的负代谢调控因子）的量，有利于脂肪酸进入线粒体和过氧化物酶体，从而促进了脂肪酸的氧化。ω-3多不饱和脂肪酸还可以抑制肝脏中参与葡萄糖代谢和脂肪酸合成的酶（如葡萄糖激酶、丙酮酸激酶等）的合成，从而抑制肝脏中脂肪的合成。

（5）降低血黏度、增加血液携氧量。高黏血症有两个方面的表现：一是体现在血液流动性下降，血液在血管中的流动变慢，导致组织缺血，同时加重心脏的负担。二是体现在红细胞的聚集，红细胞的粘连，在高倍显微镜下可观察到红细胞呈重叠状，此状态下的红细胞所能携氧的总表面积减少，携氧量减少，组织同样出现缺氧症状。血液中各种溶质的增加都会使血液的黏滞性增加、流动性下降，其溶质主要为一些蛋白质，如糖蛋白、脂蛋白、纤维蛋白原、胶原蛋白等。而红细胞膜成分的改变，会使膜表面的带电量减少，细胞之间的斥力不足以使细胞分开，而出现粘连。虽然多数情况下，冠心病和脑缺血是由血栓引起的，但血液黏度也是一个不可忽视的因素。部分冠心病和脑缺血患者没有明显的动脉栓塞，其中的原因就是血黏度的升高，血液携氧量下降，从而导致心肌和大脑供血不足及外周循环障碍，表现出心悸、胸闷、头晕、失眠、记忆力下降及四肢麻木等症状。

对于血黏度，目前并没有针对性的药物，但α-亚麻酸针对血黏度的升高有其独特的作用。α-亚麻酸可以调节糖、脂肪和蛋白质的代谢，降低血液中可溶性蛋白质的水平，增加血液的流动性，一般在补充α-亚麻酸90天左右即可见到效果。当α-亚麻酸在细胞膜磷脂中的比例增加时，膜的流动性就会增加，同时细胞膜表面所带电量也增加，细胞之间的粘连可以得到明显的改善，粘连细胞一般在补充α-亚麻酸30天后会明显分散。有研究报道，高黏血症患者若每天能补充1.5克α-亚麻酸，连续90天，各项指标都可恢复正常，同时心悸、胸闷、头晕、失眠、记忆力下降及四肢麻木等症状得到明显改善，有效率在90%以上。

（五）ω-3多不饱和脂肪酸防止血栓的形成、降血压

血栓是某一部位血管内出现异常凝固，导致该部位的血液循环受阻。血栓是由血液中的"有害物质"（如"坏胆固醇"、甘油三酯）结合具有凝血功能的血小板积聚在血管破损处形成的，为心脑血管的阻塞埋下隐患，导致心脑血管疾病。血栓形成有三大要素：血管内皮的损伤、血流的淤滞以及血液的高凝状态。

1. 调控内皮细胞功能

内皮细胞功能紊乱是动脉粥样硬化发生的早期事件，可用来预测心血管病风险和死亡率。内皮细胞功能可用经体表的高频超声进行检测。ω-3多不饱和脂肪酸通过保护内皮上的受体，保护内皮释放松弛因子的功能，恢复血管平滑肌内皮松弛反应，防止或减轻血管痉挛。同时，

它还担当保护血管内壁细胞、恢复血管弹性、舒张血管、抑制血小板聚集的重任，在降低血脂的同时降低了血压，抑制血栓的形成。ω-3多不饱和脂肪酸还可以改善内皮细胞依赖的血管舒张，减少血管收缩或增加运动诱导的血流量，特别是在心血管病高危人群中效果明显。但EPA和DHA对内皮功能的影响也有所差异。DHA可以减弱去甲肾上腺素诱导的血管收缩反应，增强乙酰胆碱诱导的血管舒张反应，但EPA没有这种作用。动脉粥样硬化性心血管病的传统危险因素包括：高脂血症、身体质量指数（BMI）升高、代谢综合征、经常抽烟等，可以通过补充ω-3多不饱和脂肪酸，特别是通过使用至少4周、累计剂量≥95克的EPA+DHA的组合获得血管保护。

一氧化氮合酶（NOS）表达水平与内皮细胞功能密切相关，当内皮细胞功能紊乱时，一氧化氮合酶的释放减少或停止。一氧化氮合酶的激活与细胞膜上富含胆固醇和鞘磷脂的微结构域脂筏密切相关。在内皮细胞中，EPA和DHA均可以将固定于脂筏中的一氧化氮合酶移出并重新分布于细胞膜表面，随后一氧化氮合酶被激活，一氧化氮的合成增加，这种影响脂筏脂质构成的作用可能影响动脉粥样硬化的发生。

2. 防止血栓的形成

血栓主要有两种，一是脂质栓子，二是血液凝固。血栓的形成对人体健康损害很大，血管堵塞后就不能从这里向前输送氧和营养成分，细胞受到损伤，即呈梗死状态，如心肌梗死、脑梗死和肺栓塞等。血管中胆固醇等的堆积能形成血栓，所以把食物中的胆固醇视为敌人，实际上促成血栓形成更为重要的因素是血小板聚集的程度。高血脂的出现引发了慢性炎症，高血脂及慢性炎症等致病因子对血管内膜的轮番攻击使得破损加剧，心脑血管疾病通常是在慢性炎症的作用下形成的。由动脉粥样硬化引起的不稳定或由破裂斑块导致的动脉血栓形成是严重威胁人类健康的临床综合征。

α-亚麻酸可增加抗动脉硬化因子高密度脂蛋白水平，增强血管内皮细胞功能，改变血小板膜流动性，改变血小板对刺激的反应性及血小板表面受体的数目，还可以降低血浆纤维蛋白原和凝血因子水平，降低程度取决于纤维蛋白原的水平，从而降低血栓形成的概率、防止血栓形成，预防心肌梗死和脑梗死。血小板活化是血栓形成的中心环节，由ω-6多不饱和脂肪酸产生的PGI_2和血栓素A_2在活化血小板、促进血液凝集的过程中起着重要的作用。血栓素A_2是一种促进血液凝集的重要物质，α-亚麻酸在细胞膜磷脂中可通过竞争环氧合酶，抑制血栓素A_2的产生，并生成另一种血栓素A_3和PGI_3。血栓素A_3可以提高环磷腺苷的浓度，环磷腺苷可使血小板内环氧合酶的活性下降，从而使促进血液凝集的重要物质血栓素A_2的生成减少，阻止血管收缩和血小板聚集。

大多数的抗血栓药物只是对血栓形成的某一因素产生作用，而ω-3多不饱和脂肪酸的抗血栓作用则是全面的。ω-3多不饱和脂肪酸能有效地抑制甘油三酯的合成，同时会协助高密度脂蛋白胆固醇清理血管内壁积聚的脂肪，从而防止脂肪在血管壁上沉积，产生血栓。研究显示，EPA、DHA能抑制血小板聚集，延长凝血时间，使血小板减少及降低肾上腺素敏感性，对正常人和高血压患者的收缩压和舒张压都有降低作用，且收缩压降低更明显。体内EPA的增加还可以使红细胞膜的可塑性增大，变形能力增强，降低血液黏滞度，利于缺血性疾病的改善和治疗。有报道称，每天服用含3.5克EPA的鱼油并坚持5周，可使患者的血小板存活时间延长10%，血小板计数减少15%，血小板活化因子在血浆中下降75%。EPA可延缓血栓的形成，进而缓解缺血性疾病患者的病变程度。α-亚麻酸的调节血脂功能可以降低胆固醇、甘油三酯、低密度脂蛋白、极低密度脂蛋白，升高高密度脂蛋白，从而发挥抗血栓的作用。每天服用1.2克的α-亚麻酸并坚持120天，可以发现显微镜下的胆固醇结晶密度非常明显地减少，大块的脂质斑块消失。

3. 降血压

血压的正常与否直接受血管壁弹性及心脏功能的影响。血压分收缩压和舒张压，收缩压是指心脏收缩时血液对血管壁产生的侧压力，舒张压是心脏舒张时血液对血管壁产生的侧压力。收缩压的正常范围为

90～140毫米汞柱，舒张压的正常范围为60～90毫米汞柱。随着年龄的增长，ω-3多不饱和脂肪酸分泌量逐渐减少，原本富有弹性的血管逐渐老化变硬，失去弹性，而血管的硬化正是收缩压升高的重要原因。心脏的射血量（心脏每跳动一次所输送的血量）直接影响着舒张压的高低。从20岁到80岁，心脏的射血量每年下降1%，80岁的射血量约为25岁的半数。射血量的减少直接导致了舒张压的升高。ω-3多不饱和脂肪酸直接控制心血管系统，随着年龄的增长，必须通过补充ω-3多不饱和脂肪酸来改善日渐老化的心血管系统，改变血管的弹性，增加心脏的射血量，维持正常健康的血压。流行病学调查显示，素食者的血压比正常人的血压要低，这可能与他们摄取较多的含ω-3多不饱和脂肪酸的植物，脂代谢平衡较好有关。

2013年3月，德国科学家第一次报道了DHA的减压作用机制。他们用小鼠做实验，一种小鼠含有钾离子通道基因，另外一种小鼠把这种基因剔除，给予含钾离子通道基因的小鼠DHA，可引起血管舒张，血压下降，但是DHA对剔除钾离子通道基因的小鼠无作用，说明DHA是通过钾离子通道基因发挥作用。ω-3多不饱和脂肪酸可降低高血压和高胆固醇患者的血压。每天摄食3.65克的ω-3多不饱和脂肪酸，16周后收缩压降低了6.8毫米汞柱，舒张压降低了5.1毫米汞柱。对于高血压患者，每天服用1.2克ω-3多不饱和脂肪酸可使收缩压、舒张压和平均动脉压降低10毫米汞柱，而对正常血压的人几乎没有影响。实验证明，每增加服用1%的α-亚麻酸会使平均动脉压下降约5毫米汞柱，而增加脂肪组织中的亚油酸不影响血压。α-亚麻酸对于收缩压在160～140毫米汞柱的情况非常有效，而对于更高的血压或易产生出血性脑卒中的情况只能说也有一定效果。

（六）ω-3多不饱和脂肪酸可预防心血管疾病

心血管疾病是人类死亡的第一杀手，心脏病绝大多数是由冠状动脉疾病引发，胆固醇和甘油三酯偏高是其主要原因。血脂在心血管疾病、癌症、炎症等中发挥关键作用。心血管疾病的两个最大的诱因是高血脂和高血压。据有关部门统计，我国心血管疾病患者近3亿，每年约有350万人死于心血管疾病，并呈现年轻化的趋势。研究显示，人类血液中ω-3多不饱和脂肪酸的水平过低，将增加患心脏病的风险；如果ω-3多不饱和脂肪酸的含量低于人体所有脂肪酸的4%，患心脏病死亡的风险最高。

因纽特人有较低的心血管疾病死亡率，这与其膳食结构中富含ω-3多不饱和脂肪酸的海鱼相关。细胞实验、动物实验、流行病学研究和部分临床试验都证实ω-3多不饱和脂肪酸及其衍生物参与到心血管疾病发生发展的多个阶段并具有一定的保护作用。基于现有的研究和部分临床试验，许多权威机构仍然推荐健康人群和特定人群增加ω-3多不饱和脂肪酸的摄入。从海鱼或EPA和DHA的制品中获取外源性ω-3多不饱和脂肪酸可以降低心血管事件及猝死的发生率。ω-3多不饱和脂肪酸在预防和辅助治疗心血管疾病方面的效果比较明显，可用于辅助治疗心律失常、动脉粥样硬化、血栓、内皮功能障碍等。美国心脏协会在一份新的科学建议中再次强调，每周食用2次富含ω-3多不饱和脂肪酸的鱼类可降低冠心病、心力衰竭、心搏骤停和缺血性卒中的发生风险。ω-3多不饱和脂肪酸不仅能降低血清中的胆固醇和甘油三酯水平，还可以明显改善血管内皮功能障碍，因而具有降低心血管疾病风险的作用。心脏病药物具有防止血栓形成、降低胆固醇、提高细胞抗氧化能力的功能，而这些药物中许多都含有ω-3多不饱和脂肪酸。

1. ω-3多不饱和脂肪酸是动脉粥样硬化拮抗剂

动脉粥样硬化是一种以脂质蓄积和炎症为特征的血管壁慢性病变，是由内皮细胞的损伤、脂质沉积等引起慢性炎症反应的病理过程，好发于大、中动脉，特征是动脉壁增厚，发生在心脏冠状动脉的症状尤为突出。血管炎症、内皮功能损伤被认为是动脉粥样硬化的启动因素。动脉粥样硬化的病变过程从血管炎症、内皮功能损伤、血管平滑肌细胞表型转化开始，到迁移增殖、泡沫细胞形成、细胞死亡、脂质和胆固醇蓄积，最后血栓形成、动脉粥样硬化。动脉粥样硬化的经典危险因素包括高脂血症、高血压、糖尿病、吸烟和代谢综合征。吸烟导致的游离氧自由基增多，高脂血症、高血压、糖尿病以及其他遗传因素都可以导致血管内皮功能损伤，引起动脉粥样硬化。

　　ω-3多不饱和脂肪酸是通过自身产生的类二十烷酸代谢产物及抑制来源于ω-6多不饱和脂肪酸的类二十烷酸代谢产物的生成发挥作用。ω-3多不饱和脂肪酸的抗炎作用能够对抗动脉粥样硬化的发生，对动脉粥样硬化有保护作用。研究发现，术前给予等待颈动脉斑块切除术的患者EPA制剂治疗，术后斑块内炎症反应明显减弱，T细胞数量明显减少，促炎细胞因子IL-6明显下降，使细胞和细胞间、细胞和基质间或细胞-基质-细胞间发生黏附的细胞间黏附分子-1的转录水平明显下降。EPA能够显著提高高脂血症患者血清中抗炎细胞因子IL-10的水平和外周血单个核细胞的IL-10的基因转录水平。富含甘油三酯的极低密度脂蛋白、乳糜微粒经水解产生容易积蓄在血管壁上的残粒样脂蛋白和游离脂肪酸，已经被证实是冠心病的独立危险因素。ω-3多不饱和脂肪酸除了降低甘油三酯水平，还可以降低高甘油三酯患者的残粒样脂蛋白水平，发挥抗动脉粥样硬化的作用。与脂蛋白代谢密切相关的载脂蛋白E（ApoE）和个体血脂水平与动脉粥样硬化的发生发展紧密关联。参与脂蛋白转化和代谢过程的载脂蛋白E的浓度与血浆甘油三酯含量呈正相关。载脂蛋白E偏高，则易发生动脉硬化、老年痴呆和年龄相关性黄斑变性。用小鼠做研究，敲除小鼠体内载脂蛋白E基因后发现，摄入α-亚麻酸可以增加大动脉组织中DHA、EPA、DPA水平，从而减少动脉粥样硬化的发生。

　　ω-3多不饱和脂肪酸能够增强动脉粥样斑块的稳定性，预防血栓事件发生。使用血管内超声检测来评价冠状动脉内斑块构成与血清ω-3多不饱和脂肪酸水平的关系，研究发现，急性冠状动脉综合征患者的血清ω-3多不饱和脂肪酸水平极低，且血清ω-3多不饱和脂肪酸水平与粥样斑块脂核大小呈负相关，与纤维帽厚度呈正相关。大量研究结果表明，无论是否曾确诊心血管疾病，摄入ω-3多不饱和脂肪酸可以显著降低包括致死性心肌梗死和心源性猝死的冠状动脉粥样硬化性心脏病的死亡率。即使少量服用（每周1~2次）ω-3多不饱和脂肪酸也可以使冠状动脉粥样硬化性心脏病的死亡率降低36%。这表明，ω-3多不饱和脂肪酸与冠状动脉粥样硬化性心脏病（含非致命性冠状动脉综合征）这类疾病之间存在一定的关系。患者在心肌梗死发生后，通过服用ω-3多不饱和脂肪酸可以降低心源性猝死的风险，并显著改善高甘油三酯血症。基于这些研究结果，美国心脏学会已将补充鱼油列为患者发生心肌梗死后的二级预防措施。

研究血清中低ω-3多不饱和脂肪酸水平与急性冠状动脉综合征的相关性发现，低ω-3多不饱和脂肪酸水平可能与斑块不稳定破裂相关。若在冠状支架手术后，在他汀类药物治疗的基础上给予EPA制剂9个月，EPA组有较高EPA/AA水平和较低的炎症标志物水平，光学相干断层成像（OCT）显示EPA组有较厚的纤维帽。动脉硬化斑块表面的纤维帽是判断斑块是否易损的一个主要的组织病理学表现，薄纤维帽提示该斑块为容易破裂的易损斑块。颈动脉斑块中EPA水平与斑块不稳定和炎症反应呈负相关，给予欲行颈动脉内膜切除术的患者鱼油胶囊治疗后，斑块内EPA和DHA的水平增高，薄纤维帽及炎症反应出现的概率明显降低。ω-3多不饱和脂肪酸还可以减小斑块体积。在高强度他汀类药物治疗的基础上每天加用EPA 1.8克，6个月后血管内超声检测发现，与单用他汀类药物相比EPA组的斑块体积显著缩小，纤维帽的厚度明显增加。冠心病患者每天服用1克EPA，一年后冠状动脉斑块体积明显缩小。ω-3多不饱和脂肪酸也可以改变斑块细胞外基质构成。对肥胖症患者，动脉硬化症增加心血管病的风险。研究人员分别对25例男、女性肥胖症患者控制减少25%的能量摄入，再对其中13名患者额外给予ω-3多不饱和脂肪酸（46% EPA和38% DHA），连续3个月，这13名患者的血管明显好转，大血管的弹性增加20%，小血管的弹性增加22%，收缩压减少8%，舒张压减少5%，脉压减少5%，心率减少8%，血浆甘油三酯减少36%，高密度脂蛋白增加6%，胰岛素抗性减少12%，具有抗动脉粥样硬化和炎症潜力的脂联素的浓度增加28%。

2. 预防和治疗心脑血管疾病

心脏病绝大多数是由冠状动脉疾病引发，动脉疾病又主要是由大量胆固醇阻塞动脉造成的。胆固醇含量越高，危险愈大。一般胆固醇含量超过200毫克/百毫升，容易引发心脏病。甘油三酯超过190毫克/百毫升时，也会大大增加心脏病的发病率。所以，胆固醇和甘油三酯偏高是引发心脏病的主要因素。

ω-3多不饱和脂肪酸在冠状动脉疾病和心脏猝死方面发挥保护作用。在心血管疾病患者中，ω-3多不饱和脂肪酸膳食补充剂可显著降低心脏死亡和心肌梗死的风险，并且通常耐受性良好。研究发现，心血管疾病患者体内总ω-3多不饱和脂肪酸水平较低，ω-6多不饱和脂肪酸与ω-3多不饱和脂肪酸的比例较高。大量的研究证实，ω-3多不饱和脂肪酸与心血管疾病存在一定的联系，并且建议通过使用ω-3多不饱和脂肪酸来改善心血管疾病。另外还发现，通过催化单氧化反应的细胞色素P450单氧化酶途径，ω-3多不饱和脂肪酸中可以产生一类新型的脂质介质ω-3环氧体，根据临床研究发现，这些ω-3环氧体具有保护心脏、保护血管、抗炎和抗过敏等特性。

以病情稳定的心梗患者为研究对象，患者食用富含α-亚麻酸的食用油5年，结果发现，α-亚麻酸具有预防缺血性心脏病复发的效用。ω-3多不饱和脂肪酸还具有抗心律失常、降低动脉粥样硬化的风险等作用。ω-3多不饱和脂肪酸参与脂质代谢，有利于人体前列腺素的分泌平衡，还具有降血脂、抑制血小板聚集、减少脑血栓的形成、防止心肌梗死及防治心血管疾病等特殊功能。流行病学已证实，ω-3多不饱和脂肪酸可以促进人体胆固醇代谢，降低血清中总胆固醇含量，防止脂质在肝脏和动脉壁沉淀并堆积，对心血管疾病有一定的防治效果，能降低冠心病的风险以及致命性冠心病等病症的发生。

3. 减少因心力衰竭而死亡的发生

心力衰竭是各种心脏疾病进展至严重阶段引起的，其主要特征为左心室和（或）右心室功能障碍及神经体液调节的改变，常伴呼吸困难、体液潴留、运动耐受性降低和生存时间明显缩短。此病的治疗目标是防止心力衰竭和延缓其发生发展，缓解临床症状，提高生活质量，改善长期预后，降低病死率与住院率。ω-3多不饱和脂肪酸能轻度降低心力衰竭的死亡风险，具有抑制心律不齐的作用。美国心脏协会建议，已知自己患有心脏疾病的人，应该每天从鱼油中获得1克的ω-3多不饱和脂肪酸。为预防致命性心脏病和脑卒中，平均每天摄入250~500毫克的ω-3多不饱和脂肪酸即可。患心脑血管疾病的人群中很大一部分是由于饮食习惯不健康，油脂摄入量过高，且体内缺乏以α-亚麻酸为代表的ω-3多不饱和脂肪酸。

4. 预防心肌梗死和脑梗死

高脂血症是形成脂质血栓的主要原因。游离的胆固醇和甘油三酯不能溶解在血液中，在血液中以结晶或颗粒形式存在，在血管内壁出现损伤的情况下，这些脂质物质即可黏附在血管内壁，经过长期的积累，形成大的斑块，并引起动脉粥样硬化。在超高倍的电子显微镜下，通过对心肌梗死和脑梗死患者末梢血的观察，可以明显看到胆固醇的结晶和乳糜颗粒，有的还出现大块的斑块，这些胆固醇的结晶和脂质斑块与炎症因子黏附在血管内壁，即可形成脂质血栓。心肌梗死是冠状动脉粥样硬化性心脏病的严重类型，是由冠状动脉粥样硬化斑块破裂诱发的血栓完全阻塞冠状动脉所致，斑块不稳定是导致心血管事件发生的主因。在心肌梗死的再通冠脉血流的治疗过程中，普遍会存在由缺血再灌注（心脏缺血后重新得到血液再灌注）引起的损伤。研究发现，在缺血再灌注过程中，心脏的环氧合酶表达上调，相应来源于ω-6多不饱和脂肪酸的PGE_2和PGI_2在心肌细胞中的合成量显著增加，提示这两种前列腺素参与缺血再灌注引起的损伤。ω-3多不饱和脂肪酸可预防心肌梗死和脑梗死，这是因为其在体内可产生对血小板聚集有强效抑制作用的PGI_3和聚集血小板能力不强的血栓素A_3。在血管壁处的PGH_3可生成对血小板聚集有强效抑制作用的PGI_3，PGI_3对于防治心肌梗死和脑梗死具有非常重要的意义。此外，在血小板处的PGH_3在血栓素合成酶的作用下还会生成血小板弱凝聚剂血栓素A_3。

5. 防治冠心病、预防心源性猝死

α-亚麻酸可以通过抑制血栓素A_2的生成，增加机体具有抗血栓能力的代谢物前列腺素的产生，可扩充血管，防治冠心病。ω-3多不饱和脂肪酸可以降低血清甘油三酯、胆固醇与低密度脂蛋白水平，增加血液流动性，从而预防心血管疾病。美国哈佛大学医学院的研究发现，ω-3多不饱和脂肪酸的摄取量越多，冠心病的发病率越低，也就是说，ω-3多不饱和脂肪酸可以有效预防冠心病。另有研究表明，ω-3多不饱和脂肪酸可以向基因发出保护心脏的信息，降低心脑血管疾病的发病率。ω-3多不饱和脂肪酸对冠心病有二级预防效果。通过二级预防，ω-3多不饱和脂肪酸能降低心源性猝死、心肌梗死的风险。一项研究饮食对心肌梗死二级预防效果的报告指出，ω-3多不饱和脂肪酸能够使心肌梗死患者数量下降10%，其中全因死亡率下降20%、猝死发生率下降30%。对心肌梗死实验的两年随访数据进行分析发现，每周食用2～3次富含ω-3多不饱和脂肪酸的鱼类的患者与对照组相比，全因死亡率下降了29%，但再发心肌梗死率却没有差异；对心肌再梗死实验的长期随访数据进行分析却发现，继续规律食用鱼类的患者与那些不再规律食用鱼类的患者相比，全因死亡率降低了31%。在一定范围内，α-亚麻酸的摄入量与冠心病致死率呈线性负相关，α-亚麻酸的摄入量每天每增加1克，冠心病的致死率就会下降12%。美国心脏协会也在一份科学建议中强调，每周食用2次富含ω-3多不饱和脂肪酸的鱼类可降低冠心病、心力衰竭、心搏骤停和缺血性卒中的发生风险。但也应指出，目前ω-3多不饱和脂肪酸用于冠心病治疗的随机对照实验的结果还存在不一致的情况，有必要进行更深入全面的研究。

ω-3多不饱和脂肪酸还能够防止心律失常，起到预防心源性猝死的作用。镶嵌在细胞膜上的离子通道的活性，决定着细胞代谢物质进出细胞速度的能力，对实现细胞的各种功能具有重要意义。离子通道病是通道的功能出现不同程度的削弱或增强，其会导致机体整体生理功能的紊乱，如心血管系统离子通道病，会引起心律失常，心搏骤停。ω-3多不饱和脂肪酸可通过调节心肌细胞膜上的离子通道来稳定心肌细胞，抗心律失常和预防心源性猝死。体内ω-3多不饱和脂肪酸含量高的人群，心源性猝死的发病率比体内ω-3多不饱和脂肪酸含量低的人群低81%。另一项对11000余名冠心病患者追踪的临床研究发现，每天服用1~2克的ω-3多不饱和脂肪酸，可以显著降低心血管疾病患者的死亡率，尤其是降低心源性猝死的发生率可达45%。

随着对EPA和DHA的深入药理研究，发现DHA防止冠心病猝死的作用优于EPA。当DHA进入体内后，在心脏的分布较多，其次为肝和肺，说明DHA对心肌有很高的亲和力，能选择性地分布于心肌和影响心肌。心脏DHA的增加，可使心脏对引起致死性心室纤维颤动的异丙肾上腺素的敏感性降低，心肌细胞膜磷脂中的DHA和花生四烯酸的比值升高，使Ca^{2+}-Mg^{2+}-ATP酶活性降低，Ca^{2+}通道减少并影响腺苷酸环化酶的激活，进而发挥抗心律失常、减少室性纤维颤动和防止冠心病猝死的作用。

6. 预防和辅助治疗心血管疾病时要注意ω-6和ω-3多不饱和脂肪酸的比例

在用ω-3多不饱和脂肪酸预防和辅助治疗动脉粥样硬化和心血管疾病时，体内的ω-6和ω-3多不饱和脂肪酸的比例很重要，这一比例还影响到癌症、炎症和自身免疫性疾病的发生。高ω-6/ω-3多不饱和脂肪酸对人有害，趋近于1的比例则表现出保护作用。因纽特人的膳食中ω-6/ω-3多不饱和脂肪酸大约为1:1，其心血管死亡率约为7%。西方膳食中ω-6/ω-3多不饱和脂肪酸的比例为15:1~20:1，其心血管死亡率比因纽特人高出近40%。心脏病膳食研究将ω-6/ω-3多不饱和脂肪酸降到4:1，发现心肌梗死患者的全因死亡率下降了70%。地中海饮食（以蔬菜、水果、鱼类、五谷杂粮、豆类和橄榄油为主的饮食）的人血浆中ω-6/ω-3多不饱和脂肪酸为2.6:1；瑞典饮食（喜欢生冷的食品，肉片和鱼类在制作的过程中都是半熟的状态）的人血浆中ω-6/ω-3多不饱和脂肪酸为4.72∶1。低 ω-6/ ω-3多不饱和脂肪酸可减少白细胞、血小板数量及血管内皮细胞生长因子水平，可以减少主动脉斑块面积及血清炎症指标。

（七） ω-3多不饱和脂肪酸在改善肥胖方面的作用及机制

肥胖已成为现代文明病，是当前最常见的代谢综合征，与高血糖、高血压、高血脂及血脂紊乱等相关，与遗传、免疫、饮食等因素均有关系。肥胖的判断标准可按世界卫生组织推荐的计算方法，男性：（身高厘米－80）×70％=标准体重；女性：（身高厘米－70）×60％=标准体重。以此为100％，体重变动在10％以内的算是正常体重，超出10％~20％的为超重，超过20％的为肥胖。脂类物质主要包括甘油三酯、磷脂和固醇。正常人脂类物质约占总体重的14％~19％，胖人约占32％，过胖人可达36％。据世界卫生组织统计，2016年全球约39％的成年人超重，超过13％的成年人肥胖。脂肪细胞的数目和大小与肥胖类型有关。脂肪细胞数目增殖性肥胖多见于从小就肥胖的人，脂肪细胞数目明显增多；脂肪细胞肥大性，主要是成年后开始发胖，减肥容易成功；脂肪细胞数目增加又有细胞增大的混合型肥胖多见于重度肥胖的人。油脂的代谢与人体脂肪组织代谢以及身体质量的变化相关，对人体健康具有重要作用。肥胖及与肥胖相关的代谢疾病如Ⅱ型糖尿病、动脉硬化、高血压等，在全球表现出急剧增长的态势。造成肥胖的直接原因是白色脂肪组织异常肥大和增生。由于甘油三酯脂解作用的紊乱，导致血浆中未酯化的脂肪酸升高，促进甘油三酯在非脂肪组织如肝脏、心肌和胰脏中的堆积，引起代谢综合征的发生。

ω-3多不饱和脂肪酸可以在降低体重和改善脂肪代谢方面发挥作用，其可能的机制包括调节肠道菌群、调控脂肪组织基因的表达、改变脂肪细胞因子释放或影响其介导的相关信号通路、抑制食欲、改变脂质代谢与能量代谢、促进肌肉合成代谢等。 ω-3多不饱和脂肪酸可以通过调节肠道菌群、血浆瘦素水平以及影响食欲来控制体重、调节血糖和脂类代谢，进而预防心脑血管疾病的发生发展。瘦素是一种由脂肪组织分泌的蛋白质类激素，它进入血液循环后会参与糖、脂肪及能量代谢的调节，促使机体减少摄食，增加能量释放，抑制脂肪细胞的合成，进而使体重减轻。一项研究中将81名肥胖症患者随机分为2组，高剂量组（40人）每天摄入3.4克α-亚麻酸，低剂量组（41人）每天摄入0.9克α-亚麻酸，干预26周后检测患者的体重和脂肪质量，发现高剂量组患者的体重减少（7.8±6.2）千克，脂肪质量分别减少（5.8±4.5）千克；低剂量组患者的体重减少（6±4.8）千克，脂肪质量减少（4.2±4.4）千克。该实验表明，α-亚麻酸具有一定的减肥作用。有一种转基因小鼠叫fat-1转基因小鼠，这种小鼠具有体内合成ω-3多不饱和脂肪酸的能力，可以在体内将ω-6多不饱和脂肪酸转化为ω-3多不饱和脂肪酸。用这种雄性fat-1转基因小鼠做实验，研究发现，连续18周给这些小鼠高糖高脂饮食它们也不会发胖，也不会发生血糖调节受损和肝脂肪变性的现象。然后将这些高糖高脂饮食喂养的fat-1转基因小鼠的肠道菌群移植到对照组小鼠体内，发现也能阻止高糖高脂饮食对这些对照组小鼠造成的肥胖和血糖调节受损，表明ω-3多不饱和脂肪酸可能通过对肠道菌群的调节影响身体质量和血糖等代谢指标。

1. 使脂肪细胞变小

脂肪组织通过脂肪细胞的体积增大、数目增多而增长。ω-3和ω-6多不饱和脂肪酸都可以参与调控脂肪细胞分化基因的转录因子，提高脂蛋白脂肪酶表达，诱导脂肪细胞分化和加速成熟，促进脂肪形成和脂滴形成。虽然ω-3多不饱和脂肪酸可加速脂肪形成，但其更多的是促进脂肪细胞向数目增加、体积减小的健康代谢型转变。对有不同饮食习惯并接受腹部手术的肥胖患者于手术期间获得的腹部脂肪组织进行评估，发现人脂肪组织中ω-3多不饱和脂肪酸的浓度与脂肪细胞大小呈负相关。另外ω-3多不饱和脂肪酸还有助于增多体内消化脂肪的酶，从而提高脂肪的新陈代谢，加速脂肪的燃烧和消耗，从根本上减少脂肪细胞的数目并减小体积。

2. 减轻脂肪组织炎症反应

慢性低度炎症和脂肪细胞因子的释放是肥胖代谢紊乱发病机制中的关键因素。核转录因子-κB（NF-κB）是炎症相关蛋白编码基因的关键转录因子，ω-3多不饱和脂肪酸不仅可通过抑制核转录因子-κB减少IL-1、IL-6和肿瘤坏死因子-α（TNF-α）等细胞因子的产生起到抗炎作用，还可作为游离脂肪酸受体重组人脂肪酸结合蛋白-4（FABP4）激动剂，减少巨噬细胞在脂肪组织中的浸润。在肥胖人的脂肪组织中发现巨噬细胞数目增加，并且增加百分比与它们的肥胖水平呈正相关。根据活化状态和发挥功能的不同，巨噬细胞有经典型巨噬细胞M_1和替代型巨噬细胞M_2。巨噬细胞M_1具有很强的杀死微生物特性，但是可以产生促炎细胞因子。从瘦动物的白色脂肪组织中分离的巨噬细胞表现出巨噬细胞M_2的特征。肥胖会诱导巨噬细胞M_1特征性分子的基因表达增加，这表明饮食诱导的肥胖可导致巨噬细胞的极化从M_2向M_1转变。肥胖人群每天补充4克ω-3多不饱和脂肪酸，可使脂肪组织中可以产生促炎细胞因子的巨噬细胞M_1减少，进而使IL-8等促炎标志物减少。当人体进食富含饱和脂肪酸的食物时，单核细胞优先分化为巨噬细胞M_1，而进食富含不饱和脂肪酸的食物后它们更倾向于分化为在寄生虫、组织重塑、血管生成和过敏性疾病的反应中起核心作用的巨噬细胞M_2。ω-3多不饱和脂肪酸，可以通过以上机制减轻组织炎症反应，从而改善肥胖相关的代谢紊乱。

3. 影响血液瘦素和脂肪酸结合蛋白水平

瘦素一般是可以使体重减轻的，肥胖者的血浆瘦素水平高，但体重减轻后血液瘦素水平下降，这种由体重下降引起的瘦素减少可能导致饥饿感而增加饮食，并最终使体重回升。补充EPA可减轻肥胖女性体重下降期间血液瘦素水平的降低，这表明EPA在维持体重减轻的过程中具有重要作用。脂肪酸结合蛋白是由巨噬细胞和脂肪细胞分泌的一种细胞因子，可结合长链脂肪酸并促进其转运至数个细胞器内。血清脂肪酸结合蛋白的浓度升高与肥胖、胰岛素抵抗和高血压有关。ω-3多不饱和脂肪酸可剂量依赖性地减少脂肪酸结合蛋白的分泌，并降低人体血清脂肪酸结合蛋白浓度，从而改善胰岛素抵抗和调节血压。

4. 抑制食欲

有报道表明，膳食中ω-3多不饱和脂肪酸含量较高的人群较膳食中ω-3多不饱和脂肪酸含量较低的人群饥饿感低。ω-3多不饱和脂肪酸可能通过激活脂肪细胞受体（FFAR），同时引发小肠分泌具有抑制食欲作用的胆囊收缩素达到抑制食欲的目的。因此，ω-3多不饱和脂肪酸可能通过增加餐后饱腹感、减少随后的食物摄入来帮助减轻身体质量。当ω-3多不饱和脂肪酸补充剂与食量、能量限制相结合时，减轻身体质量的效果更为显著。有研究评估了为期12周限制饮食、每天2克以上的ω-3多不饱和脂肪酸补充剂对代谢综合征患者的影响，结果显示所有人的腰围、血压和心脏代谢参数均降低。

5. 优化人体组织脂肪结构，减少能量摄入

ω-3多不饱和脂肪酸结合膳食干预、运动等，对身体质量控制具有很好的效果。研究表明，ω-3多不饱和脂肪酸有助于调整人体脂肪的比例，优化身体组织构成。鱼油补充饮食组与安慰剂补充对照组相比，总身体质量、静息代谢率和呼吸交换比率没有变化，但脂肪总量减少。另有研究表明，补充ω-3多不饱和脂肪酸的同时结合能量摄入控制可改善肥胖症患者的胰岛素敏感性。

6. 防止老年人肌肉萎缩

提供有效的非药物治疗手段对防止老年人肌肉萎缩具有重要意义。为探索补充ω-3多不饱和脂肪酸结合运动对人体肌肉的影响，在一项针对65～70岁健康且喜爱运动的老年女性为期24周的随机对照实验中，将受试者随机分为阻力训练加健康饮食组、阻力训练组和对照组三组。结果发现，在阻力训练加健康饮食组中，腿部瘦体质量增加，同时血清中促炎前体花生四烯酸的水平降低。另有研究表明，ω-3多不饱和脂肪酸可增加老年女性的肌肉功能和质量，但对老年男性无效，说明ω-3多不饱和脂肪酸对人体的影响可能与性别有一定关系。总之，在ω-3多不饱和脂肪酸对人体质量和身体组成的影响的研究中还未充分明确性别、代谢情况、人种差异等可能对结果的影响。

7. 共轭亚油酸也有减肥作用

亚油酸和共轭亚油酸都是十八个碳，两个双键。亚油酸（18：$2\Delta^{9c,12c}$）是非共轭体系，双键被两个以上单键所隔开，两个双键分别在9,10位碳和12,13位碳上（均为顺式）；共轭亚油酸是共轭体系，具有单键-双键交替结构。共轭亚油酸有两种，一种的两个双键分别在9,10位碳上（顺式）和11,12位碳上（反式），为十八碳-9,11-二烯酸（18：$2\Delta^{9c,11t}$）；另一种的两个双键分别在10,11位碳上（反式）和12,13位碳上（顺式），为十八碳-10,12-二烯酸（18：$2\Delta^{10t,12c}$）。天然共轭亚油酸见于反刍动物，由肠道细菌产生，在牛奶所含脂类中占0.34%～1.07%，牛肉所含脂类中占0.12%～0.68%。共轭亚油酸是一种科学家新发现的营养素，普遍存在于人和动物体内。它们可以活化脂肪分解酶，使脂肪代谢，抑制脂肪进入脂肪细胞，防止脂肪再度堆积，有减肥和健美之功效。共轭亚油酸的抗氧化作用让人体减缓衰老速度，其还能提高人体的免疫力、调节人体血液中的胆固醇和甘油三酯、增加肌肉以及提高训练效率等。目前在欧美的健康食品界，共轭亚油酸已得到广泛的应用，共轭亚油酸主要用于抗癌，预防心血管疾病、糖尿病等以及添加在控制体重的健康食品中。

8. 对非酒精性脂肪性肝病的治疗作用

非酒精性脂肪性肝病又称为脂肪肝，是指没有长期的酗酒和其他明确的肝损伤因素所致的、以肝细胞内脂肪过度沉积为主要特征的临床病理综合征。肝脏是脂类物质新陈代谢的重要场所，当各种原因引起肝脏对脂肪的摄取、合成增加，转运、利用减少，就会引起脂肪肝。脂肪肝是一种代谢性疾病，其主要病理表现为肝组织内脂肪含量超过肝脏湿重的5%或组织学上单位面积中有三分之一以上肝细胞内有脂肪堆积。甘油三酯和游离脂肪酸过量沉积在肝细胞内，病理学检查以弥漫性肝细胞大泡性脂肪变为主要特征，目前尚无特异性治疗药物，治疗主要针对原发病及通过调整饮食等综合治疗的方法。近年来，我国脂肪肝的发病率呈逐年上升的趋势，胰岛素抵抗是脂肪肝的主要危险因素。ω-3多不饱和脂肪酸可能通过抗炎及调节脂质代谢的潜在作用治疗脂肪肝。实验中研究了ω-3多不饱和脂肪酸对有脂肪肝的肥胖青少年的治疗作用。研究者将108名肥胖且伴有转氨酶升高的非酒精性脂肪性肝病青少年随机分为ω-3多不饱和脂肪酸干预组（每天口服1000毫克ω-3多不饱和脂肪酸）以及安慰剂对照组，两组均结合生活方式干预。12个月后，ω-3多不饱和脂肪酸干预组比安慰剂对照组更能改善胰岛素抵抗指数，收缩压，谷丙转氨酶、谷草转氨酶、空腹胰岛素和甘油三酯水平，超声检查结果也显示ω-3多不饱和脂肪酸干预组更健康。大鼠饲喂α-亚麻酸24周后，检测大鼠体内的一系列生理生化指标，发现α-亚麻酸能够通过抑制脂肪生成、提高胰岛素敏感度预防肝脏脂肪变性和血脂异常，还能减轻肝脏氧化应激和炎症反应、维持肝脏正常结构，对非酒精性脂肪性肝病大鼠有良好的治疗效果。此外，α-亚麻酸对炎症介质、白细胞介素等有调节作用，可减少肝细胞损伤。有研究发现，α-亚麻酸可升高大鼠肝脏线粒体和微粒体中与脂肪酸氧化途径有关的酶的活性，从而抑制甘油三酯的合成。

有研究表明，高纯度α-亚麻酸乙酯能有效降低患者的血清甘油三酯和胆固醇水平，改善患者肝功能以及血液流变学指标，明显提高患者血清脂联素水平并有效治疗非酒精性脂肪性肝病。α-亚麻酸乙酯可以通过调节血脂、抗氧化、增加患者对胰岛素的敏感性改善胰岛素抵抗，并具有防治非酒精性脂肪性肝炎的作用。用α-亚麻酸乙酯治疗12周后，患者的BMI、血清谷氨酸氨基转移酶（ALT）、血清门冬氨酸氨基转移酶（AST）、血清甘油三酯、血清总胆固醇水平均明显下降，能降低餐后血清游离脂肪酸且使可改善胰岛素敏感性的脂联素水平明显上升。对照组患者的BMI、肝功能及血脂检查结果仍接近原样，无明显差异。在制定合理能量摄入、饮食结构调整、中等量有氧运动、纠正不良生活方式和行为基础治疗的基础上，加用蚕蛹油α-亚麻酸乙酯胶丸治疗脂肪肝可取得满意疗效。蚕蛹油α-亚麻酸乙酯胶丸可通过阻止脂肪酸、甘油三酯的合成及加速脂肪酸β-氧化降低甘油三酯，改善肝功能，降低瘦素水平，提高胰岛素敏感性，为治疗脂肪肝开辟了一条新途径。动物实验表明，蚕蛹油可调节脂质代谢，具有十分显著的预防和治疗非酒精性脂肪性肝病的作用。对伴有谷丙转氨酶升高的急、慢性病毒性肝炎的脂肪肝患者，在用甘利欣、维生素C治疗的同时，加用蚕蛹油α-亚麻酸乙酯胶丸治疗脂肪肝的有效率为95.0%，且未发现不良反应，而不加蚕蛹油α-亚麻酸乙酯胶丸的对照组为68.3%，表明在基础治疗基础上加用蚕蛹油α-亚麻酸乙酯胶丸治疗脂肪肝疗效更为显著。

（八）ω-3多不饱和脂肪酸可抑制糖尿病

糖尿病是以高血糖为特征的慢性代谢性疾病，其进行性的发病特征可导致身体多器官并发症，以对眼、肾、心血管及神经等的慢性损害为主。它常伴有动脉粥样硬化性心脏病、神经系统病变、眼部病变、糖尿病肾病等多种并发症，严重影响人们的健康。糖尿病导致机体慢性炎症，与胰岛素抵抗密切相关的肥胖是糖尿病的重要危险因素。肝糖原和肌糖原是葡萄糖在机体内的主要储存形式，是糖在肝和肌肉中存在的形式，他们的合成与分解皆受胰岛素的调节。胰岛素可促进葡萄糖的氧化分解、糖原的合成。当血糖升高时，胰岛素在血液中的浓度升高并刺激肝脏和肌肉中糖原的合成，肝糖原生成葡萄糖的作用受到抑制。胰岛素只能起到降低血糖的作用，没有平衡血糖浓度的作用。人体在正常状态下，调节并控制着葡萄糖代谢平衡的是细胞膜上的葡萄糖转运体，葡萄糖只有通过细胞膜上的葡萄糖转运体才能进入细胞。一个代谢正常的人，胰岛素是由胰腺内的胰岛β细胞分泌的，它传递信号给体内的胰岛素感应组织（如肌肉与脂肪），使细胞膜表面上的葡萄糖转运体吸收葡萄糖进入细胞，降低血糖含量到一个正常值。65岁血糖值：空腹4.4～6.1毫摩/升为理想，≤7.0毫摩/升为尚可；非空腹4.4～8.0毫摩/升为理想，≤10.0毫摩/升为尚可。

由胰岛β细胞功能缺陷造成胰岛素分泌不足和胰岛素抵抗造成胰岛素

相对不足的是Ⅱ型糖尿病的基本特征。胰岛素主要作用于肌肉、脂肪组织和肝脏，能促进骨骼肌和脂肪组织摄取利用葡萄糖，在肝脏主要促进糖原合成，抑制糖异生。胰岛素分泌不足是由于胰岛细胞受"内伤"后，不是长不大，就是容易早早死去；胰岛素抵抗主要是由胰岛素信号通路异常引起，使糖不能进入细胞，超过80%的Ⅱ型糖尿病患者都存在胰岛素抵抗。胰岛素信号通路异常可分为受体前、受体和受体后抵抗三类。第一类受体前异常是指胰岛素尚未结合受体时出现的异常，如胰岛素基因突变致使胰岛素结构异常，由此导致胰岛素生物活性减弱甚至消失等；第二类受体异常主要指胰岛素受体结构与功能异常；第三类受体后信号异常是胰岛素抵抗的主要机制，指胰岛素与靶组织细胞膜上胰岛素受体结合后，信号向细胞内传递的一系列过程异常，主要包括：胰岛素受体底物异常，表现为与胰岛素受体结合的底物基因突变；胰岛素受体底物表达减少、降解或被激活的磷酸化位点减少，从而当胰岛素信号传导时的胰岛素受体底物磷酸化的磷脂酰肌醇3-激酶等主要通路受阻。此外，主要存在于肌肉和脂肪细胞膜上的葡萄糖转运蛋白的基因变异也可以导致葡萄糖转运受阻。

糖尿病患者的血液中胰岛素含量不足，使葡萄糖合成肝糖原减少，肝糖原分解增加，糖尿病患者体内血糖增加而肝糖原含量明显低于正常群体。高浓度的胰岛素可以促进葡萄糖进入肌肉和脂肪组织，糖尿病患者血液中的血糖进入细胞受阻，在肝细胞和肌肉细胞中转化为糖原受阻，结果是细胞内缺糖，血液中糖超标，就出现了糖尿病。糖尿病患者体内的肝糖原含量明显低于正常群体，说明糖进入肝中有一定困难，肝细胞膜存在胰岛素抵抗。细胞膜表面上的葡萄糖转运体与膜的流动性有关，DHA可以改善膜的流动性，提高膜的灵活性、敏感性和活性，降低胰岛素抵抗。更重要的是，ω-3多不饱和脂肪酸可以预防并控制糖尿病的并发症——心脑血管疾病和眼科疾病等，ω-3多不饱和脂肪酸中的DHA还是构成视网膜的重要成分。

1. 改善葡萄糖耐受性

葡萄糖耐量即为人体对葡萄糖的耐受能力。正常人每餐的饭量多少不一，而饭后最高血糖值总是稳定在10.0毫摩/升以下，2小时后则恢复到7.8毫摩/升以下。糖尿病患者（或有关疾病）的胰岛 β 细胞分泌的胰岛素处理葡萄糖的能力不如正常人那样迅速有效，表现在服糖后2小时，血糖值超过了7.8毫摩/升，血液中葡萄糖升高，糖耐量曲线异常，这种状态叫做糖耐量减低。葡萄糖耐受性下降进一步发展就是体内的葡萄糖不能完全利用而有剩余，达到一定程度后就会发展成为糖尿病。研究表明，检测血清中的 ω-3多不饱和脂肪酸，按含量高低排位，排在前面含量高的前25%人群患 II 型糖尿病的发病风险比排在后面含量低的后25%人群要低33%。体内高含量的DHA、EPA可促进肝糖原的合成，控制空腹血糖的升高，改善对葡萄糖的耐受能力，即机体对血糖浓度的调节能力，降低血清胰岛素水平。

2. 降低血脂，控制并发症

糖尿病患者血脂控制情况大部分不理想，血脂异常率接近70%～80%，脂代谢紊乱是糖尿病发生发展、导致并发症的病理因素。储存在脂肪细胞内的甘油三酯，会分泌不良细胞因子，作用于肌肉、肝、胰腺，形成胰岛素抵抗，胰岛素分泌减少会形成高血糖、脂肪肝等代谢综合征。血液中糖超标会产生糖毒性，脂超标会产生脂毒性，共同导致体内炎症反应和氧化应激反应，进而加速并发症的发生和发展。有人说，糖尿病本身不可怕，可怕之处在于由此引发的全身性代谢紊乱、并发症。也就是说，除了血糖不正常外，血压、血脂和水分的循环甚至炎症反应也都不再正常，从而可能引起心脏、肾脏、眼等多个器官的并发症。因此，在治疗糖尿病时除应控制血糖，还应通过 ω-3多不饱和脂肪酸控制糖尿病患者的血脂水平，预防心脑血管并发症，提高糖尿病患者的生活质量。ω-3多不饱和脂肪酸控制和减轻体重的同时也可预防和抑制糖尿病。有报道称，每天服用 ω-3多不饱和脂肪酸3.4克，能有效降低甘油三酯水平大于8.47毫摩/升的高甘油三酯血症患者50%以上的甘油三酯，从而降低发生胰腺炎的风险，并能降低餐后高甘油三酯血症。虽然 ω-3多不饱和脂肪酸可用于糖尿病患者的调脂治疗，且每天 3 克以内的ω-3多不饱和脂肪酸对糖代谢无不利影响，但使用大剂量的ω-3多不饱和脂肪酸可能使糖尿病患者的血糖控制轻度恶化。ω-3多不饱和脂肪酸能够预防、调节血糖的转移，预防并有效控制糖尿病并发症，如控制心脑血管疾病、眼科疾病等，使糖尿病变得不再那么可怕。

3. 预防妊娠糖尿病

妊娠糖尿病（GDM）是妊娠期并发症的一种常见类型，是指妊娠前不存在糖耐量异常或者糖尿病，而在妊娠期24～28周口服75克葡萄糖做耐量实验，确诊存在糖耐量异常。妊娠糖尿病会使孕妇容易发生妊娠期高血压病、羊水过多、胎膜早破、感染、早产等并发症，严重时可导致酮症酸中毒，胎儿容易发生流产、畸形和缺氧，有时还会发生宫内死亡。妊娠期高血糖易引起胎儿巨大，导致分娩时出现难产的概率增加，还会出现新生儿呼吸窘迫综合征、低血糖和其他并发症。妊娠糖尿病首选的安全措施，应该是膳食控制和服用ω-3多不饱和脂肪酸，既可降低血糖水平，也利于患者预后。

4. 预防和抑制糖尿病

有报道称，格陵兰原住居民的糖尿病发病率较低。他们服用富含ω-3多不饱和脂肪酸的海洋鱼类，因此，比服用普通鱼油能更好地降低血液中血糖的水平，促进肝糖原的合成，控制血糖的升高。用小鼠做实验，结果显示，连续服用高含量ω-3多不饱和脂肪酸15周的小鼠，空腹血糖水平明显降低，葡萄糖耐量得到有效改善，空腹血清胰岛素水平明显降低，肝糖原含量明显升高。说明高含量ω-3多不饱和脂肪酸可降低高血糖和高胰岛素血症，增加血液中血糖的摄取，促进糖原合成，维持血糖平衡。调查发现，血清中ω-3多不饱和脂肪酸含量较高的人，发生Ⅱ型糖尿病的风险比含量很低的人要低33%。这是由于ω-3多不饱和脂肪酸可以通过给细胞补充能量，预防胰岛细胞受到"内伤"，帮助"受伤"的胰岛细胞恢复元气，帮助肌肉和脂肪的细胞解除疲劳，及时转移能量，增加对胰岛素的敏感性，改善胰岛素抵抗。α-亚麻酸可促进胰岛β细胞分泌胰岛素，预防糖尿病的发生，减少糖尿病患者的心肌梗死面积和细胞凋亡，预防糖尿病患者的心肌缺血再灌注的损伤。动物实验发现，添加10%亚麻籽油于饲料中，可显著提高肥胖大鼠的葡萄糖耐受性、抑制胰岛素抵抗，平衡大鼠的血糖。在饲料中添加亚麻籽油，能够显著降低蔗糖诱导的胰岛素抵抗，提高大鼠的胰岛素水平，增加胰岛素敏感性，并呈现剂量依赖性。亚麻籽油可调节脂类代谢，防治糖尿病及其并发症，保护人体各器官及神经系统，对糖尿病病人有很好的保健功效。总体来讲，ω-3多不饱和脂肪酸的摄入能改善血管内皮功能，降低血压，改善胰岛素抵抗，预防糖耐受性障碍。

鉴于ω-3多不饱和脂肪酸在糖尿病预防和糖尿病并发症治疗方面所起的积极作用，我国Ⅱ型糖尿病防治指南和美国糖尿病医疗标准中都提出适当增加ω-3多不饱和脂肪酸摄入量的建议。流行病学研究结果表明，膳食中ω-3多不饱和脂肪酸的摄入能够降低亚洲人群Ⅱ型糖尿病的发病风险，但不影响甚至会升高西方人群Ⅱ型糖尿病的发病风险，原因尚不清楚。总之，ω-3多不饱和脂肪酸在高血糖、动脉粥样硬化、冠心病的改善和治疗上应该具有很大的应用前景。

（九）ω-3多不饱和脂肪酸抑制癌细胞，辅助治疗癌症

肿瘤是严重威胁人类健康的一大疾病，恶性肿瘤的发病率和死亡率在不断上升，已经成为当前全人类的一个主要死亡原因，也是医学的一大难题。虽然手术切除治疗能够缓解癌症的发展，但患者术后5年的生存率仍较低。化疗因受肿瘤普遍存在的多药耐药（MDR）和药物严重不良反应等原因的限制，仍缺乏理想的效果；放疗会造成人体正常组织的反应与损伤。流行病学调查显示，因纽特人摄入的饱和脂肪酸总量和多不饱和脂肪酸总量与西方国家相近，但某些肿瘤的发病率却很低。这是由于他们摄入的ω-6多不饱和脂肪酸的含量很低，而摄入来自海洋鱼类的ω-3多不饱和脂肪酸的含量相对较高。经临床验证表明，α-亚麻酸及其代谢物能增强放疗、化疗的疗效并减轻其毒副作用，直接减少致癌细胞生成数量，抵制癌细胞的发生和转移，能明显抑制化学致癌的发生

率，减少肿瘤的质量和体积，推迟肿瘤出现的时间，抵制腹水瘤在肺中的转移，对结肠癌、肾脏肿瘤有明显的治疗效果。研究发现，ω-3多不饱和脂肪酸可以抑制多种肿瘤的发生和转移，同时还能促进肿瘤细胞的凋亡。大量体内和体外实验证明，ω-3多不饱和脂肪酸为天然抗癌活性物质，虽然抗癌机制尚不明确，但可以通过抑制炎症因子含量、减少氧化产物产生、调节信号通路和酶活性来降低人患癌风险，且没有不良反应。在抗癌方面使用ω-3多不饱和脂肪酸，不仅可以改善癌症患者的健康状况，还可提高患者的生活质量。

1. 控制肿瘤所产生的"法奇非洛克因子"的活动

癌症会导致患者身体消瘦，从消瘦的患者身体中发现并分离出一种物质，其被称为"法奇非洛克因子"。这种名叫"法奇非洛克因子"的物质是由某些顽固的肿瘤产生的，它利用脂肪供给肿瘤，促使肿瘤生长，从而使患者身体消瘦。研究发现，"法奇非洛克因子"的活动受到EPA的控制，因而EPA可控制癌症患者的消瘦，并且能够使肿瘤缩小。

2. 预防乳腺癌、结肠癌、前列腺癌等肿瘤的发生

饱和脂肪酸和动物脂肪的高水平摄入会增加罹患结肠癌、乳腺癌和前列腺癌的危险性。ω-3多不饱和脂肪酸在肿瘤形成早期对肿瘤生长有抑制作用，增加ω-3多不饱和脂肪酸的摄入量可以延缓或抑制乳腺癌、结肠癌和前列腺癌的形成及发展，提高肿瘤患者的存活率。乳腺癌和结肠癌患者的病死率与ω-3多不饱和脂肪酸的摄入量相关。有关乳腺癌的研究发现，因纽特人乳腺癌的发病率极低，日本人乳腺癌的发病率也明显低于美国人。在大鼠饲料中添加5%的EPA，可使乳腺肿瘤细胞组织中的EPA和DHA含量显著升高，使2系列前列腺素、花生四烯酸水平降低，乳腺肿瘤的生长被明显抑制。研究发现，绝经后的乳腺癌病人，摄入的EPA和DHA在膳食中的比例和由此导致的体内乳腺脂肪组织中DHA在磷脂中的比例，明显低于乳腺良性疾病病人。为预防乳腺癌的发生，尤其是绝经后妇女建议增加ω-3多不饱和脂肪酸的摄入。研究结肠癌发现，长期食用鱼油可减少结肠癌的风险，对大鼠喂食富含α-亚麻酸的亚麻籽油，发现其可以预防结肠癌的发生。一项动物实验中，在基础食物中添加不同类型的多不饱和脂肪酸，发现服用含4.7% EPA的食物组的大鼠结肠癌发生率明显低于服用含亚油酸的食物组。有人对直肠腺瘤样息肉病人作研究，给治疗组服用EPA和DHA仅2周，患者黏膜异型增生的细胞增殖指数即开始好转，12周后进一步降低。进行脂肪酸分析表明，服用ω-3多不饱和脂肪酸的病人的肠黏膜中EPA升高2倍，花生四烯酸和亚油酸明显降低，使2系列前列腺素的生成受到抑制。为研究前列腺癌，对四万多名男性的饮食进行分析，结果发现，每周吃鱼多于3次者与少于2次者相比，前者前列腺癌的发病率降低7%，晚期前列腺癌降低17%，转移性癌降低44%。对胰腺癌的研究发现，以不同比例的ω-3和ω-6多不饱和脂肪酸的饲料喂养大鼠，可观察到ω-3多不饱和脂肪酸对胰腺癌有抑制作用。总之，ω-3多不饱和脂肪酸可通过多种途径及机制抑制肿瘤细胞增殖、促进肿瘤细胞分化和诱导肿瘤细胞凋亡，ω-3多不饱和脂肪酸能使鸟氨酸脱羧酶的活力下降，减少多胺的生成。经常食用富含ω-3多不饱和脂肪酸产品的人群发生恶性肿瘤的风险会明显降低。

3. 摄入ω-3与ω-6多不饱和脂肪酸的比值越高癌症病死率越低

在孕育癌细胞的过程中，ω-6多不饱和脂肪酸不断提供炎症致病因子，促进癌症基因的表达，而ω-3多不饱和脂肪酸则能起到相反的作用，可抑制并阻止癌症基因的表达，将癌细胞扼杀在萌芽状态。ω-6多不饱和脂肪酸的一些代谢产物是癌细胞喜欢的食物，这些代谢产物会在人体内转变成促进肿瘤增大的PGE_2，其可促进癌症基因的表达和癌细胞的生长。ω-3多不饱和脂肪酸可以使肿瘤组织中ω-6多不饱和脂肪酸水平降低，抑制PGE_2的产生，起到抑制肿瘤的作用，将癌细胞扼杀在萌芽状态。ω-3多不饱和脂肪酸抗肿瘤的发生机制与其降低PGE_2，诱导一氧化氮合酶水平，增加脂质过氧化、翻译抑制及细胞周期的破坏有关。用含30% EPA的食品与玉米油分别喂养小鼠，结果显示，ω-3多不饱和脂肪酸在肿瘤形成早期，对肿瘤生长就有抑制作用，而且摄入的ω-3与ω-6多不饱和脂肪酸的比值越高癌症病死率越低。ω-3多不饱和脂肪酸若与其他抗癌药物联合使用可以显著增强抗癌药物的功效。在阿霉素或顺铂与ω-3多不饱和脂肪酸联用的基础上，再适量添加抗氧化剂维生素E或维生素C，可进一步提高肺癌和白血病的化疗效果。

4. 显著改善晚期癌症患者的体质、寿命及生活质量

ω-3多不饱和脂肪酸在抑制ω-6多不饱和脂肪酸代谢产生的炎症物质的同时，还能让癌细胞的细胞膜变得脆弱，元气大失，加速它们的自然死亡，从而减缓肿瘤的扩散速度。如果在这时进行放射治疗的话，也更容易把癌细胞杀死。由此，ω-3多不饱和脂肪酸能起到增强放疗、化疗效果，辅助治疗癌症的作用，可以显著地改善晚期癌症患者的体质、寿命及生活质量，减轻他们的痛苦及某些抗癌药物的副作用，利于肿瘤的预防和治疗。

5. 恢复及提高人体的免疫系统功能

癌细胞形成后会产生大量的能抑制多种免疫细胞机能的前列腺素，降低人体免疫系统功能，使癌细胞得以增殖和转移。α-亚麻酸的代谢产物可以直接减少致癌细胞生成数量，同时削弱血小板的聚集作用，抑制2系列前列腺素的生成，恢复及提高人体的免疫系统功能，从而能有效地防止癌症形成及抑制癌细胞转移。

6. 逆转肿瘤多药耐药性

ω-3多不饱和脂肪酸在逆转肿瘤多药耐药性方面具有突出的潜在应用价值，对恶性肿瘤的发生和转归有明显影响。多药耐药性是指恶性肿瘤细胞对一种抗肿瘤药物产生耐药性的同时，对其他从未接触过的、结构和作用机制完全不同的抗肿瘤药物也产生耐药性。以DHA为代表的ω-3多不饱和脂肪酸能通过下调胆固醇的合成和改变脂质体膜成分，使结肠癌耐药细胞具有化学敏感性，在协同药物增强逆转肿瘤耐药功效方面有一定作用。进行逆转肝癌多药耐药性的实验，以DHA和阿霉素为油相，大豆磷脂和叶酸聚乙二醇磷脂为表面活性剂，甘油为助表面活性剂，通过高压乳化法制备阿霉素纳米粒，所制得的载药纳米载体平均粒径为120纳米。将阿霉素

或阿霉素纳米粒与人肝癌细胞HepG2和人肝癌耐药细胞HepG2/ADM细胞共培养后，检测并计算细胞存活率。人肝癌细胞HepG2组与人肝癌耐药细胞HepG2/ADM组比较结果显示，ω-3多不饱和脂肪酸功能性纳米载体负载的阿霉素可以在一定程度上逆转肝癌的多药耐药性。

7. 不让胶原酶产生，阻止癌细胞扩散、转移

自由基能够刺激血管再生，并增强血管的通透性，从而为癌细胞"铺路搭桥"、帮助癌细胞"顺利过境"，但癌细胞真正进入其他器官还要通过器官细胞，这一关还需要胶原酶。此时，ω-6多不饱和脂肪酸的代谢产物就会帮助它们制造进入器官细胞所必需的胶原酶，实现癌细胞"扩张地盘"的企图，这个过程就是癌细胞的转移和扩散。但是ω-3多不饱和脂肪酸会同ω-6多不饱和脂肪酸竞争一些相同的酶，从而减少ω-6多不饱和脂肪酸代谢产物的产生，抑制胶原酶产生，从而可阻止和减缓癌细胞的扩散和转移。

（十）影响间充质干细胞的生物学特性

人脂肪间充质干细胞（ADSCs）是存在于脂肪组织中的一种多潜能干细胞，在特定条件下可诱导分化为成骨细胞、脂肪细胞、软骨细胞等多种细胞。人脂肪间充质干细胞免疫原性低，可减少同种异体间移植的排斥，且具有旁分泌功能，可分泌多种生长因子及炎症因子，在修复、替换、维持或增强组织和器官功能等研究领域显示出强大的再生医学功能。α-亚麻酸能够促进人脂肪间充质干细胞的增殖，维持细胞的免疫表型且提高细胞的三系分化潜能，可以通过环氧化酶代谢通路，产生代谢产物前列腺素，进而促进多种干细胞的增殖。ω-3多不饱和脂肪酸及其代谢产物与细胞结构及功能有关，它们可以通过多种作用机制，影响不同来源的间充质干细胞的生物学特性，如促进多种干细胞的增殖及分化，继而影响干细胞的命运调控。

（十一）ω-3多不饱和脂肪酸可抑制衰老

随着年龄的增加，人体机能会逐渐衰退，主要表现在代谢机能降低

和基础代谢降低，体内合成与分解代谢失去平衡，分解代谢超过合成代谢。人体衰老后脂代谢异常，脂肪量会逐渐增加，肌肉质量逐渐减轻，炎症、肥胖的发生率随年龄呈增高的趋势，活动能力下降，脑、心、肺、肾和肝等重要器官的生理功能下降，消化功能减弱。随年龄增长许多衰老现象出现，比如血压升高、动脉粥样硬化、冠心病、骨质疏松、头发变白脱落，以及出现老年斑与皮肤皱纹，出现糖尿病和恶性肿瘤等病症的概率大幅上升。

1. 减缓认知功能减退

衰老是机体不可避免的一种正常而复杂的过程，认知功能减退是其重要标志之一。随着年龄的增长，大脑逐渐衰老，脑内的DHA含量开始下降。膳食中 ω-3多不饱和脂肪酸不足会加速大脑的老年化过程，而大脑的老年化过程又进一步导致大脑DHA的流失。如果缺乏 α-亚麻酸和DHA，大脑神经系统必须代偿产生假反应，其结果通常是效率降低、反应迟钝。中老年人多摄取一些 α-亚麻酸及DHA，可提高脑功能和记忆能力，减缓人类因衰老引起的记忆学习机能下降，对防治老年痴呆症也有益。因此在食品中，提供充足的 ω-3多不饱和脂肪酸是极为重要的，比如深海鱼油、α-亚麻酸、亚麻籽油以及核桃仁都是很好的健脑食物。

2. 自由基代谢产物丙二醛的生成减少

随着年龄的增加，体内各种自由基的数目不断增多，而消除自由基的谷胱甘肽过氧化物酶及超氧化物歧化酶数量逐渐减少，活性逐渐减弱，结果是自由基代谢产物丙二醛的生成增多，使细胞受到损伤，组织器官功能下降。α-亚麻酸作为人体必需的一种多不饱和脂肪酸，具有良好的神经保护和抗衰老作用。服用α-亚麻酸后，会使谷胱甘肽过氧化物酶及超氧化物歧化酶活性增加，自由基代谢产物丙二醛的生成减少，由此表明α-亚麻酸有抗衰老作用。长期补充ω-3多不饱和脂肪酸可调节自然衰老脑内脂肪酸含量，保护神经元，并改善老年学习记忆功能。

3. 消除代谢紊乱

摄取富含饱和脂肪酸的动物脂肪易引起高血脂，这是因为饱和脂肪酸与血液中胆固醇形成的酯熔点高、极易沉积在血管内壁。当人体摄取过量饱和脂肪酸或出现脂代谢紊乱时，体内的Δ6去饱和酶受到抑制，从而影响α-亚麻酸的代谢转化，及时补充α-亚麻酸调节脂代谢，对保证体内各种代谢都具有重要的作用。老年人应尽量少摄入动物脂肪，多吃富含ω-3多不饱和脂肪酸的功能性食品和膳食补充剂。ω-3多不饱和脂肪酸的羧基与胆固醇的羟基形成的酯熔点低，易被血液乳化、输送并代谢掉，因此不易沉积于血管内壁，从而有效阻止了心血管疾病的出现。老年保健食品中的油脂应富含α-亚麻酸等ω-3多不饱和脂肪酸，这样的油脂被称为功能性油脂，既含有脂肪酸的能量，又有很好的生理功能，能处理好能量限制与功能两者之间的矛盾。

4. 降血脂，预防和缓解心血管疾病

饮食中ω-6/ω-3多不饱和脂肪酸过高与一些疾病的高发密切相关，如冠心病、糖尿病、乳腺癌等。而补充足够量的ω-3多不饱和脂肪酸可以降低体内ω-6/ω-3多不饱和脂肪酸的比例，能够降血脂，预防和缓解心血管疾病。亚麻籽油所富含的α-亚麻酸的降血脂效果特别明显。α-亚麻酸与维生素A、C、E的复合剂在降低血脂水平、预防动脉硬化的同时，还具有延缓衰老与延长寿命的功效。

5. 提高端粒酶的活性

端粒在不同物种细胞中具有保持染色体稳定性和细胞活性、控制细胞生长及寿命的重要作用，并与细胞凋亡、细胞转化和永生化密切相关。当细胞分裂一次，每条染色体的端粒就会逐次变短一些。端粒长度变短是细胞老化的一个重要标志。有关端粒酶的研究表明，增加端粒酶的活性可预防端粒长度变短，预防细胞过早老化。α-亚麻酸与维生素A、C、E的复合剂可协同提高端粒酶的活性，延长端粒长度，进而起到延缓衰老的作用。

6. 海洋食品使日本人长寿

日本人膳食中的蛋白质食品约有一半来自鱼、虾和贝类。新鲜食品与冷冻产品相比，前者的ω-3多不饱和脂肪酸保存得更好。

此外，ω-3多不饱和脂肪酸还能防止皮肤老化、抗过敏反应以及促进毛发生长等。

（十二）α-亚麻酸不转化为EPA和DHA仍具有的生理功能

α-亚麻酸作为ω-3多不饱和脂肪酸的前体化合物，因其具有显著的药理作用和营养价值而倍受国内外医学界和营养学界的关注。由于α-亚麻酸可在体内转变成DHA和EPA，因此具有DHA和EPA的生理功能，如抗动脉粥样硬化、预防心脑血管疾病及降血脂等。但α-亚麻酸除了具有DHA和EPA的活性以外，本身也是一种生命活性物质，如抗脂肪形成及累积、抗炎、保护心血管、预防糖尿病及其并发症、抗氧化、抗乳腺癌、增强药物的药效等。α-亚麻酸及其代谢产物多选择性地进入温血动物的大脑皮质、视网膜、睾丸等中，其突出的效果是减少中性脂肪，使血流通畅、情绪安定，提高免疫力，降低并预防多种疾病的发生和发展。α-亚麻酸本身的生理功能，可以用体外细胞实验以及敲除了Δ6去饱和酶的小鼠实验证实。

1. 抗脂肪形成及累积作用

小鼠敲除了Δ6去饱和酶后，α-亚麻酸就无法在体内转化成DHA和EPA，此时一组喂食高脂肪食物和不含α-亚麻酸的猪油，另一组喂食高脂肪食物和含55% α-亚麻酸的亚麻籽油，8周后发现喂食亚麻籽油组的小鼠的肝脏脂肪积累和肝炎发生率均低于喂食不含α-亚麻酸的猪油组。由此证实了α-亚麻酸无需转化成DHA和EPA就可独立发挥抗肝脏脂肪累积作用。在有关敲除了一磷酸腺苷（AMP）活化蛋白激酶的研究中发现，α-亚麻酸必须依靠一磷酸腺苷活化蛋白激酶才能发挥提高脂肪组织功能和抗脂肪形成的作用。一磷酸腺苷活化的蛋白激酶是一种能被一磷酸腺苷激活的丝氨酸蛋白激酶，激活后可以磷酸化乙酰辅酶A羧化酶、3-羟基-3-甲基戊二酰辅酶A还原酶等靶蛋白，从而影响胆固醇合成、脂肪酸氧化和胰岛素分泌等。

2. 抗炎作用

体外实验表明，α-亚麻酸无需转化成DHA和EPA就可独立发挥抗肝脏脂肪形成及累积作用，并具有抗炎作用。α-亚麻酸在体外具有抑制环氧合酶、5-脂氧化酶的能力，因此α-亚麻酸的抗炎作用应归功于其对环氧合酶，特别是环氧合酶-2的抑制作用。

3. 预防糖尿病及其并发症

研究表明，糖尿病患者血清中TNF-α、可溶性P-选择素和可溶性细胞间黏附分子-1水平显著增加。α-亚麻酸可减弱可溶性P-选择素和可溶性细胞间黏附分子-1的表达，从而抑制中性粒细胞与内皮细胞的黏附作用，起到抑制糖尿病患者内皮发炎的作用，同时也在细胞增殖、分化、凋亡的过程中发挥多种调节作用。

4. 抗前列腺癌作用

超过一半的前列腺癌患者缺失调节细胞生长和分裂的、与肿瘤发生关系密切的抑癌基因（PTEN基因）或该基因有突变，通过敲除小鼠PTEN基因构建了前列腺癌模型，按照小鼠体重2.5%和7.5%分2组饲喂α-亚麻酸，2个月后发现小鼠前列腺瘤的质量分别减轻了20.1%和21.3%，说明α-亚麻酸还有治疗小鼠前列腺癌的作用。

5. 抗氧化作用

单精子卵胞浆显微注射（ICSI）是使用显微操作技术将精子注射到卵细胞胞浆内，使卵子受精，体外培养到早期胚胎，再放回母体子宫内发育着床。通过体外培养研究α-亚麻酸对经卵胞浆内单精子注射的未成熟卵母细胞的成熟、受精和胚胎发育的影响，结果发现在α-亚麻酸中加入50微摩/升的α-亚麻酸储备液的卵母细胞，24小时成熟率明显提高。对其培养基中膜脂过氧化产物丙二醛的含量进行测定，结果发现，其丙二醛的含量显著降低，这提示了α-亚麻酸具有抗氧化作用，可通过降低氧化应激水平促进卵母细胞体外成熟，提高胚胎发育潜能。由于α-亚麻酸在体外无法转化为DHA和EPA，这表明了α-亚麻酸本身具有抗氧化作用，或者可能通过其他途径发挥其抗氧化作用。

6. 抗乳腺癌作用

乳腺癌是全世界女性最主要的癌症杀手，且目前还很难达到满意的治疗效果。有研究表明，α-亚麻酸可以减少乳腺癌细胞系的生长，并促进其凋亡。对其机理进行探讨发现，α-亚麻酸能通过修改乳腺癌分子亚型间不同的信号路径以及改变其基因表达抑制乳腺癌细胞系的生长。在体外培养中，α-亚麻酸对乳腺癌细胞系基因表达的影响是显著的，α-亚麻酸能直接影响mRNA的转录和蛋白质的表达。

7. 增强药物的药效作用

α-亚麻酸还能增强药物的药效。当α-亚麻酸与其他药物结合，可以增强药物的吸收性、疗效性甚至靶向性，降低药物的毒副作用。如α-亚麻酸与低相对分子质量的软骨素硫酸盐聚合，发现其聚合物比传统的硫酸软骨素吸收性更好；α-亚麻酸与阿霉素结合后，发现比单独使用阿霉素对肿瘤的治疗效果更好，且具有靶向性；α-亚麻酸与植物甾醇结合能有效增强植物甾醇的功效，拓宽其在脂溶性药品中的应用。

α-亚麻酸适用于高血压、高血脂、高血糖的"三高"人群，适用于经常性头痛、头晕、胸闷、胸痛、心慌气短、怠倦乏力、手足发麻、失眠健忘的人群；α-亚麻酸有很强的清理血管垃圾，维持血管弹性和通透性，进而减少动脉硬化的功能，适用于由三高引起的心脏病、冠心病、心绞痛、心肌梗死、心律失常、脑血栓、脑卒中及相关后遗症；α-亚麻酸也可改善常失眠多梦、体虚多汗、缺少运动、生活不规律、体内毒素蓄积的亚健康人群的症状。

（十三）注意多不饱和脂肪酸的保护与安全性

如今，各种含有α-亚麻酸的食用调和油不断地被投放市场，不但成为广大消费者生活中必需的食用油，而且还将成为预防心脑血管疾病的首选食疗油，在引导人们食用油的消费由营养型向健康型转变的过程中，势必引发人类食用油的一场新革命。富含ω-3多不饱和脂肪酸的调和油在体内会和所有甘油三酯一样产生热能，所以食用量不宜超过身体所需总热能的一定比例。多不饱和脂肪酸制品中的不饱和双键多且易被氧化，其暴露在空气中会发生自动氧化而变质，甚至产生有毒物质。

尽管现在还没有专门提出 ω-3多不饱和脂肪酸的安全性问题，却已经有关于摄入大剂量 ω-3多不饱和脂肪酸导致啮齿类动物肝功能变化的研究报道。有报道称，富含 ω-3多不饱和脂肪酸的低密度脂蛋白在体外对氧化作用的敏感性升高，因此应在 ω-3多不饱和脂肪酸中加入抗氧化剂作为保护措施。维生素E、茶多酚及卵磷脂都是常用的抗氧化剂或抗氧化助剂，同时又是良好的生理活性物质，与多不饱和脂肪酸具有协同功效；卵磷脂的乳化功能更是多不饱和脂肪酸制品中常用的；抗氧化剂茶多酚、黄酮类化合物还具有一定的保健功能。ω-3多不饱和脂肪酸双键多，化学性质活泼，容易被氧化分解产生丙二醛，使蛋白质交联、肌肉失去弹性、黑色素增多。多不饱和脂肪酸的双键在受热时会被氧化，产生的自由基有致癌作用，因此在加工含有多不饱和脂肪酸的食品时，应避免其在空气中长期暴露或加热油炸。在鱼油提取加工的过程中，某些不适当处理有可能产生脂类过氧化物、多不饱和脂肪酸异构体和多聚物，对机体有毒害作用，所以对鱼油中 ω-3多不饱和脂肪酸的分离提纯和制剂检测应严格控制。

在重视 ω-3多不饱和脂肪酸的保健功效和医疗作用的同时，也要注意并不是 ω-3多不饱和脂肪酸对所有人都有很好的效果。由于身体的个体差异，每个人必须根据自己的身体情况和症状来选择适合的 ω-3多不饱和脂肪酸产品和服用量，这样才有健康功效。在有关 α-亚麻酸及鱼油的实验研究及临床应用中，均发现有血小板减少、前列腺素生成总量下降、出血时间延长等不良反应。急剧改变膳食中 ω-6多不饱和脂肪酸和 ω-3多不饱和脂肪酸的比例或摄入大剂量的 ω-3多不饱和脂肪酸，会产生一系列不利于防病治病的现象。过量摄入 ω-3多不饱和脂肪酸会使体重减轻，出血时间延长，血小板减少，精液中前列腺素减少，精子活力降低甚至消失。ω-3多不饱和脂肪酸每日摄入量以2~5克较为适宜，目前认为，在日常饮食之外再另服 ω-3多不饱和脂肪酸2.7克左右大致不会发生问题。

ω-3多不饱和脂肪酸的保健医疗作用及其作用机制

为更加深入地了解 ω-3多不饱和脂肪酸的保健医疗作用，扩展其在增进健康方面的应用，深入研究 ω-3多不饱和脂肪酸的作用机制很有必要。只有明确调控机制，才有助于理解 ω-3多不饱和脂肪酸调控炎症反应、治疗不同疾病的分子机制。以 α-亚麻酸为母体的 ω-3多不饱和脂肪酸的保健功效和医疗作用的作用机制可大致归纳为：（1）ω-3多不饱和脂肪酸是身体组织结构中的一部分，如DHA约占活体大脑总质量的10%，DHA在大脑中管学习的海马细胞中占25%，DHA还是构成视网膜的重要成分，占视网膜的30%~60%。（2）ω-3多不饱和脂肪酸在身体内代谢可抑制 ω-6多不饱和脂肪酸代谢生成不利于身体的活性物质，并可生成利于身体的活性物质。细胞膜基质的磷脂成分中包含的 ω-3和

ω-6多不饱和脂肪酸，需要在相同的酶的作用下代谢产生多种不同的活性物质，在这些代谢过程中因需要相同的酶而产生竞争。ω-3多不饱和脂肪酸对这些酶的亲和性强于ω-6多不饱和脂肪酸，只要存在适量ω-3多不饱和脂肪酸（为ω-6多不饱和脂肪酸的四分之一到五分之一）就可抑制许多由于ω-6多不饱和脂肪酸过量而产生的、可引起炎症等症状的生物活性物质的生成。与此同时，ω-3多不饱和脂肪酸在相同酶的催化下，产生的是对身体有利的活性物质。ω-3多不饱和脂肪酸中的EPA还可控制促使肿瘤生长的活性物质"法奇非洛克因子"的活动，从而对癌细胞有抑制作用，对癌症有辅助治疗作用。（3）生命活动最基本的特征是新陈代谢，新陈代谢中的每一个反应都是在酶催化下完成的。反应进行时都是要反应的底物先与酶结合，在酶的催化下转变为产物。酶被称为生物催化剂，没有酶身体就无法进行新陈代谢。ω-3多不饱和脂肪酸的许多生理作用是通过抑制或促进一些酶的活性发挥作用的。例如，ω-3多不饱和脂肪酸可以通过抑制甘油三酯合成酶的活性来减少甘油三酯的合成；通过活化使甘油三酯分解代谢的酶和使脂肪酸β-氧化降解的酶，降低甘油三酯。ω-3多不饱和脂肪酸可以通过抑制胆固醇合成所需要的酶的活性来抑制胆固醇的合成；通过活化使胆固醇去除和转移的酶，降低胆固醇。（4）细胞膜的基质是由以各种脂肪酸为主要成分的磷脂构成的，饱和的、单不饱和的和多不饱和的脂肪酸的比例对细胞膜的流动性至关重要。ω-3多不饱和脂肪酸作为膜基质的成员可改善细胞膜的流动性。细胞膜的流动性对于细胞代谢来说，有着非常重要的作用。ω-3多不饱和脂肪酸由于双键多，不易整齐排列，足够量的多不饱和脂肪酸才能使细胞膜的流动性适中、使细胞膜具有很高的灵活性和敏感性，才能维持细胞正常的新陈代谢、维持细胞的生理机能、治疗细胞的病理状况。（5）ω-3多不饱和脂肪酸通过对免疫系统的调节，激活人体内的巨噬细胞，增强人体的免疫功能，影响基因的转录和表达，影响细胞信号传导途径，尤其是通过脂类介质、蛋白激酶C和Ca^{2+}动员第二信使等途径，影响细胞的功能，达到预防和治疗有关疾病的目的。

（一）ω-3多不饱和脂肪酸中的DHA是大脑和视网膜的物质基础

任何生理活动都要有物质基础，ω-3多不饱和脂肪酸是脑神经细胞膜和视网膜的重要组成成分，约占大脑中干物质的50%，是大脑和视网膜的物质基础。ω-3多不饱和脂肪酸不仅为大脑提供能量，还能够调节多种神经递质的传递过程，降低神经元氧化应激和凋亡水平，促进海马区神经发生及长时程电位形成，改善和提高大脑功能。在人体视网膜光感受器外层片段的磷脂中也含有很高的DHA，DHA缺乏会引起视力和学习效率下降。

1. 脑神经细胞膜磷脂的主要成分

ω-3多不饱和脂肪酸在哺乳动物大脑神经细胞膜（尤其是突触部分）磷脂层中含量丰富，对维持细胞膜流动性起着十分重要的作用，可调节神经细胞膜对各种神经递质的通透性。以DHA为代表的ω-3多不饱和脂肪酸广泛分布于脑组织等神经系统中，对神经细胞内外各种离子及神经递质的传递起着重要的作用，是大脑和视网膜的物质基础。DHA渗入大脑皮质、视网膜等中，参与神经元细胞膜的磷脂中，构成乙醇胺磷脂和神经磷脂，使细胞膜呈液晶态，流动性更好、通透性增强，使细胞充满活力。脑部各种信息的传递要依靠神经细胞的外膜交换信号，参与的神经细胞数量越多交换速度越快，交换的快慢决定了我们外在反应时间的长短，以及情绪表达、记忆、想象等认知功能的强弱。DHA还能促进脑内核酸、蛋白质及单胺类神经递质的合成，对于脑神经元、神经胶质细胞、神经传导突触的形成、生长、增殖、分化、成熟和神经传导网络的形成具有重要的作用。神经细胞又称神经元，是神经系统的基本结构和机能单位，主要部分包括树突、胞体、轴突、细胞膜。树突形状似分叉众多的树枝，上面散布许多枝状突起，因此有可能接受来自许多其他细胞的信息传递。DHA集中于神经细胞中，尤其是富集于神经突起中，使大脑细胞机能活化，对搜集、判断、精神集中和嗅觉都有重要影响。人体缺乏DHA会导致大脑灰白质发育不良，视神经传导速度降低，引起健忘、疲劳、视力减退、脂质代谢紊乱等，导致免疫力降低。

2. 激活神经递质、促进神经递质的传递，有助于抗氧化防御

ω-3多不饱和脂肪酸可以通过调节囊泡形成和囊泡的数量来影响神经递质释放，激活神经递质，使神经系统信息传递和处理速度大大加快。乙酰胆碱是中枢神经系统内高级神经功能活动的一类重要的神经递质，参与学习记忆等生理活动。有研究表明，DHA可以增加神经递质乙酰胆碱的分泌，增强大鼠脑组织中乙酰胆碱系统的活性，增强乙酰胆碱在脑中的代谢水平，产生副交感神经兴奋效应。氧化应激是指体内氧化与抗氧化作用失衡的一种状态，产生大量氧化中间产物，并被认为是导致衰老和疾病的一个重要因素。DHA能提高过氧化氢酶和谷胱甘肽过氧化物酶等抗氧化酶水平，摄入DHA会有助于抗氧化防御，减少氧化应激反应。

3. 对抗大脑炎症反应引起的损伤

大脑和神经细胞在炎症、毒素等致病因子的不断刺激下，会受到"内伤"、出现功能异常，神经炎症反应会损坏认知功能。已有研究发现，脑内促炎性细胞因子如IL-6、IL-1β等水平的升高与海马的记忆损害之间存在因果联系。DHA能显著增加神经元突起的数量和长度，使突触的密度增大，形成更多神经元网络，完善海马区神经元之间的相互联系，促进神经元存活，以能更好地储存记忆，完成记忆过程。DHA能显著降低脑内环氧合酶-2和IL-1β的水平，减少炎性物质的生成和炎症的发生，对抗大脑缺血后的炎症反应及损伤，有效保护大脑功能和神经细胞的健康。ω-3多不饱和脂肪酸通过对抗神经细胞内淀粉样蛋白的毒性作用，抑制脑神经血管的炎症反应，阻止神经细胞异常凋亡，促进多种神经营养因子的形成，从而达到保护神经结构、改善神经细胞功能的效果，而且基本无不良反应。

4. 改善脑组织微环境，影响神经元的电生理过程

ω-3多不饱和脂肪酸通过降低血脂，清除血管壁脂质附着，增强红细胞携氧功能，改善心脑血管功能，间接地改善脑组织微环境，从而改

善认知功能。这对于提高儿童智力和防止老年人大脑功能衰退都是十分重要的。研究发现，DHA能够抑制一种转基因大鼠脑局部缺血损伤后神经小胶质细胞的活化，减小局部缺血损伤面积。有关模型大鼠的研究还发现，DHA确实能影响大脑内嗅皮层中可接受其他神经元信号输入的锥体神经元的电生理过程。

5. 增强学习记忆能力的机制

学习记忆重要的神经机制之一是中枢神经系统突触可塑性长时程增强。一氧化氮是参与突触传递效率和强度长期增益效应的重要信号因子，而一氧化氮合酶是合成内源性一氧化氮唯一的酶，在学习记忆过程中有重要的地位。研究表明，DHA能显著性提高脑组织中一氧化氮合酶的含量，使脑内一氧化氮合成增加，加强中枢神经系统中一氧化氮介导神经元对兴奋性氨基酸的反应来提高学习记忆。

6. 炎症是引发眼干燥症的重要因素

眼睛生理学和视觉的许多方面都受到ω-3多不饱和脂肪酸的影响，例如缺乏ω-3多不饱和脂肪酸易患眼干燥症（角结膜干燥症）、视网膜色素变性、青光眼和早产儿视网膜病变等多种眼部疾病。炎症是引发眼干燥症的重要因素之一。炎症因子不仅可刺激淋巴细胞增生，对泪腺造成免疫攻击，自身也会干扰泪腺的正常分泌功能，引发眼干燥症。眼干燥症患者中ω-6多不饱和脂肪酸与ω-3多不饱和脂肪酸泪膜脂质的比例与泪膜功能障碍和角膜染色程度成正比，ω-3多不饱和脂肪酸泪膜脂质的代谢不足可能是眼干燥症的慢性眼表面炎症驱动剂。ω-3多不饱和脂肪酸具有一定的抗炎作用，泪膜中缺少ω-3多不饱和脂肪酸，就不能起到抵御炎症因子的作用，眼干燥症也会越严重，因此眼干燥症的发生与ω-3多不饱和脂肪酸的不足有一定的关系。ω-3多不饱和脂肪酸可能直接影响泪膜的脂肪组成，从而提高其稳定性和功能。另外，ω-3多不饱和脂肪酸可以优化眼睑腺的健康，调节其分泌物，以及抑制促炎细胞因子的产生。ω-3多不饱和脂肪酸的摄入增强了位于结膜上皮的跨膜活动离子泵的活力，提高了眼泪的质量和数量。

7.调节炎症提高眼角膜的透明度，维持眼部表面和功能的稳定

ω-3多不饱和脂肪酸通过调节炎症影响免疫细胞和炎性细胞的功能，对眼部疾病起到缓解和预防的作用。DHA和视紫红质之间的相互作用发生在早期的高尔基球囊转运到视杆细胞外节膜盘之后。DHA影响信号传导过程中的光受体膜和神经递质，还可影响视紫红质的激活、棒状和锥状细胞的发育、神经树突连接以及中枢神经系统的功能成熟等。EPA的代谢在正常细胞内能产生抗炎作用，同时通过控制炎症的机制提高眼角膜的透明度，维持眼部表面和功能的稳定。ω-3多不饱和脂肪酸可通过促进损伤后血管的再生减少视网膜血管的面积，从而减少新生血管形成的缺氧刺激，对视网膜的正常工作具有保护作用。ω-3多不饱和脂肪酸的缺乏会影响视网膜电图、视觉诱发电位及视敏度，从而引发眼部疾病。

（二）ω-3多不饱和脂肪酸的抗炎活性机制

在内毒素、细胞因子或细菌等的刺激下，细胞的各种磷脂酶被活化，细胞膜基质磷脂中的ω-6和ω-3多不饱和脂肪酸，在脂氧化酶和环氧合酶的作用下氧化产生各种具有活性的类二十烷酸。

1.通过抑制磷脂酶A_2的活性，减少花生四烯酸的释放

花生四烯酸是生物体内一种分布极为广泛的ω-6多不饱和脂肪酸。花生四烯酸从细胞膜上游离出来需要磷脂酶A_2的作用，在创伤、感染、内毒素、细胞因子或细菌等致炎因素的作用下，细胞膜中的磷脂酶A_2被激活，使得细胞膜磷脂中的花生四烯酸等ω-6多不饱和脂肪酸分解，从细胞膜中释放出来。ω-3多不饱和脂肪酸可通过抑制磷脂酶A_2的活性，减少细胞膜磷脂中花生四烯酸的释放，这样也可减少来源于花生四烯酸的类二十烷酸等致炎物质的产生，有助于抑制炎症及免疫反应。因此，补充ω-3多不饱和脂肪酸可抑制细胞膜中花生四烯酸释放，使由花生四烯酸合成的白细胞介素和PGE_2减少，降低急性炎症的严重性，对血管壁甚至全身的炎症反应产生影响。

2. 花生四烯酸通过三种酶途径产生致炎物质

细胞膜磷脂在磷脂酶A_2的脂解作用下释放出花生四烯酸进入胞浆，再通过环氧合酶、脂氧化酶及细胞色素P450单氧化酶等三种酶途径进行代谢生成致炎物质。

环氧合酶途径：炎症介质花生四烯酸在环氧合酶的作用下生成PGG_2和PGH_2，再通过一系列前列腺素合酶分别产生PGD_2、PGE_2、PGI_2、$PGF_{2\alpha}$和血栓素A_2等，这些代谢产物通过不同的受体发挥不同的作用，在炎症的发生、发展中起着重要作用。血栓素A_2使血小板聚集和血管收缩，是潜在的白细胞趋化剂，能诱导释放溶菌酶，调节巨噬细胞产生促炎介质TNF-α和在炎症反应中起重要作用的IL-2、IL-6、IL-1。在心血管疾病背景下，花生四烯酸的这些产物更多地发挥促炎、促血栓、促血小板凝集、促动脉粥样硬化等不良作用。

脂氧化酶途径：花生四烯酸在脂氧化酶的作用下产生LTB_4和参与炎症、氧化应激等病理作用的羟基二十碳四烯酸（HETEs）。LTB_4是中性粒细胞的化学驱动因子和白细胞功能反应的激活因子，具有很强的白细胞趋化性，诱导吸引白细胞，促进炎症和动脉粥样硬化进程，在炎症的发展中起重要作用。LTC_4、LTD_4、LTE_4可引起明显血管收缩、静脉血管通透性增加、支气管痉挛，通过增加血管的通透性参与炎症过程。花生四烯酸产生的LTB_4能增加血管的渗透性和血液的流动性，诱导释放溶菌酶，促使促炎介质TNF-α、IL-2、IL-6和IL-1的产生，参与炎症过程。

细胞色素P450单氧化酶途径：细胞色素P450单氧化酶作为一种末端加氧酶，使花生四烯酸环氧化产生环氧二十碳三烯酸（EETs），是花生四烯酸代谢的第三条途径。环氧二十碳三烯酸可通过激活钙离子敏感的钾通道，使平滑肌细胞处于超极化状态而扩张血管。环氧二十碳三烯酸不但可以促进内皮细胞的移行，而且能定向趋化内皮细胞向受损组织迁移，促进血管的生成，对内皮细胞自身发挥保护作用，但抗炎作用不大。

3. ω-3多不饱和脂肪酸通过相同的三种酶途径抑制炎性物质的产生

与花生四烯酸促炎通路相反，EPA能与花生四烯酸竞争5-脂氧化酶和环氧合酶作用位点，从而减少花生四烯酸下游产物LTB_4、PGE_2及血栓素A_2的生成，促进EPA下游产物PGE_3、PGI_3、血栓素A_3及LTB_5的生成。其中PGI_3能促进血管扩张，血栓素A_3能抑制血小板聚集。LTB_5对中性粒细胞的趋化和凝聚、释放溶菌酶的作用仅为LTB_4的10%。血栓素A_3收缩血管的作用较血栓素A_2低。与花生四烯酸下游产物相比，EPA下游产物对血小板的聚集和炎症诱导较弱，进一步减弱了与花生四烯酸相关的促炎作用；EPA在脂氧化酶作用下还产生内源性脂质抗炎促消退介质脂氧素和调节脂肪沉积的脂质氧化物；EPA在5-脂氧化酶作用下生成氧化物5-HEPE，其可减轻短期高脂饮食引起的脂肪组织的炎症。EPA和DHA通过细胞色素P450单氧化酶途径产生的环氧二十碳四烯酸与环氧二十碳三烯酸相似，但却具有更加强大的心血管保护作用和抗炎作用。

4. 产生特异性消炎介质

EPA和DHA可在三大通路代谢酶的联合作用下产生特异性消炎介质。这类非经典类二十烷酸代谢产物与炎症的消退过程密切相关。特异性消炎介质主要包括脂氧素、消退素、保护素和巨噬细胞衍生炎症消退介质。脂氧素是具有抗炎、促炎症消退双重作用的内源性脂质介质。消退素分为由EPA产生的E类消退素和由DHA产生的D类消退素。特异性消炎介质中的保护素和巨噬细胞衍生炎症消退介质是由DHA通过脂氧化酶途径产生的。EPA和DHA在脂氧化酶的参与下能够转化为多种促进炎症反应消退的脂类介质消退素，EPA和DHA也可以经细胞色素P450单氧化酶途径合成消退素。脂氧化酶和脂氧素能够抑制白细胞向炎症部位趋化，并促进巨噬细胞的胞葬作用，从而促进炎症反应的消退。消退素能够通过抑制中性粒细胞浸润、抑制血小板聚集、促进中性粒细胞凋亡、减少促炎细胞因子的产生来发挥抗炎作用。ω-3多不饱和脂肪酸中的二十二碳五烯酸（DPA）也可产生消退素，并将其命名为T系列消退素。特异性消炎介质是由多不饱和脂肪酸在不同碳位的多羟基化产生，理论上不同排列组合的羟基化方式可产生大量不同结构的特异性消炎介质，目前已鉴定的此类代谢产物超过30种。

阿司匹林属于环氧合酶抑制剂，能够将环氧合酶-2乙酰化，从而阻断花生四烯酸转化为前列腺素，减少炎症介质的产生并发挥抗炎作用。而花生四烯酸、EPA、DHA代谢的中间产物，在脂氧化酶的参与下转化为阿司匹林诱导的脂氧素、阿司匹林诱导的消退素E和阿司匹林诱导的消退素D，仍可发挥抗炎作用。

5. 参与炎症的消退与组织修复

ω-3多不饱和脂肪酸可使核转录因子-κB（在细胞的炎症反应、免疫应答等过程中起关键性作用）和环氧合酶-2减少，从而达到抗炎的作用。同时，ω-3多不饱和脂肪酸还能影响IL-1、IL-6和TNF-α的释放，阻断机体的过度炎症反应。有研究显示，患者服用ω-3多不饱和脂肪酸可明显降低TNF-α、IL-1、IL-6、血管内皮黏附分子-1、细胞间黏附分子-1和C-反应蛋白等的表达，从而减少炎症反应的发生。EPA和DHA的代谢产物通过减少白细胞的游走及渗出、减少炎症递质的生成参与炎症的消退及组织修复过程。研究发现，8～12岁儿童按0.3克每天的剂量口服鱼油连续12周，可明显增加脂质和多糖的复合物脂多糖诱导的外周血单核细胞促炎介质白细胞或TNF-α的分泌，影响在炎症反应中起重要作用的IL-1β、IL-6、IL-4和IL-10的分泌。

6. 抑制超氧化物歧化酶的下降

炎症的严重程度与超氧化物歧化酶的下降幅度呈正相关。ω-3多不饱和脂肪酸能通过影响超氧化物歧化酶作用于纤维蛋白的前体——纤维蛋白原，抑制其激活生成纤维蛋白，使超氧化物歧化酶的下降程度低一些。若缺少ω-3多不饱和脂肪酸中的EPA和DHA，将使病人机体的超氧化物歧化酶的抗氧化能力下降。

（三）ω-3多不饱和脂肪酸抗动脉粥样硬化的途径

ω-3多不饱和脂肪酸对人体内环境稳定和正常生长发育具有保护作用，其代谢产物可以通过以下三个方面来发挥保护作用。一是产生无活性或弱活性的代谢产物，其本身虽不具有保护作用但可以抑制花生四烯酸产生危害性代谢产物；二是产生比花生四烯酸类似物活性更强的保护性代谢产物；三是产生特异性消炎介质代谢产物，在炎症消退过程中发挥保护作用。由于类二十烷酸代谢产物种类众多，只有对 ω-3多不饱和脂肪酸代谢产物之间形成的复杂代谢网络进行深入研究，才能揭示以上途径所产生的具有保护作用的物质之间的联系。ω-6和 ω-3多不饱和脂肪酸的动态平衡对人体内环境稳定和正常生长发育具有重要作用，主要体现在稳定细胞膜结构、调控基因表达、维持细胞因子和脂蛋白的平衡等方面。ω-6和 ω-3多不饱和脂肪酸等作用不同的类二十烷酸的数量和类型，取决于细胞膜上花生四烯酸和EPA的含量，以及水解甘油磷脂的磷脂酶A_2、水解磷脂酰肌醇的磷脂酶C、脂氧化酶和环氧合酶的活性。

身体健康的关键在于代谢平衡。心血管系统中的PGI_2和血栓素A_2分别由血管内皮细胞和血小板产生，它们对血管及血小板的作用相反，在动脉粥样硬化的发展中起重要作用。PGI_2诱导血管舒张并抑制血小板聚集，血栓素A_2诱导血管收缩，是一种强血小板激动剂，ω-6多不饱和脂肪酸代谢物PGI_2和血栓素A_2之间的平衡是决定心血管系统稳态的关键因素。ω-3多不饱和脂肪酸的存在有利于这两者之间的平衡。EPA能够代谢生成PGI_3和血栓素A_3，PGI_3与PGI_2的功能类似，具有刺激血管舒张的作用，而血栓素A_3促血小板聚集的作用却远远弱于血栓素A_2。因此，EPA的存在可以增强PGI_2的保护性作用，同时降低血栓素A_2的危害性作用。另外还发现ω-6多不饱和脂肪酸的另一种代谢产物$PGF_{2\alpha}$可能参与了动脉粥样硬化的发生和发展。$PGF_{2\alpha}$在吸烟、肥胖、风湿病、Ⅰ型和Ⅱ型糖尿病人群中升高时，这些人群发生心血管疾病的风险也升高。在高胆固醇血症和吸烟的人群中发现尿中的$PGF_{2\alpha}$增加，老年人的血浆$PGF_{2\alpha}$水平与颈总动脉内膜和中膜的厚度比呈正相关，因而通过$PGF_{2\alpha}$水平可有效判断动脉粥样硬化的程度。而 ω-3多不饱和脂肪酸的存在可以抑制过量$PGF_{2\alpha}$的产生。

动物实验发现，EPA能抑制肝脏的脂肪酸合成酶的活性，减少脂肪酸的合成，同时使过氧化物酶体作用的脂肪酸β-氧化增加，使脂肪酸降解增加。EPA还可提升脂蛋白脂酶的活性，故ω-3多不饱和脂肪酸能降低甘油三酯。EPA既能激活过氧化物酶体增殖物激活受体（PPARα），加速脂肪酸的β-氧化，又能通过降低在脂质生成过程中发挥作用的固醇调节元件结合蛋白的核内蛋白量来抑制脂肪的合成。固醇调节元件结合蛋白作为体内重要的核转录因子，调控与脂肪酸合成和与胆固醇合成、摄取有关的基因的表达，调控脂肪酸、甘油三酯和胆固醇的生物合成，在胆固醇和脂肪酸的代谢过程中发挥重要的调控作用，也是代谢综合征等相关疾病的关键连接点。实验敲除小鼠的会产生异常高脂血症的载脂蛋白E基因，喂食西式饮食，使其产生动脉粥样硬化，当补充EPA后，发现其可显著延缓这种由西式饮食诱导的动脉粥样硬化病灶的生长。

1. 通过环氧合酶途径发挥抗动脉粥样硬化的作用

花生四烯酸在环氧合酶的作用下生成PGG_2、PGH_2，二者进一步通过前列腺素合酶分别产生PGD_2、PGE_2、PGI_2、$PGF_{2\alpha}$和血栓素A_2等。这些产物可以发挥促炎、促血栓、促血小板聚集、促动脉粥样硬化等不良作用。相反，EPA在环氧合酶的作用下生成PGE_3和血栓素A_3，它们相比于2系列的类似物大多具有较弱或相反的功能。EPA与花生四烯酸对环氧合酶的竞争作用造成促炎性代谢产物PGE_2水平的下降，从而产生抑制PGE_2上调IL-6的作用。

2. 通过脂氧化酶途径抗动脉粥样硬化

花生四烯酸在脂氧化酶作用下代谢生成脂质氧化物15-HETE，其在激活嗜中性粒细胞和嗜酸性粒细胞方面都具有强大的功能。嗜中性粒细胞可引起感染部位的炎症反应；嗜酸性粒细胞也可引起组织损伤，促进炎症发展。花生四烯酸代谢产生的白三烯能够激活G蛋白偶联受体、LTB_4受体和半胱氨酰白三烯受体。这些受体的激活导致5-脂氧化酶和环氧合酶表达水平的升高，并造成炎症因子如IL-6和IL-8的水平增加，从而促进嗜中性粒细胞的募集。LTB_4还可通过增加TNF-α、IL-1β和IL-6的产生，诱导血小板聚集和血管收缩，促进动脉粥样硬化的发展。总之，过量花生四烯酸的存在会加速动脉粥样硬化的发展。而ω-3多不饱和脂肪酸的代谢物可抑制花生四烯酸诱导的动脉粥样硬化的发展。EPA可减轻短期高脂饮食引起的脂肪组织的炎症。EPA产生的LTB_5能与LTB_4竞争结合受体，从而抑制LTB_4的促炎信号，LTB_5还具有抗血小板聚集和抗心律失常的特性。

花生四烯酸在12-脂氧化酶、15-脂氧化酶的作用下产生脂质氧化物12-HETE、15-HETE，在冠状动脉疾病患者血清中就发现12-HETE水平升高。12-HETE抑制了巨噬细胞的胞葬作用，导致其清除凋亡细胞的能力减弱，有研究提示12-HETE可作为动脉粥样硬化的干预靶点；15-HETE可通过黄嘌呤氧化酶和烟酰胺腺嘌呤二核苷酸磷酸（NADPH）氧化酶依赖的途径诱导活性氧的产生，并通过信号通路的上调，促进泡沫细胞的形成。泡沫细胞是指吞噬了脂质的单核细胞或组织细胞，泡沫细胞的形成是动脉粥样硬化形成的早期事件。与花生四烯酸产生的脂质氧化物12-HETE、15-HETE相对应的是EPA在12-脂氧化酶、15-脂氧化酶的作用下生成的脂质氧化物12-HEPE、15-HEPE。12-HEPE参与了人体棕色脂肪组织响应寒冷的过程，它通过改善葡萄糖代谢发挥对心血管的保护作用；15-HEPE具有调节血小板中环氧合酶和12-脂氧化酶酶活性的潜力，可以抑制花生四烯酸产生血栓素A_2和12-HETE，从而发挥抗血栓形成和抗动脉粥样硬化的作用。另外，DHA可以通过12-脂氧化酶和15-脂氧化酶生成单羟基化衍生物，抑制血栓素A_2诱导的血小板聚集，进而减少动脉粥样硬化的形成。

3. 通过细胞色素P450单氧化酶途径发挥抗动脉粥样硬化的作用

细胞色素P450单氧化酶作为一种末端加氧酶，可使花生四烯酸环氧化，产生对心血管有保护作用的环氧二十碳三烯酸，它能够抑制血小板黏附，具有抗炎和保护心血管的作用；而EPA和DHA通过细胞色素P450单氧化酶途径产生的环氧二十碳四烯酸有更加强大的心血管保护作用。利用fat-1转基因小鼠进行相关研究。fat-1基因能以ω-6多不饱和脂肪酸为底物进行脱氢反应，生成相应的ω-3多不饱和脂肪酸，从而改变细胞膜ω-6与ω-3多不饱和脂肪酸的比例。因此，fat-1转基因小鼠可

内源性地使体内 ω-3多不饱和脂肪酸升高，伴随体内类二十烷酸代谢谱的变化。研究发现，EPA、DHA通过细胞色素P450单氧化酶途径产生的17-环氧二十碳四烯酸和18-环氧二十碳四烯酸可能是fat-1基因拮抗动脉粥样硬化作用的主要因素，能够抑制在细胞的炎症反应、免疫应答等过程中起关键性作用的核转录因子-κB信号的传导，减少内皮细胞激活和单核细胞黏附，从而减缓动脉粥样硬化的发展。

4. 产生特异性消炎介质抗动脉粥样硬化

炎症在动脉粥样硬化及其并发症中有着重要影响，消除炎症可对抗动脉粥样硬化。ω-3多不饱和脂肪酸通过产生特异性消炎介质发挥抗动脉粥样硬化的作用。动脉粥样硬化是一种脂质驱动的血管内膜炎性病理过程，其促炎和抗炎机制的失衡决定了最终的临床结果。特异性消炎介质在该过程中起重要的调控作用。在阿司匹林和他汀类药物联合治疗的冠心病患者的血浆中可检测出特异性消炎介质升高，被阿司匹林修饰的环氧化酶是催化特异性消炎介质生成的关键因素。促进特异性消炎介质的生成将成为临床上抑制动脉粥样硬化病变形成的一种新方法。这表明 ω-3多不饱和脂肪酸可以与阿司匹林联合用于治疗心血管疾病。

消退素是一类具有促炎症消退作用的新型多不饱和脂肪酸衍生物，根据合成消退素的前体物 ω-3多不饱和脂肪酸的种类，消退素家族可分为源自EPA的E类消退素和源自DHA的D类消退素。消退素通过白介素受体和参与炎症及过敏反应的组胺受体等G蛋白偶联受体发挥抗炎作用和抗动脉粥样硬化作用。由EPA生成的消退素E_1是一种有效的促炎症消退介质，不仅能够减小动脉粥样硬化斑块的大小，还能减少白细胞浸润。消退素E_1可以减少腺苷二磷酸诱导的血小板聚集，减少冠状动脉事件的发生，在大鼠心肌缺血模型中，还可以剂量依赖性减少心肌梗死范围。消退素E_1在动脉粥样硬化中发挥保护作用，它不仅作为LTB_4受体的拮抗剂，降低LTB_4介导的炎症反应，还可以作为消退素E_1受体的激动剂发挥抗炎作用，同时介导急性炎症的消退。研究证明，高EPA饮食可使小鼠血浆中消退素E_1水平升高，消退素E_1通过其受体介导的信号通路增强抗炎因子的产生。

源自DHA的D类消退素可通过特定的受体抑制中性粒细胞激活、抑制炎症基因转录，以及促进巨噬细胞对凋亡细胞的吞噬作用，从而预防动脉粥样硬化的发生。另一项研究表明，在动脉粥样硬化患者中，消退素D_1的水平与坏死核的数目呈负相关，与纤维帽的厚度呈正相关，消退素D_1在动脉粥样硬化的晚期通过抑制炎症、增强胞吞作用及促进纤维帽厚度的增加来限制斑块的发展。

以鱼油为基础的脂肪乳悬浊液作为肠外营养对脓毒症患者进行支持治疗，患者外周血中TNF-α及IL-6水平显著降低，具有抗炎作用的IL-10水平明显升高，表明EPA和DHA在脓毒症中可发挥抗炎作用。另一项临床随机对照试验也表明，补充ω-3多不饱和脂肪酸可明显降低脓毒症患者发生器官功能障碍的风险，也可降低病情较轻的脓毒症患者的病死率。

5. 降低高甘油三酯血症患者的活性因子

DHA能够降低高甘油三酯血症患者血清高敏C-反应蛋白（hs-CRP，炎症标志物之一）、IL-6水平，降低自然杀伤细胞（NK细胞，机体重要的免疫细胞）的活性，减少参与炎性细胞趋化作用的外周血单个核细胞因子-κB的分泌。EPA能够剂量依赖性地降低与动脉粥样硬化相关的炎症标志物如高脂血症患者的高敏C-反应蛋白、氧化修饰的低密度脂蛋白（OX-LDL，氧化修饰的低密度脂蛋白过量时，它携带的胆固醇便积存在动脉壁上，久了容易引起动脉硬化）、脂蛋白磷脂酶A_2（Lp-PLA$_2$，为冠心病和缺血性卒中的独立危险因素）的水平。EPA能够抑制中性粒细胞和单核细胞的5-脂合酶代谢途径，增加LTB$_5$的合成，同时抑制具有强的收缩平滑肌与致炎作用的LTB$_4$介导的中性粒细胞机能，并可降低IL-1的浓度。EPA通过降低心肌梗死术后炎症标志物高敏C-反应蛋白水平，减少复合终点事件，特别是室性心律失常的发生。体外研究和动物实验均发现，ω-3多不饱和脂肪酸可下调内毒素和细胞因子诱导的环氧合酶-2的表达，并与在先天性免疫系统中起关键作用的细胞膜表面Toll样受体2有关。Toll样受体是参与非特异性免疫（天然免疫）的一类重要蛋白质分子，也是连接非特异性免疫和特异性免疫的桥梁。

（四）ω-3多不饱和脂肪酸的抗癌机理

ω-3多不饱和脂肪酸具有较好的防癌、抗癌作用，其抗癌机理主要有四个方面。第一是抑制炎症，ω-3多不饱和脂肪酸干扰花生四烯酸的形成，降低花生四烯酸的浓度，减少了对癌症发生有促进作用的PGE_2的生成；第二是降胆固醇，癌细胞的膜合成对胆固醇的需求量大，而ω-3多不饱和脂肪酸能降低胆固醇水平，从而能抑制癌细胞生长；第三是提高免疫力，在免疫细胞中的DHA和EPA可产生有益生理效应的物质，参与细胞基因表达的调控，提高了机体免疫力，影响肿瘤坏死因子的表达；第四是增加细胞膜流动性，ω-3多不饱和脂肪酸可增加细胞膜的流动性，有利于细胞的代谢和修复，阻止肿瘤细胞的异常增生。

1. 预防癌症的发生

抑制癌症很重要的一点是抑制炎症，俗称"久炎必癌"，长期的炎症会使癌症发生，抑制炎症可在一定程度上预防癌症的发生。过多的ω-6多不饱和脂肪酸会在人体内转变成促进肿瘤增大的炎性介质PGE_2，而ω-3多不饱和脂肪酸可抑制炎性介质PGE_2的产生，起到抑制肿瘤的作用。以不同比例的ω-3和ω-6多不饱和脂肪酸喂养大鼠，发现ω-3多不饱和脂肪酸对重氮丝氨酸诱发大鼠胰腺癌有抑制作用。肿瘤细胞内的环氧合酶-2活性较正常细胞高，增加了炎性介质PGE_2的合成，PGE_2可诱导细胞增殖，并刺激B细胞淋巴瘤/白血病-2癌基因的表达。白血病-2蛋白抑制细胞凋亡，使细胞增殖凋亡失衡，促进肿瘤发生。PGE_2也能促进细胞外基质降解，产生的血栓素促进血小板聚集，有利于癌细胞的侵袭和转移。用含EPA和DHA的鱼油喂养结肠癌大鼠，使其磷脂酶A_2、磷脂酰肌醇磷脂酶C（PI-PLC）以及环氧合酶-2活性降低，可抑制炎症和肿瘤。花生四烯酸在磷脂酶A_2的作用下从磷脂中释放，进而在环氧合酶-2的作用下生成PGE_2，促进肿瘤发生、侵袭和转移。磷脂酰肌醇磷脂酶C

将膜上的4,5-二磷酸脂酰肌醇（PIP_2）催化分解为两个细胞内的第二信使二酰基甘油（DAG）和三磷酸肌醇（IP_3），进而激活蛋白激酶C，使多种蛋白磷酸化，增加细胞质中Ca^{2+}浓度，促进细胞增殖和肿瘤发生，凡是能激活蛋白激酶C的物质均可能促使肿瘤的发生。研究发现，鱼油可减少结肠癌的风险，其抗肿瘤的发生机制与其降低炎性介质PGE_2和可诱导型的一氧化氮合酶水平，增加脂质过氧化、翻译抑制及细胞周期的破坏有关。

ω-3多不饱和脂肪酸可激活控制许多细胞内的代谢过程的过氧化物酶体增殖物激活受体，抑制核转录因子-κB的产生。核转录因子-κB与免疫细胞的活化、T淋巴细胞和B淋巴细胞的发育、应激性反应和细胞凋亡等多种细胞活动有关。许多因素可激活核转录因子-κB，使其从细胞质转位于细胞核，与核转录因子-κB反应性基因的κB位点结合并调控核转录因子-κB反应性基因的转录，激活由核转录因子-κB调控的前炎性细胞因子。有研究显示，患者服用ω-3多不饱和脂肪酸可明显降低TNF-α、IL-1、IL-6、C-反应蛋白、血管内皮黏附分子-1和细胞间黏附分子-1等的表达，从而减少炎症反应和肿瘤的发生。ω-3多不饱和脂肪酸可通过调节机体的炎症反应及免疫功能，减少炎症反应的发生并提高机体免疫力，预防癌症。

2. 过多的ω-6多不饱和脂肪酸加速肿瘤生长

生化分析显示，结肠癌组织和正常结肠黏膜中脂肪酸的分布与食物中脂肪酸的摄入量相对应，ω-6多不饱和脂肪酸使肿瘤细胞内炎性介质PGE_2含量明显升高，促进细胞增殖，抑制免疫反应并加速肿瘤生长。ω-6多不饱和脂肪酸可增强磷脂酰肌醇磷脂酶C的活性，使4,5-二磷酸脂酰肌醇产生第二信使二酰基甘油和三磷酸肌醇，使蛋白激酶C活化，促进细胞增殖和肿瘤发生。临床研究证明，肠癌病人肿瘤细胞磷脂中ω-6多不饱和脂肪酸特别是花生四烯酸明显增加，炎性介质PGE_2和脂膜过氧化产物丙二醛也明显高于正常黏膜组织。丙二醛本身就具有致突变性，而在脂质过氧化反应中产生的大量毒性自由基，又进一步激活磷脂酶A_2，促使花生四烯酸和PGE$_2$的生成增加，继而促进肿瘤的发生和发展。

3. 抑制肿瘤生长

ω-3多不饱和脂肪酸可明显抑制肠癌组织中磷脂酶A$_2$和磷脂酰肌醇磷脂酶C的活性，阻止2系列前列腺素的生成和细胞增殖，抑制肿瘤生长。有报道称，鱼油可减少结肠癌的风险，EPA对肿瘤体积的抑制是通过下调能强烈地促进内皮细胞分裂增殖的血管内皮细胞生长因子-α（VEGF-α）的mRNA的表达来起作用的。实验表明，α-亚麻酸可抑制小鼠肠道中肿瘤的发生，对偶氮甲烷所引起的结肠癌具有显著的抑制作用，对前列腺癌也有一定的预防作用。在大鼠饲料中添加5%的EPA，可使乳腺肿瘤组织中ω-6多不饱和脂肪酸的水平降低，肿瘤生长被抑制。动物实验证实，消退素E$_1$可以减小动脉粥样硬化小鼠模型的斑块大小，并降低主动脉TNF-α水平。类似的结果也在兔动脉粥样硬化模型中发现，将甘油一端羟基上结合了DHA的磷脂酰胆碱融合到肿瘤细胞的细胞膜中，改变了其表面一些抗原决定簇，使之更容易直接攻击带异抗原的肿瘤细胞、病毒感染细胞和被异体细胞的Tc细胞识别。DHA能促进T淋巴细胞的增殖，提高细胞因子TNF-α、IL-β、IL-6的转录，提高免疫系统对肿瘤的杀伤能力。DHA能下调T淋巴细胞表面存在的、能诱导多种人细胞系发生凋亡的死亡受体（Fas）的水平，使T淋巴细胞凋亡减少，延长其抗肿瘤的时间，所以EPA和DHA与抗癌免疫有关。EPA和DHA结构中含有多个双键，是脂质过氧化的天然底物。脂质过氧化产生的活性氧能提高肿瘤细胞对治疗药物的敏感性，产生的自由基和脂质过氧化物则可抑制肿瘤细胞的表达，缩短染色体的端粒，促进肿瘤细胞的凋亡。

4. 抑制癌症的发生和转移

癌细胞还有一个特点，就是不会只待在一个地方，而是要转移、扩散。癌细胞形成后会产生大量的能抑制多种免疫细胞机能的2系列前列腺素，降低人体免疫系统功能，使癌细胞得以增殖和转移。胶原酶会帮助癌细胞达到转移和扩散的目的。ω-3多不饱和脂肪酸可抑制ω-6多不饱和脂肪酸代谢产生的能帮助癌细胞进入器官细胞的胶原酶的生成，抑制癌细胞的转移和扩散。α-亚麻酸的代谢产物可以抑制2系列前列腺素的生成，削弱血小板的聚集作用，恢复及提高人体的免疫系统功能，直接减少致癌细胞的生成数量，防止癌症形成，抑制癌细胞转移。

（五）ω-3多不饱和脂肪酸的降血脂机制

身体内的一切生化反应都是在酶的催化下进行的，要想控制生命体内脂代谢平衡，就要控制催化它们合成和分解代谢所需酶的活性。

1.降低血清胆固醇

人体中血清胆固醇水平过高会形成高胆固醇血症，进而诱发高血脂、冠心病等一系列心血管疾病。α-亚麻酸等ω-3多不饱和脂肪酸从抑制合成、促进代谢、增加排泄几个方面来降低血清总胆固醇含量，其作用机制主要为促进胆固醇代谢，减少内源性胆固醇合成，抑制肝脏胆固醇转运相关基因的表达，抑制肝脏载脂蛋白的产生。减少细胞内胆固醇的来源，一是要减少自身合成，抑制胆固醇合成的3-羟基-3-甲基戊二酰辅酶A还原酶是关键；二是要减少细胞膜通过膜上的低密度脂蛋白受体摄取血浆低密度脂蛋白中的胆固醇。

（1）减少内源性胆固醇的合成。在真核生物中，3-羟基-3-甲基戊二酰辅酶A还原酶是肝细胞合成胆固醇过程中的限速酶，是催化合成胆固醇的关键酶，若能抑制3-羟基-3-甲基戊二酰辅酶A还原酶就能抑制内源性胆固醇的合成。α-亚麻酸能使3-羟基-3-甲基戊二酰辅酶A还原酶活性降低，通过多种机制减少固醇调节元件结合蛋白的表达，从而减少肝脏脂肪的合成。固醇调节元件结合蛋白作为体内重要的核转录因子，不但在胆固醇和脂肪酸代谢中发挥着重要的调控作用，而且也是代谢综合征等相关疾病的关键连接点。

3-羟基-3-甲基戊二酰辅酶A还原酶可作为调节血脂的重要作用靶点。ω-3多不饱和脂肪酸通过降低3-羟基-3-甲基戊二酰辅酶A还原酶的活性，可以有效减少内源性胆固醇的合成。他汀类药物降血脂，也是由于它们是一类3-羟基-3-甲基戊二酰辅酶A还原酶抑制剂，其作用机制为占据3-羟基-3-甲基戊二酰辅酶A还原酶结合底物位点的一部分，从而阻断了合成胆固醇的底物对活性位点的访问，减少胆固醇合成，进而反馈性地增强细胞表面极低密度脂蛋白胆固醇受体的表达，抑制肝内极低密度脂蛋白胆固醇的合成，降低血液中极低密度脂蛋白胆固醇、低密度脂蛋白胆固醇和胆固醇的含量，同时升高高密度脂蛋白胆固醇含量和降低甘油三酯的含量。

（2）增加胆固醇排泄。胆固醇为一种脂溶性物质，必须与蛋白质结合形成脂蛋白才能溶解于血液中并在体内转运。甾醇调节因子结合蛋白对胆固醇合成、低密度脂蛋白的摄取、脂肪酸的合成和去饱和、甘油三酯合成等均有重要的调节作用。ω-3多不饱和脂肪酸主要是通过抑制甾醇调节因子结合蛋白-1介导的途径，有效降低胆固醇、甘油三酯和低密度脂蛋白胆固醇。甾醇调节因子结合蛋白-1主要调控胆固醇、脂肪酸合酶（如乙酰辅酶A羧化酶）以及低密度脂蛋白受体的基因转录，只用于保持体内胆固醇和脂肪酸合成的基本水平。ω-3多不饱和脂肪酸通过激活与免疫细胞的活化、T淋巴细胞和B淋巴细胞的发育、应激性反应、细胞凋亡等多种细胞活动有关的核转录因子-κB，调节肝细胞调控的肝细胞核转录因子-4α受体，调节胆固醇代谢过程的肝X受体，并使过氧化物酶体增殖物激活，进而调节体内胆固醇水平。

细胞内唯一合成胆固醇酯的酶是酰基辅酶A-胆固醇酰基转移酶（ACAT），该酶是胆固醇酯合成的主要限速酶，在细胞和生物体胆固醇代谢平衡中非常重要，起到关键的调控作用。酰基辅酶A-胆固醇酰基转移酶参与胆固醇、脂肪酸等脂质的吸收、转运、贮存等相关的代谢过程，是细胞内唯一催化游离胆固醇与长链脂肪酸生成固醇酯的酶，是体内胆固醇、脂肪酸等脂质代谢平衡的关键酶之一。ω-3多不饱和脂肪酸能使酰基辅酶A-胆固醇酰基转移酶活性升高，促使胆固醇与脂肪酸酯化，转化成胆固醇酯，从而增加胆固醇的排泄。

2. 降低甘油三酯机制

ω-3多不饱和脂肪酸主要是通过以下几方面的作用来降低甘油三酯。

（1）抑制脂肪酸合成酶的活性。脂肪酸合成酶普遍存在于各种组织细胞中，在哺乳动物肝、肾、脑、肺、乳腺以及脂肪组织中表达丰富，可催化以乙酰辅酶A和丙二酰辅酶A为原料合成长链脂肪酸的反应。α-亚麻酸能抑制脂肪酸合成酶的活性，从而抑制乙酰辅酶A转化成脂肪酸，减少极低密度脂蛋白中的甘油三酯及载脂蛋白B的生物合成，降低血清甘油三酯。

（2）增加脂肪酸β-氧化。过氧化物酶体增殖物激活受体是核激素受体家族中的配体激活受体，激活过氧化物酶体增殖物激活受体α可增强脂肪酸β-氧化，参与体内脂质代谢、葡萄糖代谢等生物学过程，增加外周毛细血管内皮细胞脂蛋白脂肪酶活性以增加脂肪分解。ω-3多不饱和脂肪酸还可增加解偶联蛋白（UCP）水平，解除部分呼吸链中应有的电子传递与磷酸化两者之间的偶联关系，使氧化磷酸化过程进入空转状态，使脂肪酸β-氧化分解过程中所释放的能量不能驱动ATP合成，提高热能的生成，达到降血脂的目的。α-亚麻酸对脂肪合成酶系的抑制和对线粒体中脂肪酸β-氧化的加强，有助于体内增多消化脂肪的酶，加速脂肪的燃烧和消耗，使甘油三酯消耗增加。在组织中的ω-3多不饱和脂肪酸还可增加脂肪细胞、心肌细胞和骨骼肌细胞对脂肪酸的吸收，并通过抑制炎症来抑制脂肪组织中非酯化脂肪酸的脂解释放，进而降低甘油三酯水平。

（3）减少合成甘油三酯原料的合成。二酰基甘油是合成甘油三酯（三酰基甘油）的原料，二酰基甘油在二酰基甘油酰基转移酶（DGAT）的作用下被脂肪酸酰基化形成甘油三酯。二酰基甘油酰基转移酶是二酰基甘油合成甘油三酯的最后一步的合成酶，肝细胞中甘油三酯的合成依赖于其细胞内二酰基甘油酰基转移酶的水平。该酶是脂肪细胞中控制甘油三酯合成的核心酶，在细胞甘油酯类的代谢中起着中心作用，是调控甘油三酯与脂肪酸的关键因子，抑制二酰基甘油酰基转移酶就可以降低甘油三酯的合成水平。合成甘油三酯的原料为二酰基甘油，其的合成由磷脂酸磷酸酶（PAP）的活性决定。ω-3多不饱和脂肪酸对磷脂酸磷酸酶和二酰基甘油酰基转移酶这两种酶都有抑制作用。当把动物的二酰基甘油酰基转移酶基因敲除后，动物体内甘油三酯含量明显降低，并缓解了胰岛素抵抗症状。实验表明，二酰基甘油酰基转移酶抑制剂可能对肥胖症和Ⅱ型糖尿病有一定治疗作用，二酰基甘油酰基转移酶抑制剂可能成为治疗人类肥胖症和Ⅱ型糖尿病的研究方向。

（4）分解载脂蛋白。载脂蛋白是血浆脂蛋白中的蛋白质部分，其基本功能是运载脂类。低密度脂蛋白胆固醇的蛋白质部分为载脂蛋白B，具亲水性，存在于低密度脂蛋白胆固醇的表面，是低密度脂蛋白胆固醇的主要结构蛋白，细胞识别和摄取低密度脂蛋白主要通过识别载脂蛋白B实现。载脂蛋白B作为低密度脂蛋白胆固醇的一部分，也是人体冠心病、动脉粥样硬化等疾病的危险因子，载脂蛋白B的升高对人体有害。所以，载脂蛋白B增多时，即使低密度脂蛋白胆固醇水平正常，也可使冠心病发病率增高。ω-3多不饱和脂肪酸有助于分解载脂蛋白B，其通过促进载脂蛋白B-100的细胞内分解代谢，抑制肝载脂蛋白B的产生，刺激血浆甘油三酯，发挥其降血脂的作用。ω-3多不饱和脂肪酸通过抑制低密度脂蛋白胆固醇和极低密度脂蛋白胆固醇这两种脂蛋白中的主要组分载脂蛋白的合成，从而减少低密度脂蛋白和极低密度脂蛋白的生成量；还通过脂蛋白脂酶的作用，增加极低密度脂蛋白胆固醇到低密度脂蛋白胆固醇的转化率，降低低密度脂蛋白合成，从而减轻餐后血脂。

高密度脂蛋白胆固醇的蛋白质部分为载脂蛋白A，为脂蛋白脂酶的内源性抑制剂，脂蛋白脂酶是脂质代谢的关键酶，主要水解甘油三酯。载脂蛋白A多了，还会降低血浆中高密度脂蛋白水平。ω-3多不饱和脂肪酸通过降低血浆中载脂蛋白A的水平，一方面使脂蛋白脂酶活性增加，水解甘油三酯加快，另一方面还可以抑制高密度脂蛋白的降低。

（5）增加脂蛋白脂酶活性，降低甘油三酯。在正常情况下，在肠道中被吸收的膳食脂质并入乳糜微粒，当脂肪和肌肉组织中的脂蛋白脂酶水解甘油三酯时，乳糜微粒被迅速清除，释放出用于细胞代谢活动的游离脂肪酸，留下了乳糜微粒的残留物。在肝脏中内源性脂质被包裹成以甘油三酯为主要成分的极低密度脂蛋白胆固醇颗粒，极低密度脂蛋白胆固醇被脂蛋白脂酶水解后，在血液中留下残余极低密度脂蛋白颗粒和中密度脂蛋白颗粒，这些颗粒体积较小，富含甘油三酯。由此可知，脂蛋白脂酶的活性决定了循环中富含甘油三酯脂蛋白的水平。高脂血症的主要原因为脂蛋白脂酶的缺乏和活性不高，导致极低密度脂蛋白和低密度脂蛋白水平升高。ω-3多不饱和脂肪酸通过增加脂蛋白脂酶活性，把极低密度脂蛋白胆固醇转化成低密度脂蛋白胆固醇，下调肝脏极低密度脂蛋白的产生，还通过上调肝脏、脂肪组织、心脏和骨骼肌中脂肪酸的β-氧化来减少非酯化脂肪酸的数量。

（6）与他汀类药物合用降低甘油三酯。他汀类药物不仅可以通过竞争性抑制内源性胆固醇合成限速酶3-羟基-3-甲基戊二酰辅酶A还原酶，使细胞内胆固醇合成减少，还可反馈性增加肝细胞等的细胞膜表面低密度脂蛋白的受体数量和活性，使血清胆固醇清除增加、水平降低，降低血液中极低密度脂蛋白胆固醇、低密度脂蛋白胆固醇和胆固醇的含量。其不仅可清除低密度脂蛋白胆固醇，还可清除含甘油三酯的脂蛋白。ω-3多不饱和脂肪酸与他汀类药物合用可使极低密度脂蛋白胆固醇部分转化成低密度脂蛋白胆固醇，小颗粒致密型低密度脂蛋白胆固醇转化为大颗粒低密度脂蛋白胆固醇，同时升高高密度脂蛋白胆固醇含量并降低甘油三酯的含量。

3. 调节高密度脂蛋白、低密度脂蛋白和极低密度脂蛋白

ω-3多不饱和脂肪酸通过降低极低密度脂蛋白底物的可用性，导致肝脏产生的极低密度脂蛋白减少，还可通过增加内皮表面的脂蛋白脂酶活性来降低低密度脂蛋白和极低密度脂蛋白的含量，增强个体对于脂蛋白的清除能力。ω-3多不饱和脂肪酸的大量摄入可改善极低密度脂蛋白的基因表达、脂质分布和氧化应激的生物标志物，提高血浆总抗氧化能力，显著降低机体脂质过氧化速率、强度和过氧化损伤产生的丙二醛的水平，从而改善血脂水平。

现已证实，小而密的低密度脂蛋白具有更强的致动脉粥样硬化作用，大体积的高密度脂蛋白比体积较小的低密度脂蛋白能够携带更多的胆固醇，心血管保护作用更强。每日服用ω-3多不饱和脂肪酸制剂，在不改变高密度脂蛋白水平的前提下，能够升高大体积的高密度脂蛋白水平，同时降低小而密的低密度脂蛋白水平。具体来说，DHA增加了低密度脂蛋白和高密度脂蛋白的颗粒体积，DHA这种增加脂蛋白颗粒体积的作用可能与他汀类药物类似，是通过调节胆固醇合成及脂质在脂蛋白间的转移实现的。但EPA没有这种作用。

ω-3多不饱和脂肪酸明显升高高密度脂蛋白的机理在于：ω-3多不饱和脂肪酸除了能增加体内脂肪代谢的关键酶脂蛋白脂酶的活性外，还能增加体内脂蛋白代谢的关键酶卵磷脂-胆固醇酰基转移酶（LCAT）活性、抑制血浆蛋白代谢的关键酶肝内皮细胞脂酶的活性。增加卵磷脂-胆固醇酰基转移酶活性能促进高密度脂蛋白的生成与成熟，抑制肝内皮细胞脂酶的活性可使高密度脂蛋白免受降解。

ω-3多不饱和脂肪酸含量增加会增强个体对于脂蛋白的清除能力，其通过增加内皮表面的活性来降低低密度脂蛋白胆固醇和极低密度脂蛋白胆固醇的含量。pcsk9是一种肝源性分泌蛋白，与胆固醇、氧化修饰的低密度脂蛋白、甘油三酯显著相关。氧化修饰的低密度脂蛋白过量时，它携带的胆固醇便积存在动脉壁上，时间久了容易引起动脉硬化。肝源性分泌蛋白pcsk9与肝细胞表面的低密度脂蛋白受体结合，在低密度脂蛋白的降解中具有重要作用，使低密度脂蛋白受体降解，血浆中低密度脂蛋白水平升高，因此肝源性分泌蛋白pcsk9被认为是高脂血症的又一个新的治疗靶点。ω-3多不饱和脂肪酸还可以通过抑制肝源性分泌蛋白来调节体内的脂质代谢。

4.蚕蛹油防治非酒精性脂肪肝的机制

蚕蛹油防治非酒精性脂肪肝的机制可能是通过脂代谢和抗过氧化两个方面进行的。一方面是通过脂质代谢降低脂质在肝内的沉积。蚕蛹油不饱和脂肪酸能够抑制脂肪酸的合成，促进脂肪酸的β-氧化降解，降低甘油三酯转移酶活性及增强脂肪酸向磷脂的转化，从而降低了肝内甘油三酯的含量而有效防止脂肪在肝内的沉积，起到治疗脂肪肝的效果。另一方面是通过抗过氧化损害，减轻炎症反应。脂质过氧化作用在脂肪肝的发病机制中发挥着重要作用，过氧化脂质的降解产物丙二醛是自由基生成过多时脂质反应的产物，对细胞具有毒性效应。丙二醛能从产生的部位如内质网扩散到线粒体、核糖体、细胞核和其他细胞成分，与线粒体的膜脂、膜蛋白发生交联，从而增加膜的刚性，影响到线粒体膜中酶的活性。脂肪酸在氧化分解前，必须先转变为活泼的脂酰辅酶A，而丙二醛导致脂酰辅酶A不能活化，脂肪酸不能转入线粒体去氧化降解，导致脂肪在肝内的蓄积。而蚕蛹油中的不饱和脂肪酸可清除脂质过氧化物丙二醛及消除其形成的作用，起到保护肝细胞、改善肝功能的作用。蚕蛹油的疗效作用具有剂量依赖性，且预防组与治疗组相比较，预防的效果明显优于治疗效果。因此，宜采用早期预防、长期进食蚕蛹油不饱和脂肪酸的措施，以便更好地防治非酒精性脂肪肝的形成。

（六）ω-3多不饱和脂肪酸的抗血栓机制

ω-3多不饱和脂肪酸具有抗血小板聚集和抗白细胞（或单核细胞）趋化（黏附）性，这是ω-3多不饱和脂肪酸和花生四烯酸的代谢产物综合平衡的结果。

1. 用活性低的血栓素A_3代替血栓素A_2。

补充ω-3多不饱和脂肪酸可改变血小板膜中的磷脂组成，血小板膜磷脂中的ω-3多不饱和脂肪酸含量增多时，花生四烯酸减少。ω-3多不饱和脂肪酸与花生四烯酸在细胞膜磷脂中竞争环氧合酶，在血小板内经血栓素合成酶催化，EPA生成血栓素A_3，而花生四烯酸生成血栓素A_2，血栓素A_3起血栓素A_2的生物活性低。当血小板膜磷脂中EPA量增加时，由血小板膜磷脂中花生四烯酸生成的血栓素A_2量便受限制。减少使血小板聚集的血栓素A_2的产生，代之以生物活性低的血栓素A_3的生成，从而抑制了血小板聚集的倾向。ω-3多不饱和脂肪酸通过竞争抑制花生四烯酸代谢，封闭血小板膜聚集的血栓素A_2受体，减轻促血小板聚集和缩血管作用，进而抑制血小板的聚集，降低血小板的黏附力，降低血小板对刺激的反应性，减少血小板表面受体的数目。其还可影响血小板机能和血小板与动脉壁间的相互作用，使出血时间延长、血小板存活时间增加、血小板计数减少，降低参与凝血和止血过程的血小板因子及血栓球蛋白水平，尤其是减弱多种诱导剂对血小板所致的聚集作用，进而降低全血黏度，可有效地防止血栓的形成，预防心肌梗死和脑梗死。

2. 形成抗发炎的3系列前列腺素

ω-3多不饱和脂肪酸在内皮细胞生成PGI_3，花生四烯酸则生成PGI_2。虽然它们都具有抗血小板聚集和扩血管作用，但PGI_3还有抗炎症反应的作用，可减轻痛经的症状。ω-3多不饱和脂肪酸能使血栓素A_2的生成减少，提高了PGI_3、血栓素A_3水平，还可使血小板稳定性增强。

3. 生成白三烯C减轻了白三烯B的作用

ω-3多不饱和脂肪酸和花生四烯酸分别在白细胞（或单核细胞）内生成白三烯C和白三烯B，它们虽都有促血小板聚集、促白细胞（或单核细胞）趋化、缩血管、促血管壁通透的作用，但白三烯C的活性仅为白三烯B的十分之一。白三烯C还能竞争白三烯B受体，故在脂氧化酶催化下生成的白三烯C实际上减轻了白三烯B的各种作用。

4. 不利于血小板聚集及白细胞的趋化

ω-3多不饱和脂肪酸由于能抑制内源性胆固醇的合成，会造成胆固醇和磷脂比值的降低，可改善细胞膜的流动性，继而降低血液黏度，不利于血小板聚集及白细胞（或单核细胞）的趋化。α-亚麻酸由于能改善血小板膜流动性，从而改变血小板对刺激的反应性及血小板表面受体数目。

5. 调控内皮功能

ω-3多不饱和脂肪酸还可以影响内皮细胞合成前列环素和内皮依赖性超极化因子。内皮依赖性超极化因子是一个不同于一氧化氮和前列环素的内皮舒张因子，可调节血管平滑肌张力及心血管的病理生理过程。在糖尿病大鼠模型中发现EPA可以增加乙酰胆碱诱导的内皮源性血管舒张因子的合成，并通过血管平滑肌细胞介导血管舒张。当内皮细胞发生炎症性激活，其表达的黏附分子会使白细胞迁移并进入内皮下，这是动脉粥样硬化的一个重要的病理生理过程。ω-3多不饱和脂肪酸可以通过其抗炎作用调控内皮功能，还可以抑制黏附分子、单核细胞趋化蛋白-1（MCP-1）的基因表达和蛋白翻译能力，从而抑制这一病理生理过程，其中DHA的作用比EPA更强。单核细胞趋化蛋白-1作为炎症细胞趋化因子，也是参与颈动脉粥样硬化的重要因子，可反映颈动脉粥样硬化的程度，可用于早期预测急性脑梗死。

（七）ω-3多不饱和脂肪酸的降血压机制

1.降血脂

α-亚麻酸通过改变酶的活性，使血浆中的中性脂肪（胆固醇、甘油三酯）减少，所以能够促使血压降低，进而抑制血栓性疾病，预防心肌梗死和脑梗死。α-亚麻酸能抑制低密度脂蛋白的合成，降低低密度脂蛋白水平，抑制肝内皮细胞脂酶的活性，从而抑制高密度脂蛋白的降解，提高高密度脂蛋白水平，使血压降低。

2.通过离子通道降血压

钠、钾离子平衡对于维持身体渗透压和神经的正常工作有重要意义。为维持正常生理活动，动物、植物、细菌细胞内都是高钾离子低钠离子，细胞外为高钠离子低钾离子，存在明显的离子梯度差，这是由膜上称为钠钾泵的蛋白主动运送的结果。ω-3多不饱和脂肪酸可引起细胞膜钠离子通道的改变，对细胞中维持钠离子、钾离子平衡有一定的影响。

我国超过一半的原发性高血压患者的发病与食盐的摄入量有关。盐敏感性与高血压具有相同的病理生理学基础，即肾钠代谢紊乱，存在遗传性钠离子转运障碍，机体的钠离子转运功能障碍与上皮细胞钠离子通道有密切的关联。ω-3多不饱和脂肪酸可通过改变膜流动性引起细胞膜钠离子通道的改变，抑制它的活性，降低血压。在肾髓质中的环氧合酶-2催化花生四烯酸代谢产生的前列腺素及前列环素（主要是PGE_2和PGI_2）可增加肾髓质血流和促进钠排泄，在调节钠平衡中起关键作用。抑制环氧合酶-2会增加外周水肿和钠潴留的风险，容易导致系统性或盐敏感型高血压，在肾髓质内灌注环氧合酶-2特异性抑制剂，可以明显诱导高盐饮食大鼠产生高血压。实验发现，高盐饮食刺激肾髓质环氧合酶-2和膜结合型前列腺素E_2合酶-1（mPGES-1）的表达上调，抑制钠的吸收，膜结合型前列腺素E_2合酶-1在动脉粥样硬化和癌症的病理生理过程中也发挥着重要作用。

实验中使用一种含有钾通道基因*Slo1*的小鼠和一种把钾通道基因*Slo1*剔除的小鼠，使它们都摄入一定量的DHA。含*Slo1*基因的小鼠进食DHA后，可引起血管舒张，血压下降，但是剔除*Slo1*基因的小鼠则无此作用。结果表明，DHA是通过钾通道基因*Slo1*发挥作用的。而另用亚麻籽油实验是无效的，反而引起竞争性抑制作用，使DHA不起作用。

3. 内源性血管活性物质对血管壁细胞的作用

ω-3多不饱和脂肪酸降血压的机理被认为是内源性血管活性物质对血管的反应，如ω-3多不饱和脂肪酸代谢产物PGI_3有舒张血管的作用，可刺激内皮细胞释放一氧化氮。EPA可使血液中IL-1β和TNF-α浓度下降，还可抑制血小板源性生长因子-A及血小板源性生长因子-B的生成。由于这些作用，使血管内皮细胞黏附分子-1、细胞间黏附分子-1或参与白细胞与血管内皮细胞之间的识别与黏着的E-选择素等的表达受到抑制。ω-3多不饱和脂肪酸可以抑制动脉壁组织的病理增殖，抑制动脉血管内皮受损后由血小板分泌的血小板源性生长因子、由内皮细胞分泌的内皮细胞源性生长因子及由巨噬细胞分泌的巨噬细胞源性生长因子的生成，阻断内膜下层血管平滑肌细胞增殖及向内膜的迁入，抑制新结缔组织的病理增生，减轻管壁增厚、管腔变窄易痉挛等病理变化。ω-3多不饱和脂肪酸还可抑制由血栓素A_2的生成引起的血管收缩，促进内皮细胞中对血管平滑肌有舒张作用的一氧化氮的合成。当细胞膜脂质中有较多的ω-3多不饱和脂肪酸时，会使Ca^{2+}摄入减少，减弱对血管平滑肌的刺激，起到降血压作用。ω-3多不饱和脂肪酸还可以调节交感和副交感神经的相互作用，改善血管舒张和大小动脉的弹性。

4. 降低血管紧张素转换酶的活性

ω-3多不饱和脂肪酸可降低原发性高血压患者的血压，其机制与沙坦类降压药相似，是通过降低血管紧张素转换酶的活性，对血管内血管紧张素Ⅰ和Ⅱ的转换加以调节达到的。血管紧张素Ⅰ在血液中存在不能使血压升高，但在血管紧张素转换酶的作用下可转化为有升高血压作用的血管紧张素Ⅱ，使血压升高。ω-3多不饱和脂肪酸通过抑制血管紧张素转换酶的活性，减少血管紧张素Ⅱ的生成，降低血管张力从而降血压。α-亚麻酸在体内代谢产生的前列腺素控制着体内多种生理过程，能抑制血管紧张素Ⅱ的生成，通过扩张血管、降低血管张力，可明显降低高血压病人的收缩压和舒张压。

总之，ω-3多不饱和脂肪酸承担着保护血管内壁细胞、恢复血管弹性、舒张血管、抑制血小板聚集的重任，在降低血脂的同时，还降低了血压，抑制血栓的形成，具有保护心脑血管健康的能力。因此，预防和治疗心脑血管疾病，就要增加体内的ω-3多不饱和脂肪酸。

（八）ω-3多不饱和脂肪酸预防糖尿病

糖尿病是一种代谢病，糖尿病的发生与三类内源性分子即激素、细胞因子或酶类密切相关，这些内源性分子分泌不足、活性降低或功能缺陷就会导致糖尿病，其中胰岛素抵抗和相对分泌不足是导致糖尿病的核心原因。糖尿病的研究已集中于与糖尿病等代谢病症密切相关的这三类内源性分子。第一是激素类，包括胰岛素、胰高血糖素、糖皮质激素和胰高血糖素样肽-1（GLP-1）等；第二是具有激素样作用的细胞生长因子类，包括会刺激胰岛素敏感性和葡萄糖代谢的成纤维细胞生长因子（FGF-19、FGF-21和FGF-23）等；第三是参与代谢调控或细胞信号转导的酶类，包括调节鞘磷脂代谢平衡的鞘氨醇激酶1（SPK1）、胞内磷脂酰肌醇激酶（PI3K）、激素敏感性脂肪酶（HSL，是脂肪分解的限速酶）等。这些调控糖脂代谢平衡的关键分子已成为开发治疗糖尿病等代谢综合征药物的重点对象。一项人体实验表明，食用ω-3多不饱和脂肪酸加维生素E组的人群，治疗后血清胰岛素水平和个体的胰岛素抵抗水平的指数明显降低，而安慰剂组的人群，治疗后血清胰岛素水平和个体的胰岛素抵抗水平的指数未发生显著改变。大鼠实验研究表明，食用鱼油可预防高脂饮食引起的胰岛素抵抗。更多的报道认为，ω-3多不饱和脂肪酸可增加葡萄糖吸收，提高胰岛素敏感性。但目前关于ω-3多不饱和脂肪酸能防治糖尿病还有争论。

1. 促进肝脏中糖原的合成

有研究显示，胰岛素发挥调节作用主要通过促进胰岛β细胞增殖、生长调节，增强胰岛β细胞抗凋亡功能，改善胰岛β细胞生存的信号转导。胰岛素受体蛋白质（In-sR）是该信号转导途径的起始基因，其过度表达会增加肝脏组织细胞对胰岛素的敏感性。胰岛素受体底物是位于具有活性的胰岛素受体蛋白质下游的一种酪氨酸激酶受体，参与肝脏中胰岛素介导的糖代谢。胰岛素通过与具有活性的胰岛素受体蛋白质结合，引起胰岛素受体底物酪氨酸的磷酸化，抑制在肝脏组织细胞中介导肝脏糖原合成的糖原合成酶激酶-3（GSK-3）的活性。糖原合成酶激酶-3是参与肝糖代谢的关键酶，通过磷酸化糖原合成酶抑制其活性，降低肝糖的合成，在胰岛素信号通路中受控于胰岛素。当糖原合成酶激酶-3的活性受抑时，体内的肝糖原合成量会明显增加。研究表明，在高脂高糖饮食中添加高含量DHA和EPA与甘油形成的甘油三酯后，肝脏中胰岛素受体蛋白质、胰岛素受体底物-2等的表达水平均明显上调，糖原合成酶激酶-3的表达被明显抑制，有效促进肝脏中糖原的合成。

2. 增加胰高血糖素样肽-1，促进胰岛素分泌

胰高血糖素样肽-1是回肠内分泌细胞分泌的一种脑肠肽，促进胰高血糖素样肽-1分泌就可促进胰岛β细胞分泌胰岛素。胰高血糖素样肽-1可以通过刺激胰岛素、抑制升糖素、抑制胃排空和让胰岛细胞重生的方式降低血糖。能分解体内蛋白质的DPP4可分解胰高血糖素样肽-1，

DPP4抑制剂已经成为治疗糖尿病的主攻方向之一，由此开发的降糖药物主要是抑制胰高血糖素样肽-1降解的DPP4抑制剂如磷酸西格列汀和胰高血糖素样肽-1的类似物如利拉鲁肽。减少高脂饮食可诱导胰高血糖素样肽-1分泌增加，有助于促进胰岛素的分泌。从基因和干细胞角度考虑，将胰高血糖素样肽-1的基因片段与人抗体Fc片段融合后，以干细胞为载体注入人体进行增殖，分泌的胰高血糖素样肽-1-Fc半衰期长，耐受性良好，以葡萄糖浓度依赖性方式促进胰岛 β 细胞分泌胰岛素，并减少胰岛 α 细胞分泌胰高血糖素，从而维持较长时期的降血糖作用。

3. 通过成纤维细胞生长因子-21改善胰岛素抵抗

成纤维细胞生长因子-21是一种脂肪细胞因子，主要在肝脏和脂肪组织中表达。该因子可以参与多种生理代谢，具有较强的调节血糖和血脂的功能，通过内分泌途径作用于脂肪组织，调控糖脂的代谢，对脂肪肝的逆转具有一定作用。成纤维细胞生长因子-21可通过作用脂肪组织及胰腺来降低血糖、甘油三酯、胰高血糖素，改善胰岛 β 细胞的功能，预防饮食诱导的肥胖及胰岛素抵抗。成纤维细胞生长因子-21能有效增强胰岛素敏感性，降低胰岛素抵抗，促进脂肪细胞摄取葡萄糖，降低肝葡萄糖输出和血浆葡萄糖水平。ω-3多不饱和脂肪酸能改善胰岛素抵抗，是由于其可减少高脂饮食诱导的成纤维细胞生长因子-21增加，增加肝脏成纤维细胞生长因子-21的敏感性，降低血糖、甘油三酯和血浆胰岛素水平。

4. 促进葡萄糖转运蛋白-4的运作

葡萄糖无法自由通过细胞膜脂质双层结构进入细胞，细胞对葡萄糖的摄入需要借助细胞膜上的葡萄糖转运蛋白才能得以实现。葡萄糖转运蛋白-4数量增加，可促进细胞对葡萄糖的摄取，减少诱发糖尿病。高含量 ω-3多不饱和脂肪酸组成的细胞膜具有很高的活性和敏感性，能促进葡萄糖转运蛋白-4的运作，有改善胰岛素抵抗的效果，增加机体对胰岛素的敏感性。

5. 改善血脂的代谢，提高胰岛素敏感性

过氧化物酶体增殖物激活受体的天然配体是一些脂肪酸及其代谢产

物，包括三个亚型：PPARα，PPARδ，PPARγ。ω-3多不饱和脂肪酸通过诱导具有减轻胰岛素抵抗作用的过氧化物酶体增殖物激活受体相关基因的表达，诱导长链脂肪酸以甘油三酯的形式储存；通过转录因子对脂质的合成、贮存到氧化等一系列生化过程进行调节，改善血脂的代谢，提高糖尿病患者的胰岛素敏感性，从而在肥胖和代谢综合征中起到重要作用。ω-3多不饱和脂肪酸通过激活PPARα增加脂肪酸的氧化，降低组织脂质的积聚，减少脂质毒性，并节约了葡萄糖，这在一定程度上改善了胰岛素抵抗。PPARδ可结合多种长链脂肪酸并被ω-3多不饱和脂肪酸激活，通过限制甘油三酯在肝脏、骨骼肌、脂肪细胞中的合成及积聚，加速脂肪酸的燃烧来提高组织胰岛素敏感性。PPARγ在脂肪细胞分化、巨噬细胞极化以及脂肪细胞因子分泌中起重要作用。脂肪组织是胰岛素抵抗的始发部位，PPARγ通过介导糖脂代谢、胰岛素信号因子转导、慢性炎症反应等环节，直接或间接影响胰岛素抵抗的发生发展，与胰岛素的抵抗密切相关。ω-3多不饱和脂肪酸激活PPARγ，作用于脂肪组织、促进脂肪细胞分化、促使葡萄糖向脂肪组织转运等，减轻胰岛素抵抗，与糖尿病、高血压等疾病转归有密切的关联。

6. 降低炎症和减少肥胖

脂肪组织炎症是与肥胖相关的胰岛素抵抗产生的原因之一。环氧合酶-2作为重要的炎症介质，通过诱导合成前列腺素参与糖尿病的发病机制。PGE_2作为环氧合酶-2诱导合成的产物之一，能抑制葡萄糖刺激的胰岛素分泌，导致糖耐量减低。环氧合酶-2抑制剂能促进胰岛β细胞合成胰岛素，且呈剂量依赖形式。ω-3多不饱和脂肪酸有助于增加消化脂肪的酶并增强其活性，从而提高脂肪的新陈代谢，加速脂肪的燃烧和消耗，减少脂肪细胞的数目和体积，控制甚至减轻体重的同时也预防和抑制了糖尿病。炎症细胞因子、氧化应激作用在Ⅱ型糖尿病中具有重要作用。胰腺炎可影响抗氧化系统，炎症的严重程度与超氧化物歧化酶的下降幅度呈正相关，ω-3多不饱和脂肪酸能使超氧化物歧化酶的下降程度低一些，若缺少ω-3多不饱和脂肪酸中的EPA和DHA，将使病人机体的超氧化物歧化酶的抗氧化能力下降。此外，增加氧化应激、降低超氧化物歧化酶的抗氧化能力可以减少纤维蛋白从而起一定的抗凝作用。因此，ω-3多不饱和脂肪酸可以通过影响超氧化物歧化酶的作用影响纤维蛋白的前体纤维蛋白原，抑制其激活生成纤维蛋白。

（九）ω-3多不饱和脂肪酸的存在保证细胞膜的功能

细胞膜的基质是由脂质双分子层构成的，饱和脂肪酸、单不饱和脂肪酸和多不饱和脂肪酸应该保持一定的比例，其中多不饱和脂肪酸中ω-3/ω-6应为1:4~1:6。细胞膜不但控制着细胞和环境之间的物流和信息流，膜上还含有接受外来刺激的专一性受体。细胞膜变异，膜上的受体功能受到影响，细胞就不能进行正常的新陈代谢，人就会生病，疾病几乎都与细胞膜的变异有关。细胞膜让有用的营养物质进入细胞，将无用的产物排出细胞。存在于红细胞膜上的EPA和DHA，就有益于红细胞保持氧和二氧化碳进出的正常工作，完成向身体各个组织供氧和排除二氧化碳的工作。细胞膜上各种受体在生物通信中起着中心作用，可以接受外部信使的信号，按传递来的信号进行工作，调节经跨膜受体介导的信号传导，保证身体各部位基因的正常表达。细胞膜的各种功能都与细胞膜的流动性有关，ω-3多不饱和脂肪酸可调节细胞膜的流动性，对细胞代谢、增殖、分化、凋亡等一系列生理病理的变化均很重要。靶向给药是一种体内只针对病体细胞的给药方式，可不伤害正常细胞，是药物给药的发展方向。现已确定很多细胞膜上的受体可能就是药物的靶体，研究膜的组成结构和膜上的受体，是进行靶向给药（生物导弹）研究的关键之一。

1. 改善膜的流动性

细胞膜的各种重要功能，如受体结合、离子转运、物质摄取排除和膜结合酶的活性等都与膜的流动性密切相关。膜的脂质成分改变，会导致膜流动性的改变，影响着代谢物质的进出，膜上酶和受体的功能，免疫细胞膜表面抗原、抗体的数量和分布以及淋巴因子和抗体的分泌。目前大部分人体中缺乏 ω-3 多不饱和脂肪酸，所以有必要适当补充 ω-3 多不饱和脂肪酸以增加膜的流动性。从食物中获取足够的 ω-3 多不饱和脂肪酸，对膜的流动性、物质的透过性、受体的活性都会产生影响，可提高膜的生理机能，进而影响动物的生长、发育。如用 ω-3 多不饱和脂肪酸培养淋巴细胞，使它们融入T淋巴细胞和内皮细胞的脂质双分子层中，改变细胞膜磷脂的构成，增加膜流动性，就能改善淋巴细胞的免疫功能。

细胞膜的流动性异常会引起许多疾病，可影响膜连接酶、受体或离子通道的功能。如糖尿病人的细胞膜流动性异常，会使膜上的胰岛素受体功能异常，不容易和胰岛素结合，使细胞容易产生胰岛素抵抗，血液中的葡萄糖不能进入肌肉细胞和肝细胞中转变成糖原，使血液中的血糖升高。当食用适量的 ω-3 多不饱和脂肪酸，使细胞膜中的 ω-3 多不饱和脂肪酸的比例增加，增加细胞膜的流动性，就会缓解Ⅱ型糖尿病患者身体中的胰岛素抵抗。ω-3 多不饱和脂肪酸可改变免疫细胞的细胞膜组成，影响细胞膜的流动性和受体的空间构象，抑制其信号传导，进而影响细胞中功能分子的合成、细胞功能及细胞与外在因子的结合能力，最终起到对细胞免疫作用的影响。

2. 上调细胞膜上闭合蛋白的形成

免疫细胞膜的脂肪酸组成可直接影响膜表面上抗原、抗体的数量和分布，淋巴因子和抗体分泌，细胞膜闭合蛋白的形成及细胞的稳固结合。细胞膜闭合蛋白能形成并维持细胞的稳固结合，EPA能上调细胞膜闭合蛋白的产生，降低细胞对大分子的渗透性，而花生四烯酸、油酸则下调细胞膜闭合蛋白的表达。因此可通过调节饮食中多不饱和脂肪酸的比例，增加饮食中 ω-3 多不饱和脂肪酸含量，降低细胞对大分子的渗透性，增加具有维持上皮细胞极性、调节细胞之间的黏附性、接受并传递细胞信号等生物学功能的细胞膜闭合蛋白的形成；增加饮食中 ω-3 多不饱和脂肪酸含量，导致膜流动性的改变，还可以影响到膜表面酶和受体的功能，调节机体的过敏反应和炎症反应，使机体处于适宜的免疫状态。

3. 改变细胞膜脂肪微区域环境，影响信号转导功能

ω-3多不饱和脂肪酸可通过改变膜脂肪微区域与可溶膜的脂肪酸组成和磷脂分子脂肪酸取代基团的构成，影响信号转导功能。脂筏是细胞膜液体脂双层内的功能性区域，富含磷脂、鞘磷脂和胆固醇，也是能调控免疫系统中白细胞活性的IL-2受体的功能性微区域。EPA可以改变细胞膜脂肪微区域的脂肪环境，影响T细胞膜脂筏中IL-2受体三个亚基的分布，抑制其信号转导，发挥T细胞的免疫调节机能；DHA同样可以改变脂筏的脂肪酸组成成分，使磷脂分子构成中多不饱和脂肪酸成分显著增加，通过对膜功能性微区域脂肪酸环境的改变，使IL-2受体从脂筏移位到非功能性可溶膜区域，从而影响主要由T细胞或T细胞系产生的IL-2的信号转导功能。

4. 调节缝隙连接细胞通信，有助于恢复细胞间通信功能

ω-3多不饱和脂肪酸对细胞膜脂质有极高的亲合性，能直接参与膜脂质构成，而膜脂质结构对于维持膜功能及细胞的增殖分化起十分重要的作用。缝隙连接是相邻细胞间的通道结构，其主要功能是细胞通信，又称缝隙连接细胞间通信，是一种重要的细胞接触介导通信方式，连接蛋白是基本结构单位。缝隙连接细胞间通信是细胞间最重要的信息交流形式，可调节组织细胞的生长、分化，在组织保持内稳态中处于核心地位。细胞间通信功能的异常可能是导致肿瘤发生的重要原因之一，而恢复其功能则可抑制肿瘤细胞生长或诱导细胞凋亡。ω-3多不饱和脂肪酸可对连接蛋白独立于缝隙连接细胞的通信功能起调节作用，可明显抑制乳腺癌细胞和人乳腺癌低转移细胞系的细胞增殖活性，从而有抗肿瘤作用。

5. 改变细胞膜上的膜连接酶、受体，调节离子通道功能

ω-3多不饱和脂肪酸通过改变膜脂质结构，改变膜的流动性、膜连接酶、受体，调节离子通道功能，作用于肌细胞能减少静息细胞内钙离子的浓度，减少拮抗剂诱导的钙离子水平升高，抑制细胞对血小板来源生长因子所引起的迁移运动，抑制细胞的炎症反应。膜上有许多膜连接

酶，这些酶的活性被认为对脂肪酸环境特别敏感，如内皮细胞膜连接酶钠钾ATP酶（Na-K-ATPase）对血管的收缩功能具有重要的作用。ω-3多不饱和脂肪酸可通过改变膜流动性引起细胞膜钠离子通道的改变，抑制它的活性，降低血压，抑制细胞的炎症反应。细胞因子IL-2的分泌也受细胞内钾离子、钙离子水平的调节。对心肌细胞的研究发现，ω-3多不饱和脂肪酸是最强的钠离子通道抑制剂，而其他类型的脂肪酸作用较弱。DHA增加膜流动性和抑制钠离子通道的作用较α-亚麻酸强。

6.调控机体的炎症反应，影响免疫细胞功能

有生物活性的前列腺素、血栓素和白三烯等的半衰期很短，它们只能由细胞膜磷脂中的多不饱和脂肪酸代谢生成。由细胞膜磷脂释放的游离花生四烯酸等多不饱和脂肪酸，经过级联酶促反应代谢合成。合成后迅速释放到细胞外，以自分泌或旁分泌的方式与它们产生部位邻近的膜受体结合而发挥作用，参与了许多生理病理过程。ω-6多不饱和脂肪酸摄入过多会引起炎症和多种细胞的病理反应。由于ω-3多不饱和脂肪酸和ω-6多不饱和脂肪酸的许多生理作用相反，增加膳食中ω-3多不饱和脂肪酸的含量，可以更好地控制过量ω-6多不饱和脂肪酸的代谢产物的影响，减少细胞膜磷脂产生的花生四烯酸含量，争夺Δ6去饱和酶，最终可减少来源于花生四烯酸的类二十烷酸，增加来源于EPA的类二十烷酸，抑制类二十烷酸化合物过量造成的病理反应，调节多种细胞反应，调节细胞信号转导途径，调控机体的炎症反应和免疫功能。

（十）ω-3多不饱和脂肪酸作用的免疫调节、基因调控等其他机制

1.影响免疫细胞功能

ω-3多不饱和脂肪酸通过多个方面影响免疫细胞的功能。首先是影响淋巴系统的免疫功能，影响与淋巴系统相关的器官如脾脏、胸腺和肝脏，这些器官明显受到食用脂肪酸的饱和程度以及浓度的影响。ω-3多不饱和脂肪酸能通过降低一些细胞因子的分泌，来减轻一些自身免疫

病、炎症、动脉粥样硬化恶化程度。身体受到创伤和感染时常会产生的应激反应，对机体的体液及细胞免疫系统产生损害，而 ω-3多不饱和脂肪酸可增加机体抗应激和抗感染能力，避免免疫功能的损伤。ω-3多不饱和脂肪酸对炎症及免疫性疾病产生作用是通过细胞因子、黏附因子、分化抗原及其受体的表达，通过促进产生自由基、过氧化物和抗体等多个方面来进行的。ω-3多不饱和脂肪酸还可提高抗原提呈细胞功能（抗原提呈细胞是一类具有摄取、处理抗原并将抗原信息提呈给T淋巴细胞的细胞）、加强自然杀伤细胞所具有的杀伤细胞的细胞毒作用进一步提高免疫功能。

ω-6多不饱和脂肪酸产生的PGE_2具有免疫抑制作用，ω-3多不饱和脂肪酸可抑制PGE_2的产生，减轻炎症反应和免疫抑制作用，调节机体内一系列细胞因子的水平进而调节免疫功能。不同的ω-3多不饱和脂肪酸发挥的免疫调节作用会不同，EPA比DHA的作用更广泛、更强，低水平的EPA就足以影响免疫反应。所有的免疫活性细胞都可促使多不饱和脂肪酸合成类二十烷酸，而多数类二十烷酸都具有免疫调节功能。

2. 改变第二信使的产生，影响调控免疫功能

能将细胞表面受体接受的细胞外信号转换为细胞内信号的物质称为第二信使，ω-3多不饱和脂肪酸可以通过改变第二信使的产生，影响免疫细胞的功能。一些研究表明，通过给小鼠饲喂适量DHA、EPA，可以改变第二信使的产生，进而影响参与抗体反应、造血和肿瘤监视的IL-2的信号传导，调控机体的炎症反应，还能调控免疫系统中白细胞的细胞活性，提高淋巴细胞的功能。

3. 调控树突状细胞，发挥对免疫系统的作用

树突状细胞是目前所知的功能最强的抗原提呈细胞，也是一种神经细胞，ω-3多不饱和脂肪酸可通过调控树突状细胞发挥其对免疫系统的作用。DHA在体外可以显著抑制多种人树突状细胞基因的表达，包括细胞因子IL-12、IL-6、TNF-α等。DHA可下调树突状细胞与抗原获取和呈递相关的基因的表达，使树突状细胞成熟的趋化因子及受体的上调受

到抑制，干扰了细胞趋化活性及进一步与T淋巴细胞作用的能力，导致抗原特异性T淋巴细胞的抑制。DHA能显著抑制树突状细胞介导的T淋巴细胞的免疫应答反应，进而对机体的免疫炎症反应产生抑制。

4. 调控一些基因的转录和表达

不同种类的脂肪酸对代谢基因都具有调节作用，其中以多不饱和脂肪酸最为显著。多不饱和脂肪酸参与一些基因的表达调控主要是通过与核受体和转录因子结合，特别是对脂肪代谢中酶和蛋白基因的调控。ω-3多不饱和脂肪酸可以调控一些与脂肪代谢相关酶的基因的转录和表达，从而影响脂代谢平衡。给动物饲喂富含EPA和DHA的鱼油，可明显提高与脂肪较高速率氧化相关的基因的表达。目前，已发现多种基因的表达受到ω-3多不饱和脂肪酸的调节，如对编码脂肪酸合成酶、糖酵解酶、丙酮酸激酶和白细胞介素等的基因的表达产生抑制作用，以及对编码脂肪酸氧化酶的基因的表达产生诱导作用。EPA、DHA能显著减少T淋巴细胞等的产生，抑制小鼠的T淋巴细胞增殖和IL-2的分泌。而饱和脂肪酸和花生四烯酸则不具有这种作用。这是由于膜磷脂脂肪酸的改变，导致第二信使携带的化学信息量发生改变，并通过影响基因的表达来影响细胞因子的产生、细胞的炎症反应及淋巴细胞的功能。富含ω-3多不饱和脂肪酸的鱼油可通过上调脂酰辅酶A氧化酶的基因表达，刺激脂肪酸和花生四烯酸的β-氧化，促进它们的代谢，从而减轻炎症反应。

多不饱和脂肪酸还可直接控制细胞核的活动，调控某些基因的转录。ω-3多不饱和脂肪酸对脂肪酸的生化合成和氧化、癌诱变和胆固醇有独特的调控作用。这是由于ω-3多不饱和脂肪酸可调控一些编码代谢关键酶的基因的表达，而饱和脂肪酸和单不饱和脂肪酸对脂类合成基因的表达无抑制作用。因此，ω-3多不饱和脂肪酸对细胞的生化活性、转移过程、细胞刺激反应均有影响，并参与病理康复过程。

5. 对信号转导和细胞因子表达的作用

细胞信号转导途径研究的快速发展，揭示了ω-3多不饱和脂肪酸通过改变细胞膜结构，影响膜的流动性，参与细胞代谢产物调节受体介导的信号转导途径，包括跨膜受体或核受体介导的信号转导途径。信号转导途径可影响基因表达，导致细胞发生代谢、增殖、分化、凋亡等一系列的改变。研究发现，在感染和免疫炎症反应中，起重要作用的Toll样受体的激活（Toll样受体是一类在先天免疫系统中起关键作用的蛋白质，可识别侵入体内的微生物进而激活免疫细胞的应答）可以刺激细胞内核转录因子-κB的活化和环氧合酶-2的表达，诱导炎症介质的产生。用DHA和EPA在体外孵育鼠单核细胞，发现内毒素（Toll样受体4激动剂）或脂蛋白（Toll样受体2激动剂）刺激的细胞内核转录因子-κB的活化和环氧合酶-2的表达受到抑制，并呈剂量依赖关系。ω-3多不饱和脂肪酸可以使健康人和炎症性肠病病人的IL-2、IL-1降低，使能够直接杀伤肿瘤细胞而对正常细胞无明显毒性的TNF-α表达下降，使其中内毒素、脂蛋白及活化分子表达减弱，介导的外周血单个核细胞内信号蛋白活化下降，而饱和脂肪酸却诱导环氧合酶-2的表达增强。这些结果显示，ω-3多不饱和脂肪酸对炎症和肿瘤组织中环氧合酶-2的过表达有明显抑制作用，抑制作用与在先天免疫系统中起关键作用的蛋白质介导的信号通路激活和目的基因的表达相关，也是ω-3多不饱和脂肪酸抗炎作用新的分子机制。在基因表达调控和细胞质功能活动中发挥关键作用的细胞内信号丝裂原活化蛋白激酶（MAPK）参与了内毒素刺激炎症介质的表达。大量资料证实，细菌内毒素与其受体结合后，可通过细胞内酪氨酸激酶或G蛋白偶联的信号途径激活细胞内能调节细胞的生长、分化的丝裂原活化蛋白激酶，最终导致各种转录因子的核转录。花生四烯酸能加强丝裂原活化蛋白激酶的磷酸化，与此相反，ω-3多不饱和脂肪酸能抑制丝裂原活化蛋白激酶的活性，影响信号的转导，抑制炎症因子基因的表达。用鱼油培养巨噬细胞可使脂多糖诱导的TNF-α等促炎介质的表达减少。EPA可使人体外周血单核细胞的TNF-α、IL-2表达水平显著降低，淋巴细胞增殖减弱。这些研究揭示，ω-3多不饱和脂肪酸不仅可以是脂类产物的前体，而且还可以调控信号分子和转录因子对炎症疾病治疗的分子机制，包括通过丝裂原活化蛋白激酶的信号转导途径来调节炎症相关基因的表达。EPA、DHA能显著减少促有丝分裂原诱导的T淋巴细胞、二酰甘油及神经酰胺的产生，抑制小鼠的T淋巴细胞增殖和IL-2分泌，而饱和脂肪酸和花生四烯酸则不具有这种作用。这是因为膜磷脂脂肪酸的改变导致第二信使携带的化学信息量发生改变，并通过影响基因的表达来影响细胞因子的产生、细胞的炎症反应及淋巴细胞的功能。

6. 抑制依赖蛋白激酶或钙调蛋白的活性

蛋白激酶是催化蛋白质磷酸化过程的酶。蛋白质的磷酸化过程是神经信息在细胞内传递的最后环节，导致离子通道蛋白及通道门的状态变化。ω-3多不饱和脂肪酸能抑制将ATP上的磷酸基团转移到特定蛋白质进行磷酸化的蛋白激酶的活性，还可直接激活核转录因子-κB系统，启动一系列的生理生化反应。因此，通过ω-3多不饱和脂肪酸抑制这些依赖蛋白激酶或钙调蛋白的信号途径，抑制体外依赖蛋白激酶或钙调蛋白的活性，影响信息物质在这些信号系统的转导，从而影响基因表达，致使细胞的行为发生改变。

ω-3多不饱和脂肪酸通过蛋白激酶信号转导途径来调节炎症相关基因的表达，从而发挥对炎症疾病的治疗功效。研究表明，在高脂血症大鼠的饲粮中添加ω-3多不饱和脂肪酸，可以显著提高一磷酸腺苷磷酸化、活化蛋白激酶的肝脏表达率，降低胆固醇的水平，改善高胆固醇血症。食用富含ω-3多不饱和脂肪酸的鱼油可以缓解肝脏脂肪酸和胆固醇的积累，其作用机制为ω-3多不饱和脂肪酸参与一系列胆固醇转运相关基因在肝脏中的表达过程，同时影响线粒体中脂肪酸β-氧化和甘油三酯的输出。这表明ω-3多不饱和脂肪酸能够调控体内各种蛋白激酶的活性，同时能够促进肝脏脂肪酸β-氧化和甘油三酯的排泄，有助于降低血脂水平。

ω-3多不饱和脂肪酸可以参与蛋白激酶C和Ca^{2+}动员有关的途径影响生理和病理活性。蛋白激酶C能启动一系列的生理生化反应，在未受刺激的细胞中，呈非活性构象，一旦有第二信使的存在，蛋白激酶C将成为膜结合的酶，激活细胞质中的多种酶，参与生化反应的调控，同时其也能作用于细胞核中的转录因子，参与基因表达的调控。ω-3多不饱和脂肪酸对蛋白激酶C的活性有调控作用，它们可在细胞膜中产生具有第二信使作用的化学信息分子二酰基甘油，将激素信息传递到磷酸肌醇系统中，使细胞溶胶中的蛋白激酶C结合到细胞膜上，并在Ca^{2+}的作用下被激活，促进糖原合成并抑制它降解，从而降低血糖，参与对糖代谢的控制、对细胞分化的控制和对基因表达的调控。

ω-3多不饱和脂肪酸能抑制体外及外周血内毒素诱导的淋巴细胞内Ca^{2+}的内流，抑制生命信息传递的第二信使环磷腺苷依赖蛋白激酶C的活性，而油酸没有此种作用。通过ω-3多不饱和脂肪酸抑制依赖蛋白激酶活性的信号途径，就能够影响信息物质在这些信号系统的转导，影响基因表达并造成细胞行为的改变。

7. 通过对核转录因子-κB的作用抑制炎症，调节免疫功能

核转录因子-κB几乎在所有的动物细胞中都能发现，它们参与细胞对细胞因子、辐射、重金属、病毒等外界刺激的响应，在细胞的炎症反应、免疫应答等过程中核转录因子-κB起到关键性作用。核转录因子-κB能与免疫球蛋白κ轻链基因的增强κB序列特异结合，并能促进κ链基因表达。核转录因子-κB不仅存在于B细胞中，还存在于T细胞、胸腺细胞、树突状细胞和巨噬细胞等多种细胞中，在机体免疫应答，炎症反应和细胞生长、发育、调控等方面发挥重要作用。核转录因子-κB在危重症的发生与发展过程中起着重要作用，成为危重症治疗的新靶点。

研究表明，核转录因子-κB参与ω-3多不饱和脂肪酸调控炎症反应的机制。ω-3多不饱和脂肪酸体外培养鼠巨噬细胞，能降低脂多糖诱导的核转录因子-κB的活化、抑制TNF-α的基因表达。DHA和EPA能够干预核转录因子-κB的激活，从而降低黏附分子的表达，最终抑制中性粒细胞与内皮细胞间的黏附。在小鼠膳食中添加鱼油，发现比添加玉米油更能减少脂多糖刺激的脾淋巴细胞核激活的核转录因子-κB水平。ω-3多不饱和脂肪酸对核转录因子-κB的作用是抑制炎症因子产生、降低炎症细胞反应及调节免疫的重要机制，其可活化控制细胞分化、增殖和凋

亡的转录激活因子（AP-1），控制炎症细胞促炎介质表达中重要的信号转导通路。

8. 增加激活受体表达，降低炎症介质产生

过氧化物酶体增殖物激活受体是调节脂肪细胞分化和能量代谢的关键性转录因子，能作用于细胞增殖、炎症和凋亡等许多细胞反应。如过氧化物酶体增殖物激活受体γ能调节糖代谢和脂类平衡；过氧化物酶体增殖物激活受体α在脂肪酸β-氧化中起重要作用，对酒精性肝损伤中有干预作用。ω-3多不饱和脂肪酸在过氧化物酶体增殖物激活受体基因表达的调控过程中发挥着关键性的作用，能够作为配体激活过氧化物酶体增殖物激活受体，经过氧化物酶体增殖物激活受体信号转导途径降低细胞的炎症及免疫反应。研究发现，EPA和DHA在治疗肾疾病，特别是IgA肾病时能发挥有益作用，这是由于EPA和DHA能增加肾小管上皮细胞内过氧化物酶体增殖物激活受体的表达，降低炎症介质产生。使用过氧化物酶体增殖物激活受体阻断剂后，会抑制EPA和DHA的抗炎作用。EPA在体外通过下调内皮细胞黏附受体的表达来明显抑制人中性粒细胞和单核细胞对内皮细胞的黏附，抑制脂多糖的刺激，减低白细胞的滚动及对静脉内皮细胞的黏附。这一作用是通过过氧化物酶体增殖物激活受体α的活化介导的，若小鼠过氧化物酶体增殖物激活受体α缺失，则EPA无抗炎作用。EPA能减轻脂多糖诱导的抗炎介质IL-4、IL-10的抑制，这与过氧化物酶体增殖物激活受体表达增加密切相关。另外发现，EPA和DHA可通过过氧化物酶体增殖物激活受体α上调含有PPRE的脂酰辅酶A氧化酶的基因表达，这可刺激脂肪酸和花生四烯酸的β-氧化，促进它们的代谢，从而减轻炎症反应。

9. 对膜受体介导的信号转导和细胞因子基因表达的影响

ω-3多不饱和脂肪酸可以减少内源性白细胞介素诱导的环氧合酶-2的表达，并呈剂量反应关系。膳食鱼油使健康人和炎症性肠病病人IL-2、IL-1和具有多向性促炎作用的TNF-α表达下降，使在炎症治疗中发挥作用的Toll样受体2、Toll样受体4及活化分子表达减弱，介导的外周

血单个核细胞内信号蛋白活化下降；而饱和脂肪酸却诱导在Toll样受体2或Toll样受体4刺激下，环氧合酶-2的表达增强。这些结果提示，ω-3多不饱和脂肪酸对炎症和肿瘤组织中环氧合酶-2过表达有明显抑制，并且抑制作用与Toll样受体介导的信号通路激活和目的基因的表达相关，也是ω-3多不饱和脂肪酸抗炎作用的分子机制。

丝裂原活化蛋白激酶是信号从细胞表面传导到细胞核内部的重要传递者，是一组能被不同的细胞外界刺激如细胞因子、神经递质、激素等激活的丝氨酸-苏氨酸蛋白激酶，参与了内毒素刺激炎症介质的表达。细菌内毒素与其受体结合后，可通过细胞内酪氨酸激酶或G蛋白偶联的信号途径，激活细胞内在真核细胞的信号转导过程中起着至关重要作用的丝裂原活化蛋白激酶，最终导致各种转录因子的核转录。花生四烯酸能加强丝裂原活化蛋白激酶的磷酸化，与此相反，ω-3多不饱和脂肪酸能抑制丝裂原活化蛋白激酶的活性，影响信号的转导，抑制炎症因子基因的表达。研究发现，用鱼油培养巨噬细胞可减少脂多糖诱导巨噬细胞ERK（P44/P42）的磷酸化，降低应激活化蛋白激酶的活性，转录因子的活性也被抑制，脂多糖诱导的TNF-α等促炎介质的表达减少。EPA可使丝裂原活化蛋白激酶家族的c-JunN-末端蛋白酶活化受抑，转录因子活性降低，而与多种肿瘤相关的p38激酶活性不变。这些研究揭示，ω-3多不饱和脂肪酸治疗炎症疾病的分子机制包括通过丝裂原活化蛋白激酶信号转导途径来调节炎症相关基因的表达。

10. 对细胞膜上的膜连接酶、受体或离子通道的影响

脂肪酸结构或性质的改变会影响膜的流动性，从而改变膜连接酶、受体或离子通道功能。膜连接酶的活性对脂肪酸环境特别敏感，如内皮细胞膜连接酶钠钾ATP酶对血管的收缩功能具有重要的作用，而ω-3多不饱和脂肪酸可抑制它的活性。ω-3多不饱和脂肪酸通过改变膜流动性引起细胞膜钠离子通道的改变，对心肌细胞的研究发现，ω-3多不饱和脂肪酸是最强的钠离子通道抑制剂，而其他类型的脂肪酸作用较弱。EPA作用于血管肌细胞，能减少静息细胞内钙离子的浓度，减少拮抗剂

诱导的钙离子水平升高，抑制细胞血小板来源生长因子所引起的迁移运动。细胞因子IL-2的分泌也受细胞内钾离子、钙离子水平的调节。ω-3多不饱和脂肪酸改变膜脂质结构，并因此改变细胞膜流动性，从而影响离子通道，抑制细胞的炎症反应。

（十一）α-亚麻酸不转化为EPA和DHA仍具有生理功能的作用机制

α-亚麻酸除了具有与DHA和EPA类似的生理功能，α-亚麻酸本身也具有很多生理功能。

1. 依靠一磷酸腺苷活化的蛋白激酶抗肝脏脂肪累积

当敲除了小鼠Δ6去饱和酶基因后或在体外实验中，α-亚麻酸都无法转化成DHA和EPA，但发现仍有独立发挥抗肝脏脂肪累积的作用。一磷酸腺苷活化的蛋白激酶是一种能被一磷酸腺苷激活的丝氨酸蛋白激酶，激活后可以磷酸化乙酰辅酶A羧化酶、3-羟基-3-甲基戊二酰辅酶A还原酶等靶蛋白，从而影响脂肪酸胆固醇合成、脂肪酸氧化和胰岛素分泌等。α-亚麻酸是依靠一磷酸腺苷活化蛋白激酶来发挥提高脂肪组织功能和抗脂肪形成的作用，在对敲除了一磷酸腺苷活化蛋白激酶的小鼠的研究中发现，α-亚麻酸丧失了提高脂肪组织功能和抗脂肪形成的作用。

2. 对环氧合酶和一氧化氮合成酶等的抑制

α-亚麻酸的抗炎作用应归功于其对环氧合酶，特别是环氧合酶-2的抑制作用。α-亚麻酸能抑制亚硝酸盐和PGE_2的积累，且能以剂量依赖关系抑制一氧化氮合成酶和环氧合酶-2的蛋白质和mRNA的表达。对α-亚麻酸的体外抗炎机理作更深入的研究发现，α-亚麻酸能显著降低促炎性细胞的TNF-α、IL-6、IL-1β和IL-8的mRNA水平和蛋白质含量，这与它能显著降低核转录因子-κBα含量有关。随着α-亚麻酸浓度的增加，核转录因子-E_2相关因子的mRNA和蛋白质的表达量逐渐增多。核转录因子-E_2是可诱导多种解毒酶、生物转化酶和异生物质转运蛋白的关键核转录因子，具有抗炎和抗氧化作用。由此可说明α-亚麻酸是通过增加核转录因子-E$_2$的表达水平来发挥抗炎、抗氧化作用的。

3. α-亚麻酸可预防糖尿病及其并发症的机制

研究表明，糖尿病患者血清中TNF-α、可溶性P-选择素和可溶性细胞间黏附分子-1水平显著增加。α-亚麻酸可减弱可溶性P-选择素和可溶性细胞间黏附分子-1的表达，从而抑制中性粒细胞与内皮细胞的黏附作用，起到抑制糖尿病患者内皮发炎的作用。α-亚麻酸的这些作用能被多种抑制剂所抑制，这些抑制剂包括：可以控制细胞寿命和组织衰老的胞内3-磷脂酰肌醇激酶、人工合成的能够阻断三磷酸酰肌醇蛋白激酶细胞信号传导通路的蛋白激酶抑制剂LY294002和可用作3-磷脂酰肌醇激酶-蛋白激酶B通路抑制剂的渥曼青霉素。由此推测α-亚麻酸对高血糖下内皮细胞的保护作用应该是通过3-磷脂酰肌醇激酶-蛋白激酶B途径实现的。3-磷脂酰肌醇激酶-蛋白激酶B信号途径是生长因子促进细胞生存的一个重要通路，它在调节细胞增殖、分化、凋亡过程中能发挥多种调节作用。α-亚麻酸可通过3-磷脂酰肌醇激酶使蛋白激酶B磷酸化，从而抑制内皮细胞发炎、凋亡。此外，有研究表明，通过3-磷脂酰肌醇激酶-蛋白激酶B这条途径，α-亚麻酸还能减弱胰岛素抵抗、预防糖尿病的发生、减少糖尿病患者的心梗面积和细胞凋亡、预防糖尿病患者的心肌缺血再灌注损伤。

参考文献

1. 陶国琴，李晨. α-亚麻酸的保健功效及应用[J]. 食品科学，2000，21(12)：140-143.

2. 板仓弘重，谷仁烨，姚桢. ω-3脂肪酸的效用与摄食问题[J]. 日本医学介绍，2001(03)：105-106.

3. 李英霞，武继彪，钟方晓. α-亚麻酸的研究进展[J]. 中草药，2001(07)：93-95.

4. 杨雪锋. α-亚麻酸及其心血管效应[J]. 国外医学(卫生学分册)，2001(01)：8-12.

5. 吴时敏，裘爱泳，吴谋成. 胎儿、婴幼儿的功能性多不饱和脂肪酸需要概况[J]. 中国乳品工业，2001，29(3)：21-23.

6. 于修烛，李志西，杜双奎，侯倩华. α-亚麻酸保健功效及紫苏籽油研究进展[J]. 粮油食品科技，2002(05)：28-30.

7. 刘冀红，曹伟新. ω-3多不饱和脂肪酸在肿瘤防治中的意义[J]. 肠外与肠内营养，2004，11(1)：54-56.

8. 蒋汉明，张凤珍，翟静. ω-3多不饱和脂肪酸与人类健康. 预防医学论坛，2005, 11(1)：65-67.

9. 李冀新，张超，罗小玲. α-亚麻酸研究进展[J]. 粮食与油脂，2006(02)：10-12.

10. 宋燕青，邓树海，随志义. 蚕蛹药用成分及其提取工艺研究概况[J]. 中国生化药物杂志，2006, 27(5)：306-309.

11. 王新颖，黎介寿. ω-3多不饱和脂肪酸影响炎症和免疫功能的基础研究[J]. 肠外与肠内营养，2007(01)：54-58.

12. 朱路英，张学成，宋晓金，况成宏，孙远征. n-3多不饱和脂肪酸DHA、EPA研究进展[J]. 海洋科学，2007(11)：78-85.

13. 李霞，袁凤来，袁丽萍，陈飞虎. 多不饱和脂肪酸调血脂作用研究进展[J]. 安徽医药，2007(10)：867-869.

14. 何自立，陈伟平，单巍. 蚕蛹油对大鼠非酒精性脂肪肝形成的影响[J]. 中国微生态学杂志，2007(06)：483-485.

15. 王新颖，黎介寿. ω-3多不饱和脂肪酸影响炎症和免疫功能的基础研究[J]. 肠外与肠内营养，2007(01)：54-58.

16. 徐建国，徐敏. ω-3多不饱和脂肪酸与炎症及免疫功能[J]. 实用医学杂志，2008(22)：3978-3980.

17. 王萍，张银波，江木兰. 多不饱和脂肪酸的研究进展[J]. 中国油脂，2008(12)：42-46.

18. 查文良，白育庭. n-3多不饱和脂肪酸研究进展[J]. 咸宁学院学报(医学版)，2008(02)：174-176.

19. 周虎子. α-亚麻酸的开发利用[J]. 中外食品，2002(08)：52-53.

20. 王萍，张银波，江木兰. 多不饱和脂肪酸的研究进展[J]. 中国油脂，2009, 33(12)：42-46.

21. 扶志敏，王正. ω-3多不饱和脂肪酸抗炎机制研究进展[J]. 医药导报，2009, 28(09)：1174-1176.

22. 赵秀娟，孙素娟，巩涛. ω-3多不饱和脂肪酸防治老年痴呆的研究进展[J]. 现代中西医结合杂志，2009, 18(21)：2608-2609.

23. 张坚，孟丽苹，姜元荣，王春荣，张铁英，杨晓光. 中国成人膳食脂肪酸摄入和食物来源状况分析[J]. 营养学报，2009, 31(05)：424-427.

24. 高颐雄，张坚. n-3多不饱和脂肪酸与免疫系统关系的研究进展[J]. 国外医学(卫生学分册)，2009, 36(06)：377-380.

25. 高大文. α-亚麻酸的药用价值及研究概况[J]. 中国现代医生，2009, 47(31)：28+31.

26. 任杰，杨泽华，郑圣颢，胡昆. α-亚麻酸的体外抗炎作用机制研究[J]. 云南大学学报(自然科学版)，2009(S1)：419-426.

27. 高伟，司雁菱. 蛹油α-亚麻酸乙酯胶丸治疗脂肪肝的临床疗效观察[J]. 中国新药杂志，2009, 18(03)：228-229+236.

28. 吴素萍. 亚麻籽中α-亚麻酸的保健功能及提取技术[J]. 中国酿造，2010(02)：7-11.

29. 邱鹏程，王四旺，王剑波，孙纪元，王捷频，毕琳琳. α-亚麻酸的资源研究及其应用前景[J]. 时珍国医国药，2010, 21(03)：760-762.

30. 谢艳华，贺中民，杨倩，王四旺. α-亚麻酸一般药理研究[J]. 陕西中医，2010, 31(10)：1403-1405.

31. 张春娥，张惠，刘楚怡，薛文通，刘蓉. 亚油酸的研究进展[J]. 粮油加工，2010(05)：18-21.

32. 刘秀玲，项岫秀，李伟娟，张慧芹，俞芳，刘阁玲. 蛹油α-亚麻酸乙酯胶丸治疗非酒精性脂肪性肝病患者的临床疗效观察[J]. 药品评价，2010, 7(16)：36-38.

33. 杨静，常蕊. α-亚麻酸的研究进展[J]. 农业工程，2011(01)：72-76.

34. SIMOPOULOS A P, ROBINSO J. 欧米伽膳食：长寿健康的营养计划. 张帆，译. 上海：上海科学普及出版社，2002.

35. 郑秋甫. Omega-3多不饱和脂肪酸的研究进展[J]. 中华保健医学

杂志，2011,13(05)：357-360.

36. 林非凡，谭竹钧. 亚麻籽油中α-亚麻酸降血脂功能研究[J]. 中国油脂，2012,37(09)：44-47.

37. 迪拉热·阿迪，马依彤. ω-3多聚不饱和脂肪酸对心血管疾病的保护作用[J]. 心血管病学进展，2012,33(06)：768-771.

38. 朱研. 口服ω-3不饱和必需脂肪酸对青光眼治疗后干眼的疗效观察[D]. 武汉大学，2013-10-01.

39. 陈殊贤，郑晓辉. 微藻油和鱼油中DHA的特性及应用研究进展[J]. 食品科学，2013,34(21)：439-444.

40. 林明辉，余鹰. 前列腺素代谢与心血管疾病[J]. 生命科学，2013(2)：198-205.

41. 韩淑芳，李晓燕，张薇，王四旺，钱伟，崔瑞，张国明. α-亚麻酸抑制高糖诱导内皮细胞凋亡的作用及机制研究[J]. 中华临床医师杂志(电子版)，2013,7(13)：5966-5969.

42. 陈兆聪. 欧米伽-3脂肪酸对大脑和心血管作用进展[J]. 医药导报，2013,32(10)：1395.

43. 胡彦，沈清清，张铁. 花生油与紫苏种子油脂肪酸组分的比较研究[J]. 文山学院学报，2014(3)：17-20.

44. 熊缨，李伯良. 人细胞内胆固醇酯化酶ACAT[J]. 生命的化学，2014,34(3)：337-345.

45. 刘冰. GC-MS分析测定5种植物油中脂肪酸成分研究[J]. 食品工业，2014,35(04)：222-224.

46. 习建冬，周中银，操寄望，李槭姬，盼盼，罗和生. α-亚麻酸乙酯治疗非酒精性脂肪性肝病的临床效果[J]. 武汉大学学报(医学版)，2015,36(03)：447-450.

47. 陆春霞，廖森泰，韦廷秀. 3个现行家蚕品种的蚕蛹油脂肪酸组成测定[J]. 蚕业科学，2015,41(6)：1137-1141.

48. 朱振宝，刘梦颖，易建华. 不同产地核桃油理化性质、脂肪酸组成及氧化稳定性比较研究[J]. 中国油脂, 2015, 40(3)：87-90.

49. 吴俏槿, 杜冰, 蔡尤林, 梁钻好, 林志光, 邱国亮, 董立军. α-亚麻酸的生理功能及开发研究进展[J]. 食品工业科技, 2016, 37(10)：386-390.

50. 柳泽深, 姜悦, 陈峰. 花生四烯酸、二十二碳六烯酸和二十碳五烯酸在炎症中的作用概述[J]. 食品安全质量检测学报, 2016, 7(10)：3890-3899.

51. 薛山. n-3PUFA的抗癌功效及其生物学作用机制[J]. 中国食品添加剂, 2016(7)：200-206.

52. 诸骏仁, 高润霖, 赵水平, 陆国平, 赵冬, 李建军. 中国成人血脂异常防治指南(2016年修订版)[J].中国循环杂志, 2016, 31(10)：937-953.

53. 石琳. α-亚麻酸对高血压人群影响的相关研究进展[J]. 世界最新医学信息文摘, 2017, 17(40)：257-258+260.

54. 王海, 赵海娇. 视觉相关营养素对视觉功能保护作用的研究进展[J]. 山东医药, 2017, 57(24)：109-112.

55. 张雯, 孙林, 陈卓, 罗蕊, 刘斌霞, 郭子宏. 口服钙剂对原发性高血压患者血压的影响[J]. 山东医药, 2017(01)：41-43.

56. 唐宝强, 余荧蓝, 涂家生, 等. 联合用药进行抗肿瘤治疗的研究进展[J]. 药学研究, 2017, 36(10)：592-595.

57. 张晓霞, 尹培培, 杨灵光. 不同产地亚麻籽含油率及亚麻籽油脂肪酸组成的研究[J]. 中国油脂, 2017, 42(11)：142-146.

58. 钟先锋, 陆丽珠, 陈韵, 黄伟志, 黄桂东. ω-3多不饱和脂肪酸促眼部健康研究进展[J]. 中国油脂, 2018, 43(07)：129-134.

59. 贺延苓, 黄若安, 蔡昌兰. n-3多不饱和脂肪酸的抗癌[J]. 现代肿瘤医学, 2018, 26(24)：4025-4028.

60. 王小龙, 艾鑫, 郭杰, 韦玮, 刘赟, 黄元志, 张春满. α-亚麻酸对小鼠创伤性脑损伤后急性炎症及神经功能的影响[J]. 中国神经精神疾病杂志，2018, 44(05)：294-298.

61. 曹野，王伟琼，陈晨. ω-3多不饱和脂肪酸的结构、代谢及与动脉粥样硬化的关系[J].中国动脉硬化杂志，2018, 26(6)：633-643.

62. 钟先锋，陆丽珠，陈韵. ω-3多不饱和脂肪酸促眼部健康研究进展[J].中国油脂，2018, 43(7)：129-134.

63. Zehr K R, Walker M K，黄洁，叶鹏. ω-3多不饱和脂肪酸改善动脉粥样硬化风险人群的内皮功能[J].中华高血压杂志，2018, 26(5)：480-483.

64. 周羽，叶莉婷，蒋陈添，陈梦丽，周家春.亚麻籽全营养成分的综合利用[J].粮食与油脂，2019, 32(01)：63-66.

65. 周晶晶，李家速，王奇金.Omega-3多不饱和脂肪酸 对脂肪代谢调节作用研究进展[J].第二军医大学学报，2019, 40(1)：68-73.

66. 赵战芝，姜志胜. 我国动脉粥样硬化基础研究几个热点领域的新进展[J].中国动脉硬化杂志，2019, 27：645-654.

67. 杨敏，魏冰，孟橘. ω-3多不饱和脂肪酸的来源及生理功能研究进展[J].中国油脂，2019, 44(10)：110-115.

68. 吴静蕊，支金华，魏旭旭. ω-3多不饱和脂肪酸对青少年视力的改善作用[J].农家参谋，2019(02)：243.

69. 梅甜甜，郝光飞，顾震南，陈卫，陈永泉.一种新ω-3脂肪酸脱饱和酶的克隆表达和活性鉴定[J].食品与发酵工业，2016, 42(08)：31-37.

70. 郑振霄，戴志远，沈清，宋恭帅，过雯婷，薛静.酶法富集DHA、EPA的研究进展及产业化展望[J].中国食品学报，2019, 19(04)：301-309.

71. 田福忠，彭勇，周天华，田伟路. α-亚麻酸在疾病治疗中的研究进展[J].农业与技术，2019, 39(17)：23-24.

72. 仇宏图，李光春，吴明根，张华.菜籽油脂质成分分析及甲酯化研究[J].安徽农业大学学报，2019, 46(04)：583-588.

73．刘艺琳，陈弘培，龚世禹，潘雨阳，曾峰，刘斌．微藻油的提取与功能研究进展[J]．食品工业科技，2019，40(05)：333-337+342.

74．左青，左晖．南极磷虾开发现状和展望[J]．粮食与食品工业，2019，26(04)：13-16.

75．罗娜，孙志宏．Omega-3多不饱和脂肪酸在高脂血症中的作用机制研究进展[J]．中国油脂，2020，45(7)：97-101.

76．杨建苗，许东航，李范珠．克服肿瘤多药耐药的药物共递送纳米载体的设计及研究新方向[J]．中国现代应用药学，2020，37(6)：750-754.

77．李鼎，王大新．ω-3多不饱和脂肪酸改善心血管预后临床研究进展[J]．中南医学科学杂志，2020，48(6)：655-659.

78．韩亚男，潘士钢，李海英，李晓怡，邹晓峰．不同产地紫苏籽含油率及α-亚麻酸含量比较[J]．食品安全导刊，2020(18)：102.

79．吴超权，周智，韦奇志，方珍文，陈长艳，杨桥樱，秦秀娟．α-亚麻酸乙酯(75%)急性毒性和遗传毒性研究[J]．食品与药品，2020，22(01)：17-21.

80．王春雷，魏晓炎，邵国良．ω-3不饱和脂肪酸功能性纳米载体的设计及逆转肝癌多药耐药作用研究[J]．浙江医学，2020，42(20)：2170-2174+2256.

81．魏志祺．欧米伽-3和维生素E联合应用对冠心病患者血清胰岛素和胰岛素抵抗的影响[J]．山西大同大学学报(自然科学版)，2020，36(01)：46-49.

82．"欧米伽-3之母"来上海演讲[J]．沪港经济，2017(10)：74-75.

83．中国营养学会．中国居民膳食营养素参考摄入量(2013版)．北京：科学出版社，2014.